风电装备振动监测与诊断

陈雪峰　郭艳婕　编著

科学出版社
北京

内 容 简 介

本书主要内容为风电装备监测诊断的基本原理和工程实例，从风电装备整机监测预警、传动系统故障诊断、复合材料叶片损伤识别三位一体的角度，讲述了变转速运转的风电装备预警指标确定方法、增速传动系统微弱信号的随机共振方法、变转速信号的时频分析方法、多故障耦合的稀疏诊断方法、复合材料叶片多尺度损伤识别方法，结合搭建的传动系统增速试验台、行星齿轮箱故障试验台、风场实际测试故障数据，给出了典型的故障诊断案例。

本书可作为工科院校机械类研究生的教材，也可供新能源风电行业的相关研究人员与工程技术人员学习参考。

图书在版编目 CIP 数据

风电装备振动监测与诊断 / 陈雪峰，郭艳婕编著. —北京：科学出版社，2016. 11

ISBN 978-7-03-050312-1

Ⅰ. ①风…　Ⅱ. ①陈…②郭…　Ⅲ. ①风力发电装置-振动-监测②风力发电装置-故障诊断　Ⅳ. ①TM614

中国版本图书馆 CIP 数据核字(2016)第 258100 号

责任编辑：刘宝莉 / 责任校对：桂伟利

责任印制：吴兆东 / 封面设计：左　讯

科学出版社 出版

北京东黄城根北街 16 号

邮政编码：100717

http://www.sciencep.com

北京中石油彩色印刷有限责任公司 印刷

科学出版社发行　各地新华书店经销

*

2016 年 11 月第 一 版　　开本：720×1000　1/16

2023 年 2 月第七次印刷　　印张：13 1/4　彩插：1

字数：265 000

定价：98.00 元

（如有印装质量问题，我社负责调换）

前　言

风电，一个曾经代表着“疯长”的产业，在经历了“过山车”式的发展之后，今日又恢复了绿色能源应有的地位与尊严。

回忆2007年第一次在东方汽轮机厂见到风电装备的轮毂、机舱等巨型零部件时，从事机械故障诊断研究的我，下意识地觉得这样大型的设备应该是监测诊断的重点；随后就有了第一次在河北省张北县，同我的博士研究生一起爬上高65m左右的风机，揭开了风电监测诊断的新篇章。

风电装备运行可靠性差是当时公认的难题，从事风电监测诊断这些年来，留在我脑海中的是活生生的工程实践：我的研究生南上北下、一次又一次不辞艰辛地爬上风机、安装传感器、调试系统；有在南澳风场为躲避台风苦等数十日的经历；有不敢爬上风机的女博士生在我的鼓励下勇敢登机测试……爬风机、测数据、做研究、出报告，这是一幅又一幅机械工程专业研究生置身工程实践的鲜活画面，这也是从工程中凝练问题、解决问题的有效途径。

但是，当这些鲜活的工程实践案例物化为一部专著时，它却体现为公式、图表以及略显枯燥的文字。当搭载着运用这些理论知识研制的一套又一套监测诊断系统，源源不断地安装在祖国大江南北各种风机上时，我们的心中感到无比欣慰，这或许就是“把论文写在祖国的大地上”。

随着风电装备的巨型化、海上化、结构新型化，还会对风电装备运行安全保障提出新的挑战；随着中国制造2025的提出、大数据技术的兴起，相信风电监测诊断的研究工作还会继续如火如荼。

感谢风场与产业化公司的刘晓枫、樊晓华、侯永强、刘慧等的紧密配合；感谢与清华大学一起奋战承担的国家自然科学基金重点项目“大型风电装备故障机理分析与诊断”(51335006)的资助；感谢参与本项工作的研究生李继猛、方作为、程航、蔡改改、叶俊杰、陈保家、杜朝辉、杨博渊、李国英、翟智、朱小军、李想、田绍华等。

由于作者水平所限，书中难免存在不足之处，恳请读者批评指正。

陈雪峰

2016年春节于古镇阆中

目　　录

第1章　绪　　论

1.1　风力发电发展概况

1.1.1　风力发电的背景

能源是人类社会赖以生存和发展的物质基础。自工业革命以来，世界的现代化进程发展速度大大加快，社会发展水平和人类生活质量得到了极大的提高。然而，经济的飞速发展导致了能源的急剧消耗，能源危机进一步制约了人类社会的发展。20世纪70年代以来的三次石油危机，对全球经济造成了严重冲击。在能源消耗加剧、能源危机凸显的同时，环境问题也日益严峻。化石能源的燃烧，产生了大量的CO_2和SO_2等温室气体，受到温室气体的影响，全球平均气温在近百年内升高了0.74℃。同时切尔诺贝利核事故和福岛核事故的发生使得世界能源格局出现新的剧变，不少国家能源发展战略选择放弃或延缓核电建设，将发展重心转移到可再生能源的发展。

风能具有无污染、分布广、储量大等优点，成为传统能源的优秀替代者。据估计，到达地球的太阳能有2%转化为风能，理论上仅1%的风能就能满足人类能源的需求。全球的风能总量约为2.74×10^6GW，其中可利用的风能总量为2.74×10^4GW，比地球上可开发利用的水能总量还要大10倍[1]。与水能、核能相比，风能的开发对自然环境、生态环境影响小，潜在危险小，不存在对环境的二次污染问题；与太阳能、潮汐能相比，风能的利用不受时间、季节、气候、地域等客观因素制约。美国斯坦福大学大气与能源项目的Jacobson[2]就生态足迹和对人类健康的利益等方面因素对11种非化石燃料进行排名，认为风力发电是到目前为止最可取的能源来源。

中国幅员辽阔，海岸线长，风能资源比较丰富。据中国气象科学研究院估算，全国平均风功率密度为$100W/m^2$，风能资源总储量约32.26亿kW，可开发和利用的陆地上风能储量有2.53亿kW(依据陆地上离地10m高度资料计算)，海上可开发和利用的风能储量有7.5亿kW。中国风能资源主要分布在东南沿海及附近岛屿，新疆、内蒙古和河西走廊、东北、西北、华北和青藏高原等部分地区，每年风速在3m/s以上的时间为4000h左右，一些地区年平均风速可达7m/s以上，具有很大的开发利用价值[3]。

1.1.2　风力发电发展现状

在全球经济低迷的背景下，全球风电在2015年发展势头依旧良好。根据全球风能理事会(GWEC)统计数据显示，2015年全球新增装机容量为63 013MW；这一新增装机容量使全球累计风电装机容量达到432 419MW。在经历2013年全球风电增长放缓后，全球累计装机实现了超过20%的年增长。目前，全球约75个国家有商业运营的风电装机，其中22个国家的装机容量已超过1×10^3MW。从整体发展趋势来看，GWEC预测，未来5年间，全球风电市场年新增装机容量将以超过10%的速度增长[4]。

根据全球风能理事会的统计数据，图1.1给出了2015年全球风电新增装机容量和累计装机容量排名前十位的国家。从这些统计数据中可以看出，全球前十位国家的风电装机容量主导着全球近85%的新增装机市场，并且无论是新增装机容量还是累计装机容量，中国都遥遥领先于其他国家，位于世界风能发展的领先地位。

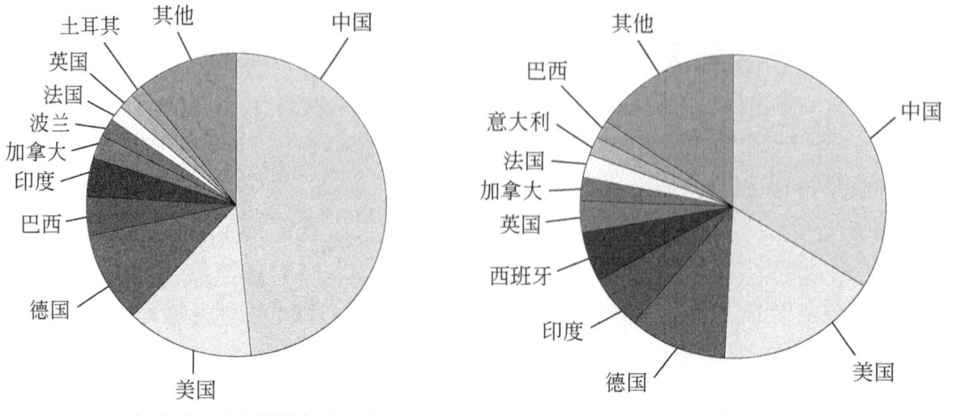

(a) 2015年全球风电新增装机前十位国家　　(b) 2015年全球风电累计装机前十位国家

图1.1　2015年全球风电装机排名前十位国家

我国优越的地理条件和丰富的风能资源，为风电事业的蓬勃发展提供了强有力的先决条件。据统计，中国陆上离地70m高度可开发利用的风能资源约为2.57×10^6MW，近海100m高度范围内可利用风能储量约为1.9×10^5MW、水深25～50m范围内约为3.2×10^5MW。我国的东北、华北、西北及沿海地区风能资源非常丰富，内陆地区风能资源分布也很广泛，可满足风电大规模发展的需求。从2005年开始，中国风电总装机容量连续5年实现翻番增长；2010年，中国风电延续了其迅猛发展的势头，累计装机容量达到44 733MW，首次超越美国，成为世界第一风电大国。2013年全国新增风电并网容量14 490MW，累计并网容量77 160MW。全国风力发电量 134.9TW·h，是继火电、水电之后的第三大电源。从图 1.2 给出的统计数据可以看出，中国累计装机容量呈现接近指数形式的增长趋势，截至 2015 年底超过了全球累计装机容量的 30%，继续保持全球第一风电市场的地位[5]。

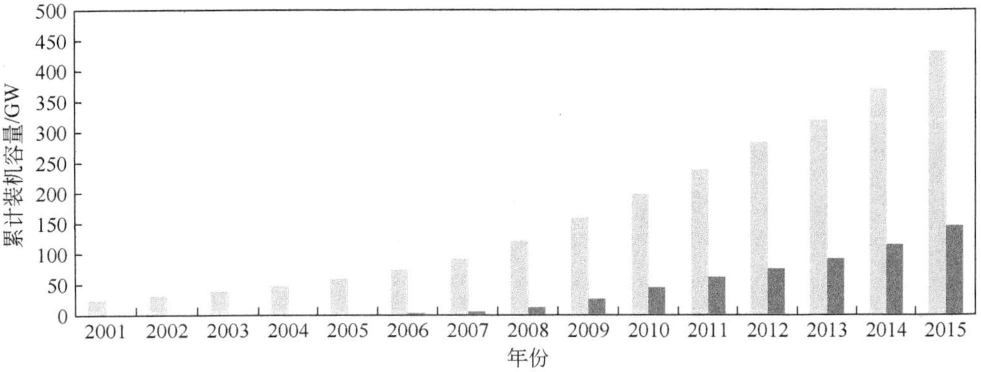

	2001	2002	2003	2004	2005	2006	2007	2008	2009	2010	2011	2012	2013	2014	2015
全球	23.90	31.10	38.43	47.62	59.09	73.95	91.90	120.72	159.08	197.94	238.44	283.13	318.64	369.60	432.42
中国	0.38	0.45	0.55	0.74	1.25	2.54	5.85	12.00	25.81	44.73	62.36	75.32	91.41	114.61	145.36

图 1.2　2001～2015 年风电机组累计装机容量

与此同时，海上风电建设也在有序推进，上海、江苏、山东、河北、浙江、广东海上风电规划已经完成；辽宁、福建、广西、海南等省份的海上风电规划也正在完善和制定中。此外，潮间带风电作为我国海上风电发展的一个重要组成部分，其开发进程较快。截至 2015 年底，中国海上风电新增装机 100 台，容量达到 360.5MW，已建成的海上风电项目装机容量达到 1014.68MW，其中潮间带风装机达到 611.98MW，占海上风电新增装机总量的 60.31%。[5]

“十一五”规划使我国风电进入快速发展阶段。到 2010 年底，全国已建成 800 多个风电场，形成了一批装机规模百万千瓦以上的风电基地。风电已成为东北、华北和西北地区重要的新增可再生能源。面对资源和环境的巨大压力以及福岛核事故对核电发展造成的巨大影响，风电成为应对气候变化、改善能源结构的重要选择。我国在《可再生能源发展“十二五”规划》中明确指出了风电发展的具体指标：截至 2015 年底，实现累计并网风电装机 1×10^5MW，年发电量超过 1900 亿 kW·h，风力发电量占全部发电量的比重超过 3%。其中海上风电装机达到 5×10^3MW，基本形成完整的、具有国际竞争力的风电装备制造产业。截至 2020 年底，实现累计并网风电装机 2×10^5MW，年发电量超过 3900 亿 kW·h，其中海上风电装机达到3×10^4MW，风电成为电力系统的重要电源，力争风力发电量在全国发电量中的比重超过 5%。此外，据《中国风电发展路线图 2050》预测：到 2030 年和 2050 年，风电装机规模将分别达到 4×10^5MW 和 1×10^6MW，满足全国近 8.4%和 17%的电力需求，成为五大电源之一[6]。

1.2 风电装备的基本组成部分

1.2.1 风电装备的主要结构

风电装备结构多种多样，根据不同的结构特点主要分为以下几类：按照功率调节方式分为定桨距失速风力发电机组和变桨距风力发电机组；按照有无齿轮箱分为双馈式风力发电机组和直驱风力发电机组；按照风轮形式分为垂直轴风力发电机组和水平轴风力发电机组；按照桨叶转速分为变速风力发电机组和恒速风力发电机组。变速变桨风电机组的风能转换效率更高，能够有效降低风电机组的运行噪声，具有更好的电能质量，通过主动控制等技术能够大幅度降低风电机组的载荷，使得风电机组功率重量比提高，这些因素都促成了变速变桨技术成为当今风力发电机组的主流技术。

目前，市场上的变速变桨风力发电机组主要包括三种类型：双馈式异步风力发电机组，直驱永磁式同步风力发电机组以及半直驱式同步风力发电机组。双馈式变桨变速机组的主要特点是采用了风轮可变速变桨运行，传动系统采用齿轮箱增速和双馈异步发电机并网，其生产技术较成熟，是目前的主流机型。截至 2013 年，在欧洲乃至全世界的风电场中，双馈式风电机组市场占有率为 75％～80％。在我国的占比也达到 70％以上[7]，国内知名 82 家风力发电设备整机制造厂商中，采用双馈技术的企业达 53 家，如通用电气、歌美飒、维斯塔斯、华锐、东汽、上海电气等公司均采用双馈式机型。直驱机型是没有齿轮箱的，它避免了由齿轮箱而引起的高故障率和维修成本的上升，但直驱机型也有其不可避免的缺点：永磁发电机型所需的稀土资源少，发电机重量大造成运输装配十分困难等。直驱永磁技术出现已经有 20 多年的历史，但所占的市场份额不足 25％[8]。半直驱式风力发电机结合了双馈机型和直驱机型的优势，在满足传动和载荷设计的同时，结构更为紧凑，重量较轻。2011 年歌美飒推出的 G10X-4.5MW 风电机组，采用两挡变速箱加永磁同步发电机；维斯塔斯推出的 V164-7.0MW 风电机组的齿轮箱也将 3 级增速改为 2 级增速，发电机也采用了永磁技术；在国内，金风科技 3MW 的风电机组也采用了半直驱技术，考虑到风电机组大型化的趋势，半直驱机型可能成为未来的发展方向。

考虑到目前风场中以双馈式变桨变速机型为主，故本书内容主要针对该机型的故障及状态监测方法加以讨论。双馈式风机的基本结构如图 1.3 所示，其主要部件主要包括：叶轮、传动系统（主轴、齿轮箱、联轴器、发电机）、偏航系统、液压系统、制动系统、变桨系统、塔架、机舱以及电气系统等。

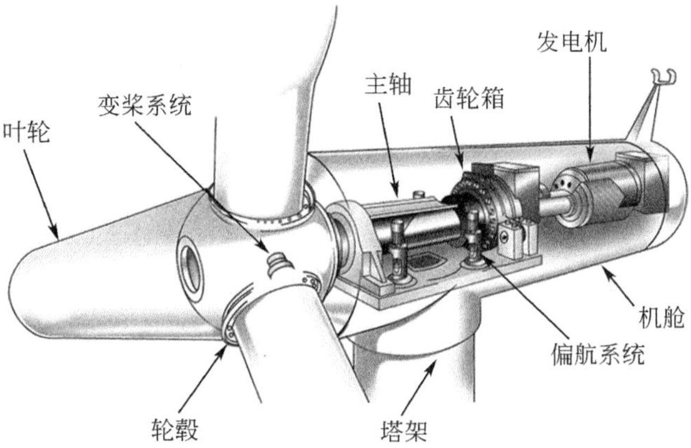

图 1.3 双馈型风力发电机基本结构

1.2.2 主要故障特点及分布

风电装备不仅经受风沙、雨雪、极端温度、阵风冲击等恶劣运行环境的影响，而且长期在复杂交变载荷作用下变工况全天候运行。当阵风袭来，叶片受到短暂而频繁的冲击载荷，而这个冲击载荷也会传递到传动链的各个部件，使其受到复杂交变的载荷冲击，对其工作寿命造成极大影响，也使风电装备在运行过程中出现各种故障，尤其是叶轮及与其刚性连接的主轴、齿轮箱、发电机等在交变载荷的作用下很容易出现故障，造成机组停机。对此，国内外的许多研究机构对其进行了长期的追踪和统计。2015 年 Caithness 风电场信息论坛发布了近 30 年来全球风电机组事故的统计分析[9]，截至 2015 年 5 月 31 日，共统计事故 1726 起。近 20 年风电机组事故数量随年份变化趋势如图 1.4 所示，可以看出随着全球风电装机量的增长，风电机组事故也大大增加。1995～1999 年每年平均事故数量为 16 起，2000～2004 年事故增长到年平均 48 起，2005～2009 年为年平均 108 起，2010～2014 年为年平均 155 起。瑞典皇家理工学院的可靠性评估质量中心对分布于瑞典、芬兰和德国的 2151 台风电机组在 2004～2005 年的故障情况进行了统计分析，结果如表 1.1 所示。通过表中数据分析可以看出，虽然齿轮箱和传动系统的故障发生率不是最高的，但其造成的故障停机时间最长，由此造成的维护成本以及“弃风”造成的发电损失最大，严重影响风电的经济效益。而且，风电机组作为一种新型的大型旋转设备，不同于传统旋转机械，它不但自身结构复杂，而且受到随机的空气动力载荷、惯性力以及不同运行状态引起的动态载荷等的作用，其内部是集机械、电子、电气、液压于一体的复杂机电系统，这些不仅使得风电机组的关键零部件容易出现损伤，而且增加了状态监测的难度，尤其是传动系统（叶片/主轴、齿轮箱、发电机）。

因此，需要针对风电机组结构特点和运行特性，研究其状态监测和故障诊断方法，实现在风电机组运行过程中实时监测关键零部件的运行状态，掌握其健康状态的发展趋势，以便及时采取措施，提高风电机组的运行可靠性和安全性，降低运行维护成本。

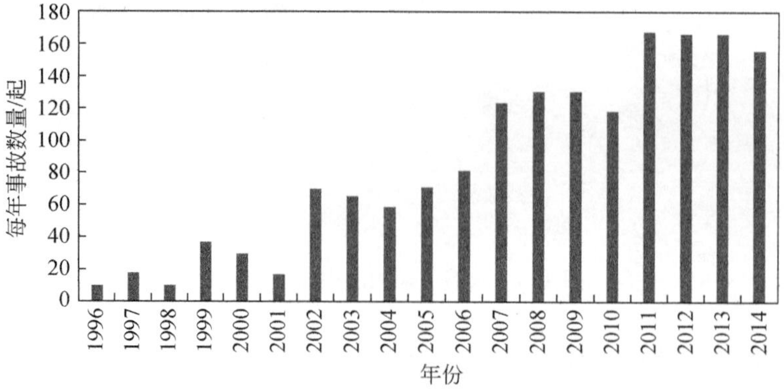

图 1.4　全球风电机组故障随年份变化趋势

表 1.1　2004～2005 年风电机组故障统计

项目	瑞典	芬兰	德国
各机组年平均故障次数/次	0.402	1.38	2.38
年平均停机时间/h	52	237	149
各故障平均停机时间/h	170	172	62.6
故障率最高的部件	电气系统 传感器 叶片/偏航系统	液压系统 叶片/变桨 齿轮箱	电气系统 控制系统 液压系统/传感器
停机时间最长的部件	齿轮箱 控制系统 电气系统	齿轮箱 叶片/变桨 液压系统	发电机 齿轮箱 传动系统
每次故障停机时间最长的部件	传动系统 偏航系统 齿轮箱	齿轮箱 叶片/变桨 结构	发电机 齿轮箱 传动系统

文献[10]统计了某海上风场风电装备各个部件的维护费用和停机时间比率，从图 1.5 中可以看出叶片、齿轮箱、发电机三大部件导致的停机时间占总非计划停机时间的 87%以上，严重影响了风电场的经济效益。

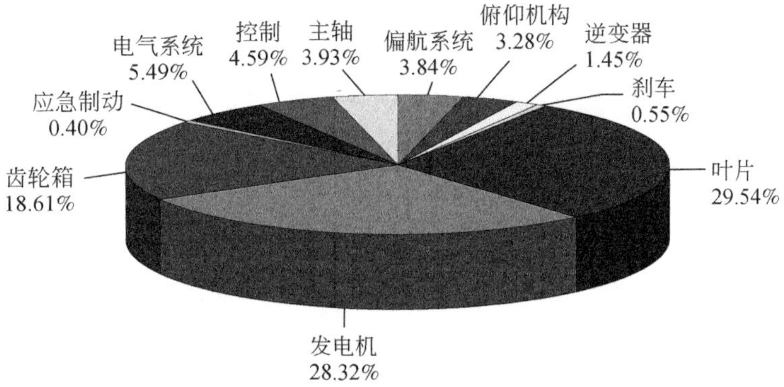

(a) 风力装备各部件维修费用比率

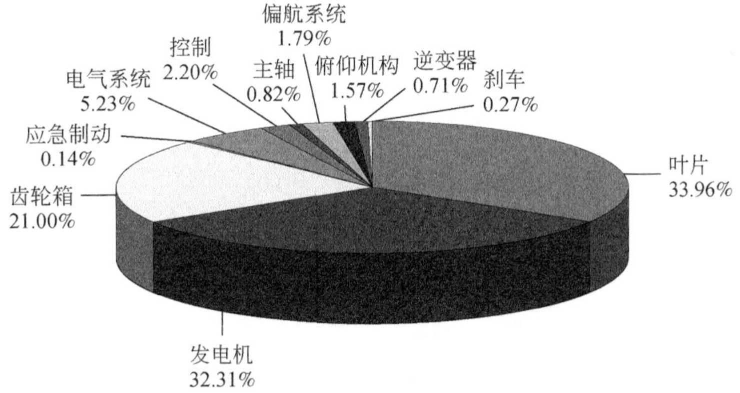

(b) 风力装备各部件停机时间比率

图 1.5　风电装备各个部件的维护费用和停机时间比率

2013 年,《全国风电场设备运行质量状况调查报告》故障统计情况中指出各部件的故障详细情况,如表 1.2 所示,可见叶片的平均排除故障耗时最长,达到 229.54h,其次是齿轮箱和发电机,分别是 158.01h 和 105.93h[11]。上述为陆地、海上风电机组的故障统计情况,统计结论基本相似:平均故障排除时间少的部件对应故障率较高,相反,故障率较低的部件对应的平均故障排除时间长。

表 1.2　不同零部件故障统计(按故障发生次数排序)

部件名称	报送故障统计的机组数量/台	故障发生次数	故障发生频次/[次/(台·年)]	平均排除故障耗时/h
变流器	4069	811	0.20	21.74
发电机	4215	550	0.13	105.93
变桨系统	3515	415	0.12	20.52

续表

部件名称	报送故障统计的机组数量/台	故障发生次数	故障发生频次/[次/(台·年)]	平均排除故障耗时/h
齿轮箱	2891	261	0.09	158.01
偏航系统	1530	167	0.11	50.54
叶片	824	102	0.12	229.54
测风系统	1071	76	0.07	7.43
制动系统	583	69	0.12	3.46
控制系统	245	41	0.17	26.53
其他	4204	780	0.19	24.20

目前应用在风力发电机上的监测诊断技术多种多样：叶片以振动监测、红外线成像、应力应变分析、声学分析等为主；齿轮箱一类的传动部件以振动分析、油样分析、温度分析等为主；发电机以振动、电流、温度分析为主；其他如偏航系统和刹车系统等主要以振动的趋势分析为主。在具体实施时，根据不同监测诊断对象的特点以及故障诊断的难易程度，应该采用合适的方式对症诊断，也可以选择多种监测诊断方式相结合达到精确诊断的目的。本书主要介绍风力发电机主要故障部件——叶片、齿轮箱、发电机的振动监测与分析技术。

1.3 风电装备监测诊断难点与进展

1.3.1 风电装备振动监测诊断的难点

风电装备通常分布在环境恶劣的风场，长期经受风沙、雨雪以及极端温度等外在破坏因素的影响，再加之自身复杂的结构特点，使得其所受的外部激振力和振动自由度相对其他大型旋转机械要多、要大，零部件的失效机理也是复杂多样，增加了故障诊断的难度。具体表现包括以下方面：

(1) 风速的波动使得风力发电机具有变转速运行的特点，转速变化等复杂工况使得振动幅值跳动，导致整机振动阈值确定困难，没有确定的阈值则难以实现量大面广的风电装备实时监测预警。

(2) 变转速运行的特点同时会导致传动系统故障诊断困难，在位于近百米的柔性支撑塔架上的数百吨动力传动系统中，行星增速齿轮与轴承等结构故障响应信号因转速变化使得时频聚集性差，特征提取与故障诊断困难。

(3) 变转速运行的特点导致叶片损伤识别难，大型复合材料叶片损伤模式与金属结构显著不同,转速变化使得应力与声学信号波动,损伤识别困难。

1.3.2 整机监测预警

目前,风电装备一般都自带有数据采集与监视控制(supervisor control and data acquisition,SCADA)系统,该系统为提高风电装备运行的稳定性和可靠性提供了强有力的技术平台和支撑。SCADA 系统可对风电装备的运行状态实现基本监测,并具有报警及报告等功能,但该系统监测的状态参数有限,多以电流、电压、功率等信号为主,而且监测对象尤其是对关键零部件的振动监测很少,缺乏有效的振动监测与故障诊断功能。因此,需要针对风电装备研究开发特定的状态监测系统,实现关键零部件的实时监控和健康状态分析。

国外状态监测技术发展较早,有专门用于风电装备的状态监测设备及分析软件,如美国 GE 能源集团 Bently Nevada Corporation 的产品 ADAPT. wind(风电机组传动链的状态监测系统),通过连续监测齿轮箱、发电机、主轴承和风塔等对象的 150 个静态变量,以及分析这些变量的历史变化趋势,可以及时发现设备存在的潜在问题,而且它有一套针对行星齿轮故障监测非常有效的算法——行星级累积冲击检测算法,用于检测齿轮箱的健康状态;德国普鲁夫公司(Pruftechnik)的风电机组远程监测与振动系统 VIBROWEB XP 与 OMINTREND 状态监测软件在 2005 年经过 GL(Germanischer Lloyd,德国船级社)公司认证,分析方法有时域分析、阶次谱、包络分析、倒谱分析;瑞典 SKF 公司 WindCon 3.0 基于 SKF 在旋转机械领域里超过百年的专业知识和风电机组设计经验,并与 SKF 自动润滑系统 WindLub 整合,同时配备专门的远程专家支持,能很好地监测润滑状态和预测风电机组的剩余使用寿命;德国 Flender 公司的 Winergy AG 子公司应用 FLENDER Service GmbH 状态监测系统可以持续在线检测风电机组各个传动元件的运行情况,而且在世界范围内提供服务的服务部门不仅负责状态监测系统的安装,而且承担传动系统的维护和保养。丹麦 PCH 公司致力于振动监测,重点开发永久性振动监测设备,其产品 PCH1026 数字式振动监测仪,用于监测各种低频结构振动,例如风电机组的塔体和叶片振动,以 ISO4866 为监测标准。新西兰 Commtest 公司的 VBonline、Turningpoint 健康监测和振动系统使用 Ascent 振动分析软件,对主轴轴承、齿轮箱、发电机故障进行诊断。美国铁姆肯公司推出一种适用于低速设备状态监测的新型在线智能系统,该系统的采样频率可根据旋转速度进行控制,还可借助专利算法极大提高信号信噪比,实现风电机组的在线预警。另外,丹麦 B&K 公司和比利时 LMS 国际公司致力于风电机组部件的模态分析,为风电机组部件优化设计提供试验依据。

国内的振动监测技术在风电上的应用还处于起步阶段,但是经过企业、高校以及研究所的通力合作和努力，也取得了一些显著成果。由东华软件收购的威锐达测控系统有限公司研制风电机组在线/离线振动监测及故障诊断系统，包括在线振动监测单元（WindDAU）、手持式数据采集器（wiDAQ）、风电机组状态监测系统（WindCMS）、远程诊断中心（WindRDC）等系列产品，通过在线监测单元和手持仪器等多种数据采集方式，通过状态监测和故障诊断技术，实现风电机组运行状态的远程监测、故障预警和诊断。阿尔斯通创为实技术发展公司在已有的火电、水电在线监测系统上开发 S8200 风力发电故障诊断系统，其系统由 60 个加速度传感器组成，使其可以监控主轴承、齿轮箱、发电机的各个主要部位，适用于风力装备的在线状态监测。安徽合肥容知测控仪器有限公司专门针对风电机组运行特点及风电场环境特点研发的在线监测和故障诊断系统 WindCMS 能够在线监测风电机组运行过程中的振动、温度、转速及机组自带各种工艺参数，自动存储振动波形、频谱、启停机等有诊断价值的数据，通过 MOS2000 在线监测系统平台可以实现远程监控与诊断。北京汉能华科技有限公司与西安交通大学联合研制开发的 HET-P 在线式风电装备状态监测与故障诊断系统可以对风电机组传动链（主轴、发电机、齿轮箱等）、机舱、塔筒等运行状态进行实时监测和远程监控。该系统的诊断准确精度达到 95%以上，获得了中国测试技术研究院的认证。唐智科技研发的 JK10460 风电机组在线故障诊断系统以“广义共振/共振解调故障诊断技术”为理论基础，通过安装的振动冲击复合、位移、双坐标振动传感器实时获取检测对象的故障信息，辅以转速信息和偏航信息，实现对风电机组关键机械部件的自动实时诊断。许继电气股份有限公司自主开发的 FJK-530 风电机组在线状态监测系统，通过振动传感器获得关键设备的振动信号，并借助数据采集分析软件对风电机组可能发生的故障、隐患和使用寿命做出判断和评估，该系统适用于兆瓦级变速恒频风电机组。在陆上风电机组上应用。中国大唐集团、中国水利电力和浙江中自庆安新能源联合开发的“基于多元统计分析的风电机组机械状态在线监测与诊断系统”（简称 CS2000 系统），采用多元统计分析方法，对风电机组的机械状态信息进行特征提取、信号分析、状态辨识等分析处理，可实现信号采集、在线监测以及机械故障分析等功能。

1.3.3　传动系统监测诊断

1. 齿轮箱

齿轮箱位于距离地面几十米高的机舱内，是风电机组传动链上的重要部件，是连接主轴和发电机的重要枢纽。齿轮箱一般由一级行星齿轮传动和两级平行齿轮传动构成，内部结构和受力情况较为复杂，尤其是在变工况、变载荷的情况下运行，容易发生故障。齿轮箱的常见故障包括齿轮故障和轴承故障，轴承作为齿轮箱的关键部件，其失效常会引起齿轮箱灾难性的破坏。常见的齿轮故障有断齿、齿面疲劳、胶合等；轴承故障有磨损、点蚀、裂纹、表面剥落等。表 1.3 是瑞典皇家理工学院的可靠性评估管理中心对分布于瑞典的 786 台风电机组齿轮箱故障类型的统计结果。

表 1.3 齿轮箱故障类型

故障部位	故障次数	平均停机时间/h	磨损故障次数
轴承	41	562	36
齿轮	3	272	2
密封	8	52	4
润滑系统	13	26	5

面对风电机组齿轮箱故障的频繁发生以及带来的巨额损失，近年来，国内外已有不少科研人员对风电机组齿轮箱的状态监测和故障诊断进行了研究。

西安交通大学的陈雪峰等于 2014 年提出了基于字典学习的冲击特征提取方法，通过强噪声环境下的风场实测数据验证了方法的有效性，成功诊断出了齿轮箱的点蚀故障[12]；于 2015 年提出了一种基于联合冗余字典的稀疏特征识别方法[13]，用来诊断高噪声环境下风力发电机齿轮箱的复合故障，效果明显。华南理工大学的丁康等[14]于 2014 年通过对 1000 多组现场测试数据的详细分析，得出齿轮箱、主轴承、发电机轴承和辅助设备的振动特性，验证了"双弹性支撑"对齿轮箱频率特性的影响，指出风力发电机齿轮箱的频谱存在固有不对中的现象；于 2016 年针对齿轮箱多种调制难以分离的问题，提出匹配追踪和相关滤波相结合的方法[15]，实现了分布式故障和局部故障的诊断。重庆大学的汤宝平等[16]等于 2010 年结合 Morlet 小波变换和维格纳分布(Wigner Ville distribution，WVD)，研究了一种新的时频分析方法来提取振动信号中的瞬态特征，实现齿轮箱的故障诊断；于 2011 年提出了自适应 Morlet 小波和奇异值分解(singular value decomposition，SVD)结合的方法用于故障特征的提取，诊断出了行星齿轮箱存在的断齿故障[17]。北京科技大学的冯志鹏等[18]于 2012 年通过建立行星齿轮箱振动信号模型，提出了一个简单有效的幅值-频率联合解调分析方法，给出了相应故障的特征频率计算公式；并在之后分别应用了集成经验模式分解(ensemble empirical mode decomposition，EEMD)、基于局部均值分解(local mode decomposition，LMD)的时频解调分析[19]、自适应最优 kernel 时频分析[20]、原子迭代阈分解[21]等方法实现了风力发电机行星齿轮箱的磨损和断齿故障诊断。

2. 发电机

发电机是风电装备的核心部件，负责将旋转的机械能转化为电能，并为电气系统供电。随着风电装备容量的增大,发电机的规模也在逐渐增加,使得对发电机的密封保护受到制约。发电机长期运行于变工况和电磁环境中,容易发生故障,尤其是海上直驱风电机组虽降低了齿轮箱的故障发生率,但发电机的故障率却增加了。常见的发电机故障模式有发电机振动过大、发电机过热、轴承过热、转子/定子线圈短路、转子断条以及绝缘损坏等。据统计,在发电机的所有故障中,轴承的故障率为 40%,定子的故障率为 38%,转子的故障率为 10%,其他故障占 12%。

根据发电机的故障特点,轴承故障采用的诊断方法主要是基于振动信号和温度检测分析。2012 年,Kusiak 等[22]利用数据挖掘和神经网络建立输入参数(电压、电流、转矩等)和发电机正常状态下轴承温度的关系模型,然后通过监测实时输入参数实现了发电机轴承温度的异常检测。针对风力发电机高噪声运行的特点,2013 年,燕山大学的李继猛等[23~25]将改进的随机共振方法应用于机械故障诊断,实现了发电机早期轴承故障的诊断。电气故障采用的诊断方法主要是基于转子/定子电流信号、电压信号以及输出功率信号等状态检测手段。2003 年,Popa 等[26]利用定子电流和转子电流信号的时域分析得到其幅值信息,再通过 FFT 得到电流信号的谐波分量,最后通过判断谐波分量的变化实现对发电机 3 种模拟故障的识别。2006 年,Casadei 等[27]针对变速恒频双馈发电机的定子/转子故障检测,通过利用电压逆变器的稳流器产生的转子调制信号分析发电机转子和定子的不对称故障发现,转子调制信号谱图中的不对称故障特征比转子/定子电流信号谱更明显。2007 年,Wilkinson 等[28]利用短时傅里叶变换方法分析了风电机组发电机定子线圈短路故障和转子不平衡故障。2009 年,Yang 等[29]为消除同步发电机变转速的影响,提出了基于转矩和主轴转速的判断准则。Djurovic 等[30]研究了稳态状况下,短时傅里叶变换方法在发电机定子开环故障中的应用。通过对比发现,虽然基于定子电流和瞬时功率的诊断方法均可识别出故障,但瞬时功率信号中包含了更多的故障信息。发电机的转子偏心现象是轴承过度磨损或其他故障隐患的表现。基于输出电流、电压、功率等信号的检测方法是识别转子偏心故障的有效手段。2010 年,Watson 等[31]借助连续小波变换,对输出功率信号进行分析,识别出了发电机转子偏心故障和轴承故障。2011 年,马宏忠等[32]通过分析双馈异步发电机定子短路故障负序电流的来源,提出以负序电流作为故障特征量进行故障诊断。该特征量随故障严重程度的加剧而增加且受负载影响很小,可有效实现定子绕组故障诊断。2015 年,Gong 等[33]通过检测定子电流信号的冲击成分,实现了直驱型风机转子偏心故障的诊断。还有其余的一些信号处理方法,如频谱细化、最大协方差频率追踪法、连续小波变换等也在发电机故障诊断中得到研究和应用。

1.3.4　叶片监测诊断

风力发电机叶片是吸收风能并提供装备运转的重要部件,其成本占风力发电装备总成本的15％～20％。全天候运行的叶片遭受恶劣的环境和复杂气候条件，极易受到冲击或疲劳性损伤和破坏。其中叶片断裂引起的风机故障事故数量最多，占到所有故障数量18％以上，并且有逐年增加的趋势，同时叶片的断裂也是引起风电装备其他设备故障的重要原因之一。2015年6月，据美国最大的可再生能源保险公司Gcube公司[34]主办的风电行业内部出版物 *Wind Power Monthly* 刊登的文章中说"预估风电叶片年故障数量可达3800起左右"，其中缺乏维护与监测是引起风电叶片故障的主要原因之一。

近30年来的全球风电机组事故统计分析表明，叶片故障所占数量最多且有逐年增加趋势，如图1.6所示。叶片故障多发于盛风期，停机维修不仅带来巨大的经济损失，同时叶片断裂也是引起风电机组其他设备故障的重要因素。叶片定期维护修理及出现异常情况后停机检查，都不能满足风力发电厂实际需要，尤其是构成叶片主体的复合材料内部损伤具有隐蔽性，易导致其整体结构突然崩溃性破坏发生，造成严重财产损失和安全威胁。近十年来，我国风电产业经历了爆发式增长，然而状态监测与故障识别技术严重落后，风电机组缺少配套状态监测装置，凸显了风电机组状态监测和故障识别的重要性。我国《风力发电科技发展"十二五"专项规划》中指出叶片等关键零部件在线监测与故障诊断是发展重点方向。

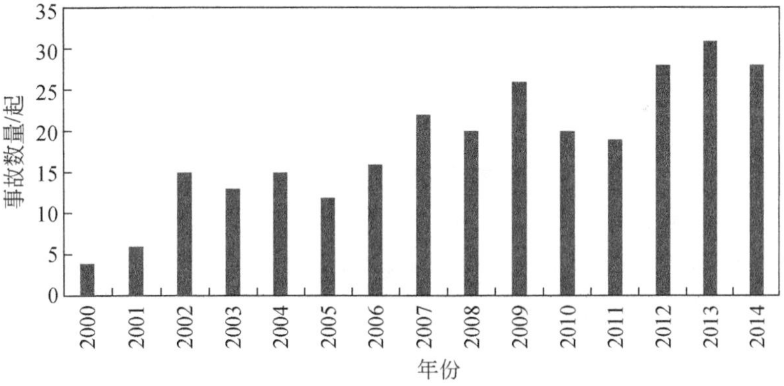

图1.6　全球风电机组叶片故障随年份变化趋势

目前，国内虽然对风电机组的状态监测研究起步较晚，但经过十几年的发展，在风电机组叶片的状态监测方面也取得了一定的研究成果。2012年，沈阳工业大学陈长征等[35]针对风电机组叶片的早期裂纹识别，研究了基于声发射信号的小波尺度谱分析方法。该方法依据声发射信号能量的频带分布，可以有效区分扩展裂纹和萌生裂纹。2012年，香港理工大学Chen等[36]采用光纤旋转接头和FBG传感器，实现了600W小型风机在线健康监测系统的搭建。工程热物理研究所下属的国家能源风电叶片研发（试验）中心[37]从事兆瓦级大型风电设计制造及检测的研究，在大型复合材料风电叶片破坏分析上取得了重要进展。2015 年 9 月在江苏镇江举行的第二届中国国际复合材料科技大会[38]，聚集了国内外 1000 多名重点研究院所、高校及知名企业的相关领域专家与学者，其中复合材料在风电领域的应用与研究受到了广泛关注。

国外对风电叶片在线监测与损伤识别研究相对成熟，包括声发射、光纤光栅应变及 Lamb 波方法等。由于风电机组叶片长期受到空气动力的交变冲击以及腐蚀等，会产生裂纹、变形等异常，可借助声发射检测。在 20 世纪 90 年代，美国 Sandia 国家实验室联合美国国家可再生能源实验室(National Renewable Energy Laboratory，NREL)[39]研究了声发射技术和干涉技术在风电机组叶片状态监测中的应用，阐述了该方法的测量原理和适用特点。2003 年，Blanch 等[40]将声发射技术应用到服役风电机组的叶片检测中，发现该技术能表征叶片损伤的发生、发展过程。

根据风电机组叶片在运行过程中的载荷变化，通过叶片上分布的光纤光栅传感器捕捉应变信号，评判叶片健康状态。2006 年，Schroeder 等[41]基于安装在服役风电机组叶片中的光纤光栅传感器测量系统，介绍了光纤光栅传感器在风电机组叶片状态监测中的适用性和可行性。2012 年，韩国科学技术研究院安全监测中心 Choi 等[42]采用温度补偿 FBG 传感器对 100kW 风力发电机叶片的间断挠度进行监测，防止叶尖撞击塔身造成损毁，通过应变片对比静力试验验证了 FBG 传感器的高精度。

另外，由于导向波在结构中能长距离传播及对损伤敏感的特点，基于压电陶瓷传感器的 Lamb 损伤监测受到了学者的广泛重视。2014 年，Choi 等[43]使用压电传感器组成主动式的风电叶片监测系统，并成功应用于长 9m 的 CX-100 叶片的全尺寸疲劳加载试验，并验证了提出方法对叶片损伤的识别能力。2014 年，Niezrecki 等[44]通过长 9m CX-100 缺陷风电叶片在疲劳加载中损伤扩展试验，对比了压电传感、光纤应变传感和声发射等 6 种结构健康监测技术的损伤识别能力，验证了基于压电传感技术的识别方法能够反映损伤位置及其扩展。2014 年，Huh 等[45]将 PVDF 薄膜传感器贴于风电叶片表面，组成风电叶片监测系统，在 100kW 的风电叶片全尺寸静力加载试验上，验证提出的识别方法能够识别静态加载状态与传感位置。

光纤光栅传感器与压电陶瓷传感器因具有抗腐蚀、尺寸小、寿命长等优点，适合叶片结构的状态监测，但变转速和变工况的运行条件使得结构体中应变和 Lamb 波在结构中的分布与幅值波动变化巨大，相应的叶片损伤容限准则尚未有效建立，获得的信号难以与叶片损伤模式对应。无损检测方法虽然也具有一定的可行性和有效性，但距离工程实际应用，尤其是风电机组叶片的在线状态监测，还存在一些差距。

综上所述，虽然国内外研究与工程人员在风力机叶片的在线监测及故障诊断方面取得了一定的研究成果，但主要还是处于试验阶段，在实际的工程应用中，风电叶片由多种材料构成的空心整体结构，运行的复杂变工况（变桨和偏航运动），以及没有统一和规范的叶片制造标准等，都给风电叶片状态监测与故障诊断带来巨大困难与挑战性。

1.4 本书结构与章节安排

风电装备作为一种新型的大型旋转设备，自身结构复杂，柔性支撑，运转速度低，而且受到随机的湍流、阵风等动力载荷、惯性力以及不同运行状态引起的动态载荷等的作用，加之其内部是集机械、电子、电气、液压于一体的复杂机电系统，这些不仅使得风电机组的关键零部件容易出现损伤，而且增加了状态监测的难度，尤其是传动系统（叶片/主轴、齿轮箱、发电机）。风电装备要求服役年限为 20 年，但是它独特的变转速运行方式、固有的外部工作条件、复杂且恶劣的工作环境，运行过程中长期伴随切入、切出、停机、偏航、低电压穿越、湍流、阵风等异常事件的发生，使风电装备维护任务重，同时由于它地处偏僻，维护困难。因此风电装备进行故障诊断监测具有重要意义。

本书针对风电装备特点及其强噪声、变转速、柔性支撑的特点，构建了“三位一体”的风力故障诊断试验平台：整机、传动链、叶片。本书从风力发电机装备故障诊断系统出发，分为 7 章，各章主要内容如下：

第 1 章主要介绍风电装备的基本情况和故障诊断方法。在该章中介绍风电装备在全球和我国的发展情况，随后概述主要的风电装备基本结构和主要故障特点和分布，以及总结现有的各个部件故障诊断的方法和研究情况。

第 2 章主要是风电装备整机状态评估与预警方法的研究。在该章中以大量风电数据库为基础，通过利用数据挖掘和故障特征分析技术，提出一种基于振动等效幅值风力发电机组传动系统定量故障检测方法。通过分析时域指标分析实现在线报警，对风力发电组传动系统状态分级，从而进行预防性维护指导。

第 3 章主要是针对风电装备的振动信号具有强噪声的特点研究二阶增强随机共振技术。针对早期微弱故障特点-故障症状不明显、特征信息微弱且被风电装备运行过程中的强噪声淹没，随机共振方法可以在一定程度上实现微弱故障特征的有效检测，但鉴于大量干扰噪声的影响，一阶随机共振方法对微弱故障特征的提取效果并不总是令人满意。该章深入研究基于随机共振的微弱故障动态信号的特征增强机制，提出二阶增强随机共振技术以及基于 Morlet 小波的多尺度噪声控制方法，对有效提高关键设备的服役性能和预防重大事故发生具有重要的理论意义与广阔的应用前景。

第 4 章主要针对风电发电装备转速剧烈变换的特点，在同步压缩变换的时频分析方法研究的基础上，针对同步压缩变换方法无法有效识别出突变信号的缺陷，在理论分析的基础上提出自适应同步压缩变换方法，并与其他时频分析方法进行对比。同时在强噪声背景下同步压缩变换方法无法实现降噪，在对 LMD 方法和噪声强度之间关系研究的基础，提出基于 LMD 的同步压缩方法。并通过数值仿真和试验证明这两种方法的有效性。

第 5 章主要阐述了稀疏分解在风电装备中复合故障的诊断。在说明稀疏的基本理论基础上，介绍基于逐级正交匹配追踪(stagewise orthogonal match pursuit, StOMP)和形态成分分析(morphological component analysis, MCA)的稀疏分解算法，并且和其他的稀疏分解算法进行对比，显示基于逐级正交匹配追踪和形态成分分析的稀疏分解算法的优越性，最后介绍基于信号振动属性的稀疏分解算法，并通过数值仿真和试验证明它的有效性。用于诊断风电装备中传动链的故障。

第 6 章风电复合材料叶片损伤诊断方法。为了能够实现大型风电复合材料叶片损伤的在线监测和精确识别诊断，该章从正问题的损伤建模与反问题的损伤识别方法两方面出发，将建模与损伤辨识有机结合，完成风电复合材料叶片结构的故障诊断，提高复合材料叶片在风电装备中安全服役的可靠性。

第 7 章主要是风电装备状态监测系统开发及应用。针对风电装备监测系统的硬件模块、软件模块和总线连接等方面进行阐述，建立初级诊断-精密诊断-远程诊断于一体的风电装备传动系统振动故障分析模式。并在长期工程实际中，通过该监测系统监测到的风电装备的典型案例利用现代故障诊断技术进行了分析。从而实现了将理论、技术研究和工程实际相结合，实现对风电装备传动链运行状态的远程实时监测、故障预警和诊断，为客户预防性维修提供科学依据，降低风电装备的维修成本。

参考文献

[1] Gustavson M R. Limits to wind power utilization. Science, 1979, 204(4388): 13－17.

[2] Jacobson M Z. Review of solutions to global warming, air pollution, and energy security. Energy & Environmental Science, 2009, 2(2): 148－173.

[3] 薛桁，朱瑞兆，杨振斌，等. 中国风能资源贮量估算. 太阳能学报，2001，22(2)：167－170.

[4] Global Wind Energy Council. 2015 Global Wind Report. 2016:1－74.

[5] 中国可再生能源学会风能专业委员会. 2015 年中国风电装机容量统计. 风能，2016，(2)：36－49.

[6] 中国风电发展路线图 2050(中国-丹麦可再生能源发展项目，2012). 新建设：现代物业，2012，(12)：6.

[7] 赵靓. 中国整机商双馈型风电机组市场趋势统计分析. 风能，2014，8：34—39.

[8] 赵靓. 中国整机商直驱型风电机组市场概述. 风能，2014，12：38—42.

[9] Shaun Campbell. Annual blade failures estimated at around 3800. http:// www. windpowermonthly. com/article/ 1347145/ annual-blade-failures-estimated-around-3800 [2015-6-14].

[10] Rademakers L，Braam H. O&M aspects of the 500MW offshore wind farm at NL 7. DOWEC-F1W2-LR-02-080/0,2002.

[11] 中国可再生能源学会风能专业委员会. 全国风电场设备运行质量状况调查报告. 2013.

[12] Chen X F，Du Z H，Li J M，et al. Compressed sensing based on dictionary learning for extracting impulse components. Signal Processing，2014，96(5):94—109.

[13] Du Z H，Chen X F，Zhang H，et al. Sparse feature identification based on union of redundant dictionary for wind turbine gearbox fault diagnosis. IEEE Transactions on Industrial Electronics，2015，62(10)：6594—6605.

[14] 何国林，丁康，李林生，等. 双弹性支撑的风电机组传动链振动测试与分析. 华南理工大学学报(自然科学版)，2014，(3)：90—97.

[15] He G L，Ding K，Lin H B. Gearbox coupling modulation separation method based on match pursuit and correlation filtering. Mechanical Systems And Signal Processing，2016，66-67：597—611.

[16] Tang B P，Liu W Y，Song T. Wind turbine fault diagnosis based on Morlet wavelet transformation and Wigner-Ville distribution. Renewable Energy，2010，35(12)：2862—2866.

[17] Jiang Y H，Tang B P，Qin Y，et al. Feature extraction method of wind turbine based on adaptive Morlet wavelet and SVD. Renewable Energy，2011，36(8)：2146—2153.

[18] Feng Z P，Liang M，Zhang Y，et al. Fault diagnosis for wind turbine planetary gearboxes via demodulation analysis based on ensemble empirical mode decomposition and energy separation. Renewable Energy，2012，47:112—126.

[19] Feng Z P，Zuo M J，Qu J，et al. Joint amplitude and frequency demodulation analysis based on local mean decomposition for fault diagnosis of planetary gearboxes. Mechanical Systems And Signal Processing，2013，40(1)：56—75.

[20] Feng Z P，Liang M. Fault diagnosis of wind turbine planetary gearbox under nonstationary conditions via adaptive optimal kernel time frequency analysis. Renewable Energy，2014，66:468—477.

[21] Feng Z P，Liang M. Complex signal analysis for wind turbine planetary gearbox fault diagnosis via iterative atomic decomposition thresholding. Journal of Sound and Vibration，2014，333(20)：5196—5211.

[22] Kusiak A，Verma A. Analyzing bearing faults in wind turbines：A data-mining approach. Renewable Energy，2012，48:110—116.

[23] Li J M，Chen X F，Du Z H，et al. A new noise-controlled second-order enhanced stochastic resonance method with its application in wind turbine drivetrain fault diagnosis. Renewable Energy，2013，60:7—19.

[24] Li J M, Chen X F, He Z J. Multi-stable stochastic resonance and its application research on mechanical fault diagnosis. Journal of Sound and Vibration, 2013, 332(22): 5999—6015.

[25] Li J M, Chen X F, He Z J. Adaptive stochastic resonance method for impact signal detection based on sliding window. Mechanical Systems And Signal Processing, 2013, 36(2): 240—255.

[26] Popa L M, Jensen B B, Ritchie E, et al. Condition monitoring of wind generators//2003 IEEE Industry Applications Conference. Salt Lake City, USA, 2003,144(5):1839—1846.

[27] Casadei D, Filippetti F, Rossi C, et al. Diagnostic Technique based on Rotor Modulating Signals Signature Analysis for Doubly Fed Induction Machines in Wind Generator Systems// The 2006 IEEE Industry Applications Conference. Tampa ,USA,2006: 1525—1532.

[28] Wilkinson M R, Spinato F, Tavner P J. Condition monitoring of generators & other subassemblies in wind turbine drive trains// 2007 IEEE International Symposium on Diagnostics for Electric Machines, Power Electronics & Drives. Cracow, Poland, 2007:78—82.

[29] Yang W, Tavner P J, Wilkson M A. Condition monitoring and fault diagnosis of a wind turbine synchronous generator drive train. IET Renewable Power Generation, 2009, 3(1): 1—11.

[30] Djurovic S, Williamson S, Tavner P, et al. Condition monitoring artefacts for detecting winding faults in wind turbine DFIGs// European Wind Energy Conference & Exhibition. Marseille,France, 2009: 16—19.

[31] Watson S J, Xiang B J, Yang W X, et al. Condition monitoring of the power output of wind turbine generators using wavelets. IEEE Transactions on Energy Conversion, 2010, 25(3): 715—721.

[32] 马宏忠，张志艳，张志新，等. 双馈异步发电机定子匝间短路故障诊断研究. 电机与控制学报，2011，15(11)：50—54.

[33] Gong X, Qiao W. Current-based mechanical fault detection for direct-drive wind turbines via synchronous sampling and impulse detection. IEEE Transactions on Industrial electronics, 2015, 62(3): 1693—1702.

[34] Gcube Top 5 USA Wind Energy Insurance Claims Report. http://www. gcube-insurance. com/press/gcube-top-5-us-wind-energy-insurance-claims-report/[2015-6-30].

[35] 曲弋，陈长征，赵新光，等. 风力机叶片裂纹特征的小波尺度谱识别. 沈阳工业大学学报，2012，34(1)：22—25.

[36] Chen Y, Ni Y Q, Ye X W, et al. Structural health monitoring of wind turbine blade using fiber Bragg grating sensors and fiber optic rotary joint//Conference on Sensors and Smart Structures Technologies for Civil, Mechanical, and Aerospace Systems. San Diego, USA, 2012:834534—834536.

[37] 大型风电叶片的破坏研究取得重要进展. 玻璃钢/复合材料，2014，(7)：94.

[38] 第二届中国国际复合材料科技大会. http://cccm-2. csfcm. org. cn/[2015-9-24].

[39] Sutherland H, Beattie A, Hansche B, et al. The application of non-destructive techniques

to the testing of a wind turbine blade. SAND93-1380, Sandia National Laboratories, Albuquerque, USA. 1994: 1—57.

[40] Blanch M, Dutton A. Acoustic emission monitoring of field tests of an operating wind turbine. Key Engineering Materials, 2003, 245: 475—482.

[41] Schroeder K, Ecke W, Apitz J, et al. A fibre Bragg grating sensor system monitors operational load in a wind turbine rotor blade. Measurement Science and Technology, 2006, 17 (5): 1167—1172.

[42] Choi K S, Huh Y H, Kwon I B, et al. A tip deflection calculation method for a wind turbine blade using temperature compensated FBG sensors. Smart Materials and Structures, 2012, 21:025008—025017.

[43] Choi S W, Farinholt K M, Taylor S G, et al. Damage identification of wind turbine blades using piezoelectric transducers. Shock and Vibration. 2014, 9:430854—430863.

[44] Niezrecki C, Avitabile P, Chen J, et al. Inspection and monitoring of wind turbine blade-embedded wave defects during fatigue testing. Structural Health Monitoring, 2014,13(6): 629—643.

[45] Huh Y H, Kim J, Hong S. Response of impedance measured by polyvinylidene fluoride film sensors to damage propagation for wind turbine blade. Journal of Intelligent Material Systems and Structures, 2014, 25(5): 606—612.

第 2 章　风电装备整机状态评估与预警方法研究

时域统计分析相对简单、快捷，是实现在线预警、报警的良好选择，因此风电装备状态评估与预警通常采用时域统计方法。ISO：18436-2：2014（vibration condition monitoring and diagnostics，振动状态监测与故障诊断）也是通过时域振动值进行快速预警。通过时域统计分析对装备整体状态做出评估后，再针对具体问题实施诊断，是机械故障诊断的常见流程。本章将介绍风电装备整机状态评估的基本原理、时域参数和指标分析，最后再介绍整机和传动链振动方面的内容并在大量数据的基础上提出风电装备整机状态评估与预警的方法。

2.1　基本原理及方法

2.1.1　评估参量选择

风电装备机械部分主要包括叶轮、传动链、发电机和变桨模块，如图 2.1 所示。其主要运动部件叶轮等的主要运动为旋转运动，在运动过程中会产生偏心等有害振动。

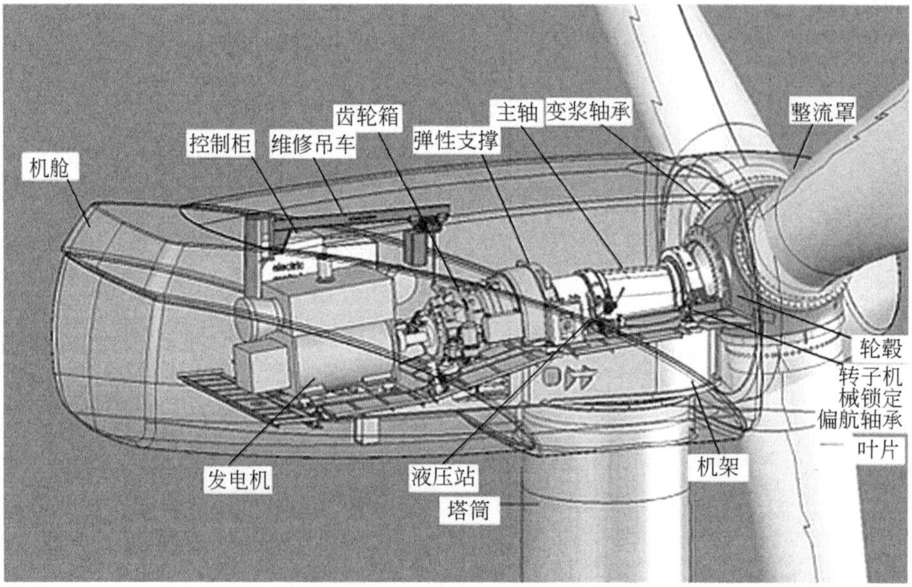

图 2.1　风机结构示意图

风电装备不能直接使用现有的振动评估方法。其根本原因是转速变化等复杂工况使得振动幅值跳动，变转速导致整机振动阈值确定难，没有确定的阈值则难以实现量大面广的风电装备实时监测预警。

振动的描述方式有位移、速度和加速度。根据物理含义可以看出，振动位移反映了振幅大小；振动速度反映振动能量，象征振动的破坏能力；而振动加速度反映冲击力的大小。根据状态评估的目的以及操作的可行性，此处选择振动加速度信号作为被测信号[1]。

2.1.2 测点布置优选

测点位置及数量的选择直接关系到测量结果的可靠性，是振动状态正确评估的基础。理想的传感器布置方案在考虑噪声影响的基础上，利用尽可能少的传感器全面、精确地获取机器状态信息。所以一般选择靠近核心部位的关键点及运行可靠性较差的敏感点作为测量点，同时应避开对测量结果干扰较大的部位，如高温、高湿点等。

根据第 1 章中归纳的风电装备常见故障模式分布，检测部位有齿轮箱、发电机、主轴承和其他轴承等。GL 规定，陆上大型风机传动链的在线振动监测至少需要 6 个加速度传感器。传感器位置的选取应该尽量保证被监测部件的振动可以直接传递到传感器上，传感器应安装在距离被测部件承载区最近的可安装位置和载荷最大的方向上。

此外，由动力学可知，刚性支撑点的测量结果更容易提取故障特征，如机座、轴承座等。根据目前风电装备的实际运行情况，其传动链的发电机、齿轮箱、主轴及其轴承受到变化的载荷作用，容易出现故障。由于轴承承载着装备负荷，通过监测轴承的振动，可较早发现潜在的故障。在测量轴承的振动时，测点应尽量靠近轴承的承载区；由于装备传动链中部件较多，低频信号被高频信号调制，高频信号对方向不敏感，只测垂直或水平一个方向即可。综合考虑风电装备的特点和以上测点布置基本原则，同时根据测试经验，可确定风电装备的测点位置(对不同结构的风机测点位置略有不同)。

虽然风电装备传动链很不均匀、振型复杂，所需传感器数量较多，但是考虑到数据采集仪的硬件条件、总体费用及数据统计的计算量，测点数量只要能反映机器运行状态即可，不宜过多。风电装备种类繁多、设计多样，各零部件振动表现形式不同，重要的是它们之间相互作用振动的发生取决于激励源与激励范围。所以应测量发电机前轴承、发电机后轴承、主轴轴承、行星齿轮增速箱齿圈、行星齿轮增速箱低速轴轴承、行星齿轮增速箱中间轴轴承以及行星齿轮增速箱高速轴轴承这 7 处水平或垂直振动。图 2.2 所示为“一行星两平行”型增速箱的传动链测点示意图。

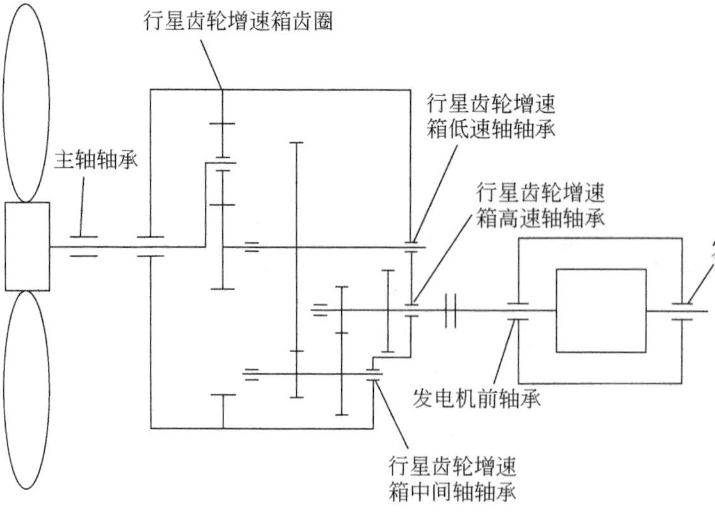

图 2.2　测点示意图

2.1.3　数据处理方法

考虑到风电装备叶轮转子转速，在进行振动数据采集时规定：测试风电装备起机、并网、停机整个运转过程传动链的振动加速度值与发电机转速，其中并网运行时间不少于 3min。

除特有的外部激励之外，引起风电装备振动的其他原因还包括：轴承座刚度、转速周期性变化、轴刚度的非线性、轴或齿轮的偏心和不平衡等[2]。其中，转速周期变化、轴或齿轮的偏心和不平衡引起的振动，与转速直接相关；其余的因素引起的振动同样受到转速的影响。

风电装备已经由定转速恒工频向变转速变工频发展，变转速下风电装备并网工作时转速在较大范围波动，所以有必要按转速分级分别进行时域指标计算，研究不同转速下振动状态、时域参数和指标的特点。

本章的时域参数和指标计算将相应时间段的数据划分成 n 段；分别计算某一区间转速相应的时域参数和指标，以减少转速变化的影响；最后再将 n 组数据求和平均(或求均方根值)，作为这段数据的最后指标值，如式(2.1)～式(2.3)所示。

$$a_{\mathrm{rms}}=\sqrt{\frac{1}{T_0}\sum_{T_m=1}^{n}a_{\mathrm{rms}}^2(T_m)T_i} \tag{2.1}$$

式中，T_i 为测量值 $a(t)$ 的单位计算时间，可根据实际情况取 0.1s、1s、2s 等值；T_0

为振动测试的状态评估时间，$T_0=\sum_{i=1}^{n}T_i$；T_m 为评估时间 T_0 的时间历程（$T_m=T_i, 2T_i, \cdots, nT_i$）；$a_{\mathrm{rms}}(T_m)$ 为测量值 $a(t)$ 单位计算时间 T_i 内的均方根值(root mean square，rms) $a_{\mathrm{rms}}(T_m)=\sqrt{\frac{1}{T_i}\int_{T_m-T_i}^{T_m}a^2(t)\mathrm{d}t}$。

$$\mathrm{KF}=\frac{1}{T_0}\sum_{T_m=1}^{n}K_{\mathrm{e}}(T_m) \tag{2.2}$$

式中，KF 为峭度指标(kurtosis factor)；$K_{\mathrm{e}}(T_m)$ 为测量值 $a(t)$ 单位计算时间 T_i 内的峭度指标，$K_{\mathrm{e}}(T_m)=\frac{\beta(T_m)}{(\sigma_{\mathrm{a}}^2(T_m))^2}$；$\beta(T_m)$ 为测量值单位计算时间 T_i 内的峭度，$\beta(T_m)=\frac{1}{T_i}\int_{T_m-T_i}^{T_m}(a(t)-\mu_{\mathrm{a}})^4\mathrm{d}t$；$\sigma_{\mathrm{a}}^2(T_m)$ 为测量值单位计算时间 T_i 内的方差，$\sigma_{\mathrm{a}}^2(T_m)=\frac{1}{T_i}\int_{T_m-T_i}^{T_m}(a(t)-\mu_{\mathrm{a}})^2\mathrm{d}t$；$\mu_{\mathrm{a}}(T_m)$ 为测量值单位计算时间 T_i 内的均值，$\mu_{\mathrm{a}}(T_m)=\frac{1}{T_i}\int_{T_m-T_i}^{T_m}a(t)\mathrm{d}t$。

$$\mathrm{CLF}=\frac{1}{T_0}\sum_{e=1}^{n}L_{\mathrm{e}}(T_m) \tag{2.3}$$

式中，CLF 为裕度指标(clearance factor)；$L_{\mathrm{e}}(T_m)$ 为测量值 $a(t)$ 单位计算时间 T_i 内的峭度指标。

$$L_{\mathrm{e}}(T_m)=\frac{a_{\mathrm{pe}}(T_m)}{a_{\mathrm{re}}(T_m)}$$

式中，$a_{\mathrm{pe}}(T_m)$ 为测量值 $a(t)$ 单位计算时间 T_i 内的峰值，$a_{\mathrm{pe}}(T_m)=\mathrm{E}[\max|a(t)|]$；$a_{\mathrm{re}}(T_m)$ 为测量值 $a(t)$ 单位计算时间 T_i 内的方根幅值，$a_{\mathrm{re}}(T_m)=\left(\frac{1}{T_i}\int_{T_m-T_i}^{T_i}|a(t)|\mathrm{d}t\right)^2$。

2.2　振动状态评估的基本理论

2.2.1　时域统计分析

时域统计分析方便、快捷，是风电装备振动状态评估、实现振动监测的合适方法。振动信号的时域统计分析是指对振动信号 $a(t)$ 的各种时域参数和指标的估计或计算[3]。常用的时域参数和指标包括：峰值 a_{p}、均方根值 a_{rms}、方根幅值 a_{r}、均值 $\bar{a}$、偏斜度指标 SF(skewness factor)、峭度指标 KF、峰值指标 CF(crest factor)、波形指标 SHF(shape factor)、脉冲指标 IF(impulse factor)以及裕度指标 CLF 等。

设 $a(t)$ 表示振动信号 $a(t)$ 的一个时间序列 $a_1,a_2,\cdots,a_t,\cdots,a_T$，$T$ 是信号长度。则上述 10 个时域参数和指标定义如下。

(1) 峰值 a_{p}：

$$a_{\mathrm{p}}=E[\max|a(t)|] \tag{2.4}$$

式中，$E[\max|a(t)|]$为信号 $a(t)$ 最大值的期望。

(2) 均方根值 a_{rms}：当观测时间 T 趋于无穷时，信号 $a(t)$ 在观测时间 T 内取值平方的时间平均值的二次方根，其定义为

$$a_{\mathrm{rms}}=\sqrt{\frac{1}{T}\int_0^T a^2(t)\mathrm{d}t} \tag{2.5}$$

(3) 方根幅值 a_{r}：当观测时间 T 趋于无穷时，信号 $a(t)$ 在观测时间 T 内取值平方的时间平均值的二次方，其定义为

$$a_{\mathrm{r}}=\left(\frac{1}{T}\int_0^T \sqrt{|a(t)|}\mathrm{d}t\right)^2 \tag{2.6}$$

(4) 均值 $\bar{a}$：当观测时间 T 趋于无穷时，信号 $a(t)$ 在观测时间 T 内取值的时间平均，其定义为

$$\bar{a}=\frac{1}{T}\int_0^T a(t)\mathrm{d}t \tag{2.7}$$

式中，T 为信号的观测区间。实际情况下 T 不可能为无穷大，算出的 $\bar{a}$ 值必然包含统计误差，只能作为真值的一种估计。

(5) 偏斜度指标 SF：表示信号 $a(t)$ 概率密度分布函数的中心偏离正态分布的程度，反映信号幅值分布相对其均值的不对称性，其定义为

$$\mathrm{SF}=\frac{\sum_{t=1}^{T}(a(t)-\bar{a})^3}{(T-1)\sigma^3} \tag{2.8}$$

式中，$\sigma=\sqrt{\frac{1}{T}\sum_{t=1}^{T}(a(t)-\bar{a})^2}$，为标准差。

(6) 峭度指标 KF：表示信号 $a(t)$ 概率密度函数峰顶的陡峭程度，反映信号波形中的冲击分量大小，其定义为

$$\mathrm{KF}=\frac{\sum_{t=1}^{T}(a(t)-\bar{a})^4}{(T-1)\sigma^4} \tag{2.9}$$

(7) 峰值指标 CF：

$$\mathrm{CF}=\frac{a_{\mathrm{p}}}{a_{\mathrm{rms}}} \tag{2.10}$$

(8) 波形指标 SHF：

$$\mathrm{SHF} = \frac{a_{\mathrm{rms}}}{\bar{a}} \tag{2.11}$$

（9）脉冲指标 IF：

$$\mathrm{IF} = \frac{a_{\mathrm{p}}}{\bar{a}} \tag{2.12}$$

（10）裕度指标 CLF：

$$\mathrm{CLF} = \frac{a_{\mathrm{p}}}{a_{\mathrm{r}}} \tag{2.13}$$

上述 10 个时域参数和指标代表了信号 $a(t)$ 不同的物理含义或反映某些方面的统计特性。峰值反映瞬时冲击的幅值；均方根值与方根幅值反映信号相对于零值的波动情况，均方根值反映信号的能量，方根幅值是表示信号强度的指标；均值是信号的静态分量，表示信号的变化趋势；偏斜度指标和峭度指标反映信号幅值分布相对其均值的不对称性，可以判断故障是否出现，而且峭度指标可以反映信号波形中的冲击分量大小；峰值指标对信号波形的变化较为敏感，预示着是否存在冲击；波形指标反映信号波形形状的特点，可以识别某些故障类别，如轴承点蚀；脉冲指标和裕度指标对概率密度函数的变化较为敏感，预示信号冲击成分的大小；可以反映冲击脉冲的多少[4]。

当风电装备连续运行后可靠度下降时，如风电装备传动链中运动副的游隙增加、齿轮或滚动轴承因磨损碰撞增加，振动能量增大、振动信号中的冲击脉冲增多、冲击幅值增大，概率密度函数亦会随之缓慢变化。

2.2.2　基于数据库的知识发现的基本理论

风电装备的运行具有特殊性，气候的特点和变化对其正常运行有着直接的影响。采用离线与在线风电装备状态监测与故障诊断系统，通过在张北风场、大凉风场等的长期数据采集，建立了大数据库。通过对数据库的分析，可以更进一步了解各地气候变化对风机运行状态的影响。

常见大数据的处理方法有：聚类算法、PageRank 算法、SVM（support vector machine，支持向量机）算法、朴素贝叶斯（navie Bayes）算法、kNN（k-nearest neighbo，k 最邻近）算法、CART（classification and regression tree，分类回归树算法）算法等，本书将采用聚类算法对大量的风机数据进行分析。

风电装备传动链振动状态评估准则的确立，是大量振动测试后的基于数据库的知识发现（knowledge discovery in databases，KDD）。KDD 已开始渗透到风电装备的振动监测和故障诊断[5]，但未能发挥其优势，仅仅是用来预测发电机电刷环的故障。本书利用 KDD 的相关知识进行风电装备振动振动状态评估准则的研究，解决振动状态的划分及对应阈值的选取。

KDD是指从大量数据中提取有效的、新颖的、潜在有用的、最终可被理解的模式的一种方法[6,7]。KDD的典型过程包括数据选择、数据预处理(数据清洗、数据集成和数据约简等)、数据变换、数据挖掘、模式评估及知识评价[8],如图2.3所示。KDD是一个反复迭代的人机交互处理的过程,实际应用中,相关研究人员倾向于将KDD划分为数据准备、数据挖掘。

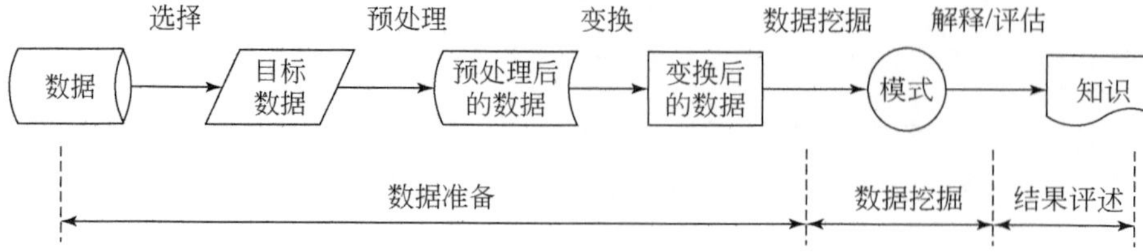

图2.3 KDD过程及步骤概观

2.2.3 数据准备

数据准备是指分析原始数据以产生高品质数据的一系列活动,主要包括数据集成、数据转换、数据约简和数据清洗等[9]。数据集成,是将多文件或多数据源中的异构数据进行合并处理,解决语义的模糊性,解决数据冲突,保持数据的一致性。数据转化是以KDD的最终目的为指导,找到数据适宜的特征表示,用维变换或特定的转换方法减少变量数目或找到数据的不变式。数据清洗是通过分析"脏数据"产生的原因及存在形式,利用现有技术将"脏数据"转化为满足数据挖掘的高品质数据或应用要求的数据。数据约简,辨别出需要挖掘的数据集合,去除对KDD没有影响的数据,缩小处理范围、提高挖掘效率。在实际工程中,数据准备约占整个KDD工程总量的80%[9]。

目前,数据准备实现方式有手工实现、专用程序、利用特定领域的处理系统及针对某一特定步骤的专业化技术。前两种方式有针对性强、灵活性好的特点,但是工作量巨大;后两种方式有较强的通用性,但是对于没有涉及的领域却束手无策,如风电装备振动数据的处理。数据准备主要方法包括[10]:基于粗糙集理论(rough sets, RS)的约简方法、基于概念树的数据浓缩方法、信息论思想和普化知识发现、基于统计分析的属性选取方法及遗传算法。对于风电装备振动状态评估的数据准备阶段,主要将运用粗糙集理论与概念树,下面分别介绍它们的原理。

粗糙集理论是含糊性和不确定性问题的数学工具。它不需要给定某些属性的数量描述、先验信息,仅利用定义,在数据集合上对其进行划分。RS直接从给定问题的描述集出发,通过不可分辨关系、等价关系确定给定问题的近似域,找出该问题的内在规律。

在数据库中，按属性对数据进行归类，形成概念汇聚点，各属性值及概念抽象成为层次结构，这种层次结构通常称为概念树。概念树本质上是一个记录合并的处理过程，其核心是执行面向各属性的归纳。采用概念树的数据准备的一般过程如下[11]：首先，一个属性的具体值被该属性的概念树中的父概念所替代；然后对相同元组进行合并，构成更宏观的元组，并计算该宏观元组所覆盖的元组数目，如果生成的宏观元组数目依旧较大，那么需用该属性的概念树中的父概念去替代或根据另一个属性进行概念树的提升操作，最后生成数量更少、覆盖面更广的宏观元组。图 2.4 是反映风电装备振动数据库中“风电装备运行地区的气候”这个属性的概念树。

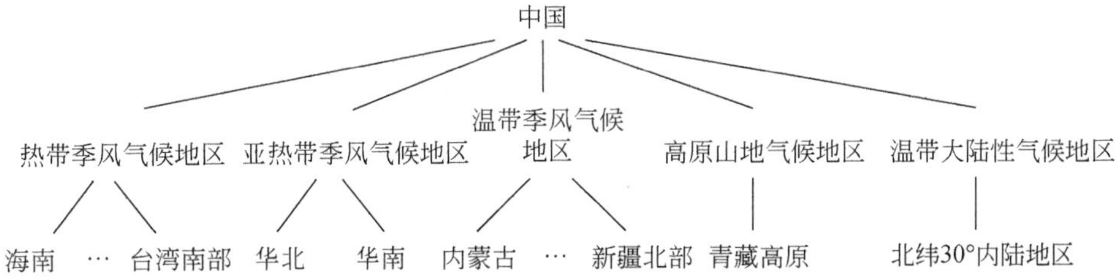

图 2.4　风电装备运行地区的气候

2.2.4　数据挖掘

数据挖掘是 KDD 的一个重要步骤，主要利用特定的算法、在一定的运算效率范围内，从数据中发现期望知识，决定整个 KDD 的效果与效率。可用于数据挖掘的方法也较多[6]，包括机器学习方法、统计方法、神经网络方法和数据库方法。这四种方法又由各种具体方法组成，如机器学习方法分为归纳学习方法、基于范例学习、遗传算法等；统计方法分为回归分析、判别分析、聚类分析、探索分析等；神经网络分为前向神经网络、自组织神经网络等；数据库方法主要是多维数据分析或联机分析处理。

聚类分析根据数据间的相似性将数据库中的数据分类，每类中数据应尽可能相似，不同类别的数据尽可能相异，此特性可大大减少风电装备振动状态评估的工作量。

聚类即无监督分类，是一个将数据集划分为若干类或组的过程，使得同一个类的数据之间有较高的相似度，不同类之间的数据尽可能不相似。聚类分析的另外一个重要结果是对每个类的综合描述，这对于进一步分析数据集的特性异常重要。聚类分析一般可分为划分方法、层次方法、基于密度的方法、基于网格的方法和基于模型的方法。

Kmea 聚类具有初始聚类中心的选择对聚类结果影响较大、常达到局部最优而得不到全局最优等缺点。针对这些缺点，学者们提出多种改进方法，如模糊 C-

均值聚类、基于遗传算法的模糊 C-均值聚类等。粒子群优化算法(particle swarm optimizer,PSO)是一种基于群智能方法的进化计算技术,源于对鸟群捕食行为的研究。PSO 具有全局寻优能力及较强的局部寻优能力,收敛速度较快,可避免完全随机寻优的退化现象,本文对振动数据的聚类分析拟采用 PSO-Kmea 算法[12]。

PSO-Kmea 算法流程如图 2.5 所示。算法描述如下:

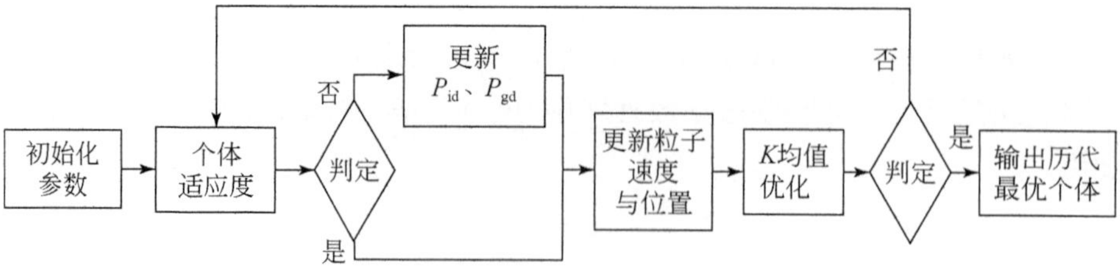

图 2.5　PSO-Kmea 算法流程

(1) 种群初始化。将每个样本随机标识为某一类,作为最初的聚类划分,计算各类的聚类中心,将其作为初始粒子的位置编码,计算粒子适应度,并初始化粒子速度。进行 N 次,得到 N 个初始粒子群。

(2) 计算 P_{id} 和 P_{gd}。比较每个粒子的适应度值和它的 P_{id} 及所在种群的 P_{gd} 如果更好,则更新。

(3) 调整粒子的速度和位置。

(4) 新个体的 K 均值优化。

(5) 判定。如果达到足够好的位置或最大迭代次数结束,否则转值步骤(2)。

PSO-Kmea 算法是对 PSO 与 Kmea 二者的有效结合,它产生下一代解群有较大的随机性,而且群之间的信息共享使求解趋于全局最优,并保证一定的收敛速度、收敛平稳性。由于 PSO-Kmea 的进化目标与 Kmea 的本质是一样的,因此少量的孤立点势必削弱全局的聚类效果。但由于全局寻优的特性,PSO-Kmea 对孤立点的敏感性远小于 Kmea。

风电装备振动状态评估的目标包括振动状态的划分、各状态阈值的确定,其挖掘算法模型如图 2.6 所示。对于经过数据准备用于数据挖掘的数据,统计时域参数和指标后作出散点图,经过聚类分析,并结合直方图和五数概括的统计结果选取部分数据利用信号处理和维护记录,进行状态分析,并最终确定振动状态及其阈值。

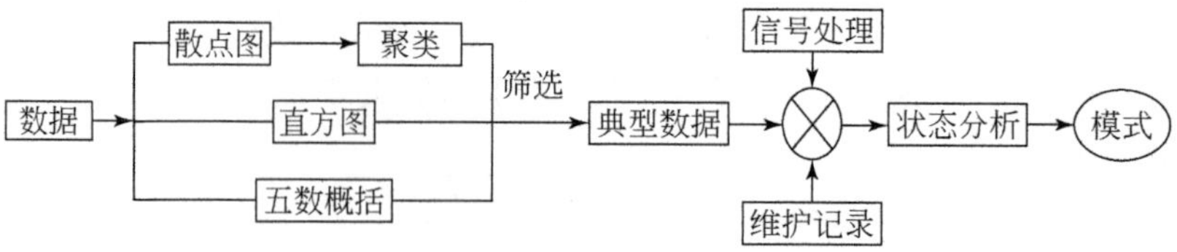

图 2.6　风电装备振动状态阈值挖掘算法模型

2.3　时域参数和指标分析

2.3.1　不同转速下时域参数和指标统计及分析

伴随着转速的升降,机电装备表现出的转子动态特性和故障征兆是不可多得的有用信息,对于装备的安全运行和科学管理都有指导作用。

风电装备的运行与风速有着重大关系,不同风速下,风电装备的运行状态是不同的。表 2.1 和表 2.2 分别给出了风力发电设计标准 IEC61400-1 的风区分类和风能分区。

表 2.1　IEC61400-1 的风区分类

风区	年平均风速 V_{avg}/(m/s)	3s 平均极大风速 V_{avgm}/(m/s)	特点
Ⅰ类风区	$8.5<V_{avg}\leqslant 10$	$59.5<V_{avgm}\leqslant 70$	在风电装备轮毂高度处
Ⅱ类风区	$7.5<V_{avg}\leqslant 8.5$	$52.5<V_{avgm}\leqslant 59.5$	在风电装备轮毂高度处
Ⅲ类风区	$V_{avg}\leqslant 7.5$	$V_{avgm}\leqslant 52.5$	在风电装备轮毂高度处

表 2.2　IEC61400-1 风能分区　(单位:m/s)

IEC 标准	平均风速	年最大风速	最大阵风	50 年最大风	50 年最大阵风
Ⅰ类风区	10	37.5	52.5	50	70
Ⅱ类风区	8.5	31.9	44.6	42.5	59.5
Ⅲ类风区	7.5	28.1	39.4	37.5	52.5
Ⅳ类风区	6	22.5	31.5	30	42

风速的变化会引起转速的剧烈变化,风电装备的运行状态也会发生较大的变化。除此之外,风电装备起停机时装备的状态变化较大,转子转速在升降速过程中变化范围很大,导致传动系统出现一系列复杂的振动状态。这些振动状态反映了动力系统的本质特征,从而可以根据转子在升降速过程中的振动状态的演化特征辨别系统是否正常或者识别故障的类别。

与其他装备不同的是,风电装备的启动风速与切入风速之间存在一个差值,如果风速一直在此区间,那么风电装备从起机到并网会经历较长一段时间。此外,变速恒频风电装备的转速波动范围更大,所以风电装备不同转速下时域指标分析必不可少。针对并网转速为 1500r/min 的装备,以 1000～1100r/min、1100～1200r/min、1200～1300r/min、1300～1400r/min、1400～1500r/min 为区间分别统计选取的均方根值、峭度指标和裕度指标[13]。

图 2.7～图 2.9 的图例说明中下划线前的字母和数字代表装备编号,下划线后

的数字代表测点，如“C09_1”表示 C09 装备的第一个测点；坐标轴横轴代表转速，下标 u 代表升速、下标 d 代表降速，如 1300_u 表示升速过程中转速达到 1300r/min；坐标轴纵轴代表相关时域参数和指标的幅值。

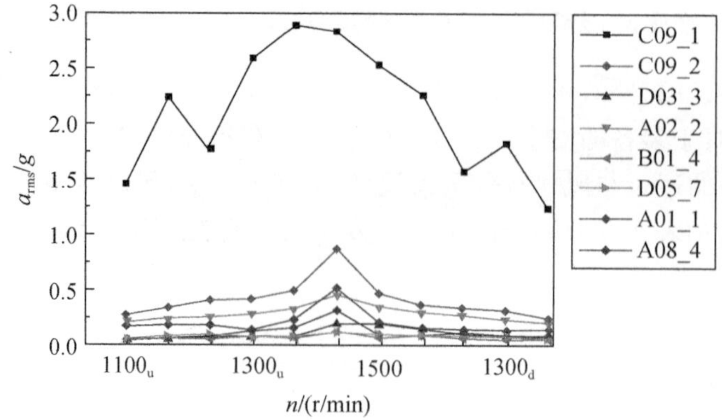

(a)随机抽取的机组和测点

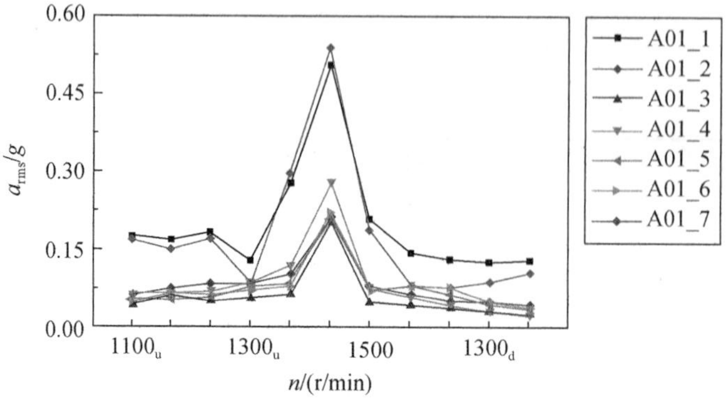

(b)一台机组的所有测点

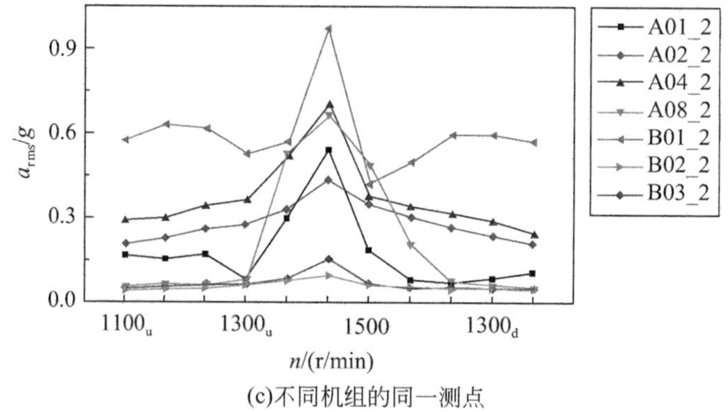

(c)不同机组的同一测点

图 2.7　不同转速下的均方根值

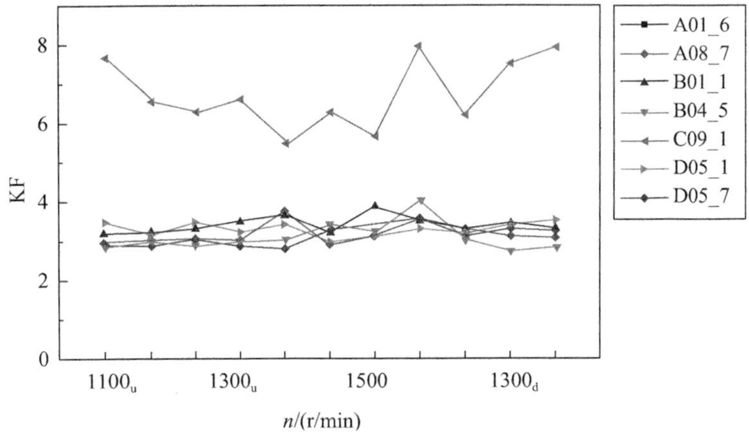

图 2.8　不同转速下的峭度指标

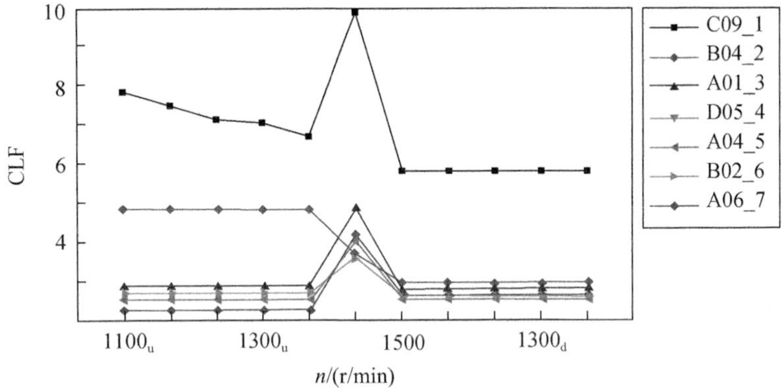

(a) 随机抽取的机组和测点

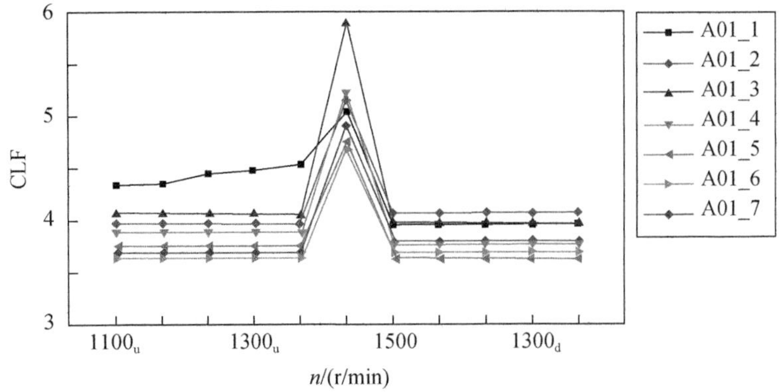

(b) 一台机组的所有测点

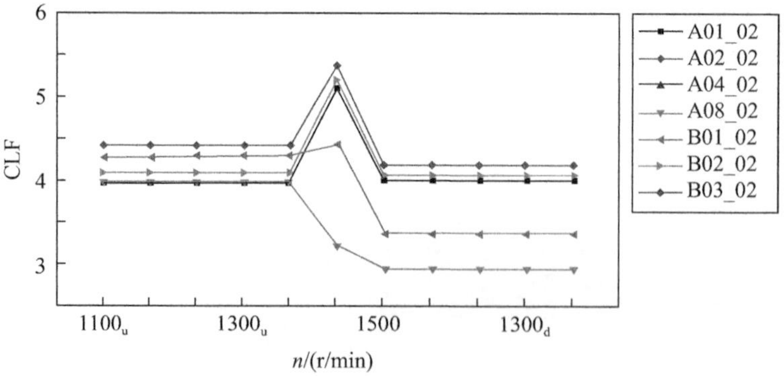

(c)不同机组的同一测点

图 2.9　不同转速下的裕度指标

有量纲指标与转速、负载等装备运行状态相关，由图 2.7 可以看出风电装备并网前后均方根值变化不大。无量纲指标与无工况无关，图 2.8 的峭度指标也表示了这一特性；但是图 2.9 的不同转速下裕度指标却出现异常，正常运行时较大、升降速时较小且取值基本相似。理论上无量纲指标与机器的运动条件无关，只依赖概率密度函数的形状。考察其余无量纲指标，峰值指标及脉冲指标呈现出与裕度指标相似的特点，波形指标基本不变，偏斜度指标变化特征不明显。

通过检查程序、对比计算条件，发现单位计算数据长度（单位计算时间 T_i ）对峰值计算结果影响较大，因为峰值是 $|a(t)|$ 在计算数据长度内最大值的平均。这就直接导致与峰值有关的无量纲指标，裕度指标、脉冲指标和峰值指标，在不同 T_i 时变化较大，如图 2.10 所示。鉴于裕度指标对 T_i 较为敏感，不利于实际应用，所以在后续的时域参数和指标统计分析的过程中不再考虑。此时，时域参数和指标经过约简和剔除之后，为均方根值、峭度指标；但是，风电装备外部冲击的影响必须考虑在内，这需要进一步研究合适的参数或指标。

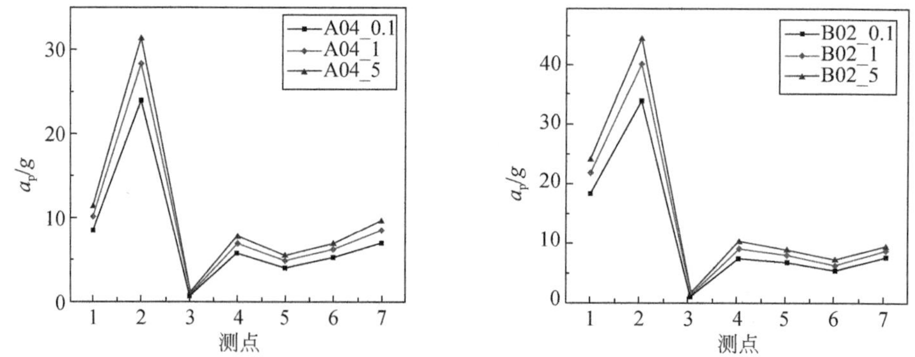

(a)峰值

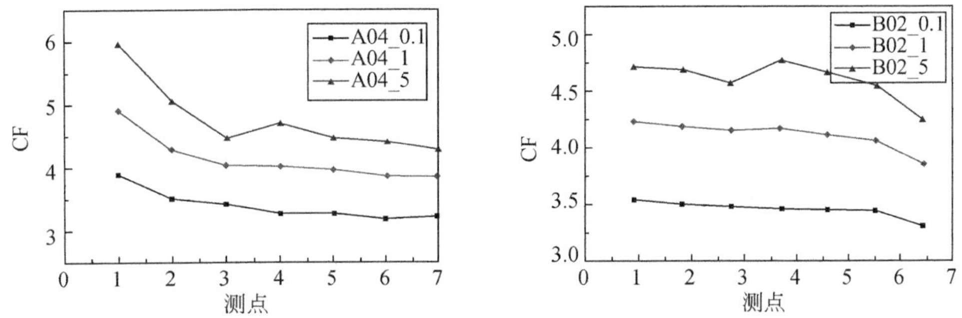

(b)峰值指标

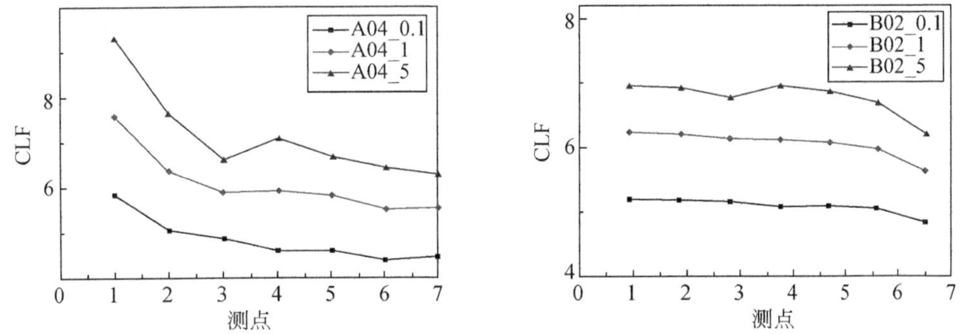

(c)裕度指标

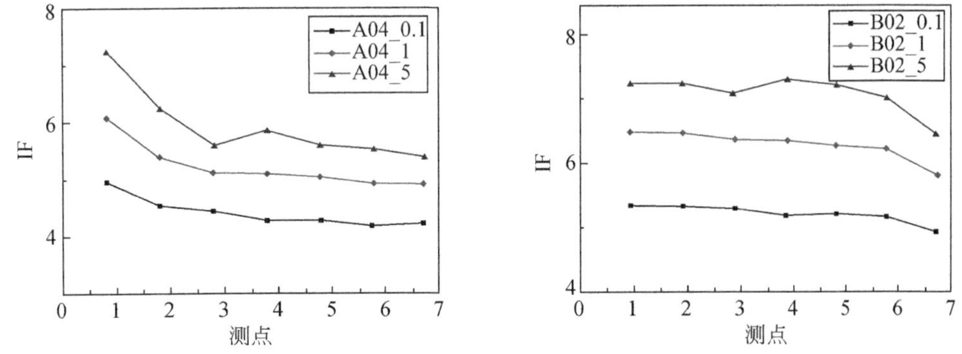

(d)脉冲指标

图 2.10　T_i对时域参数和指标的影响

图 2.10 是正常运行时不同 T_i 下，经计算所得到的峰值、峰值指标裕度指标和脉冲指标。图例说明中下划线前的字母和数字代表装备编号，下划线后的数字代表 T_i 值，如“A04_0.1”表示 A04 装备在进行时域统计分析时 $T_i=0.1$s；坐标轴横轴代表测点；坐标轴纵轴代表相关时域参数和指标的幅值。

2.3.2　并网运行时域参数和指标统计及分析

大型风电装备采用并网运行来存储、传输电能。并网是通过发电机出口开关的合闸，连接发电机和电网，源源不断地向电网输送电能。当风速达到切入风速时风电装备启动，感应发电机被带到同步转速附近时合闸并网，风电装备发电并将电能输送至电网。并网运行是大型风电装备的工作状态，而对工作状态的监控正是状态监测的主要目的之一。

为便于统计将传动链分为发电机、主轴、齿轮箱齿圈及齿轮箱轴承四部分。图2.11～图2.14分别是对应的直方图、五数概括图形化的盒状图、均方根值-峭度指标散点图及其聚类分析结果。其中，直方图横坐标表示振动幅值，纵坐标表示样本数；五数概括图横坐标表示属性，纵坐标表示幅值，“盒”之外的点是异常样本，“盒”从上到下的横线分别代表极大值、上四分位数、中位数、下四分位数和极小值；散点图的横坐标表示均方根值，纵坐标表示峭度指标；聚类结果是对均方根值-峭度指标散点图的聚类分析，图中相同的点表示同一类。

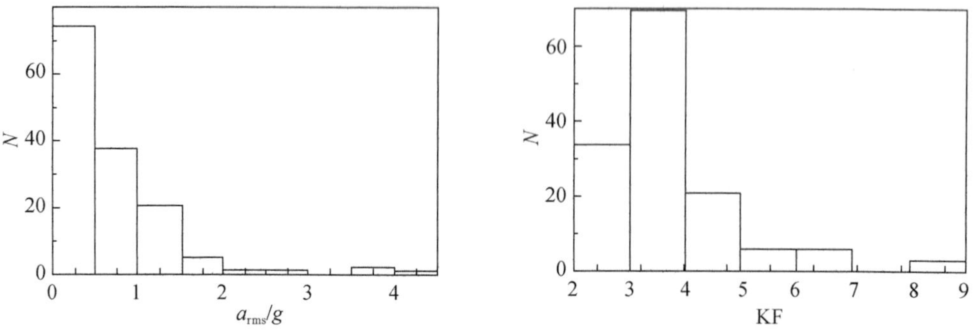

(a)均方根值直方图　　(b)峭度指标直方图

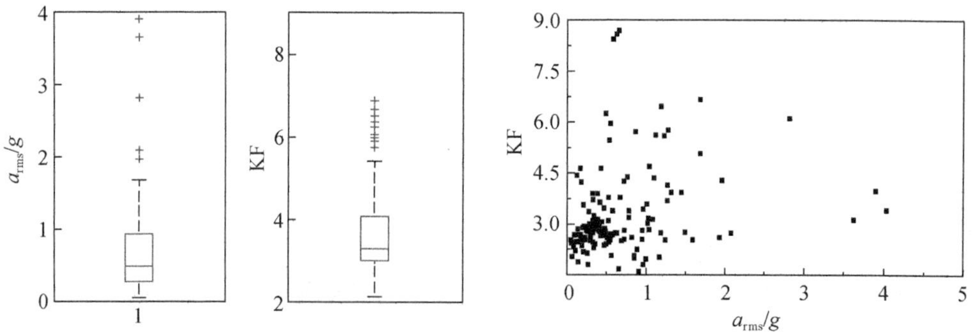

(c)均方根值、峭度指标五数概括图　　(d)均方根值-峭度指标散点图

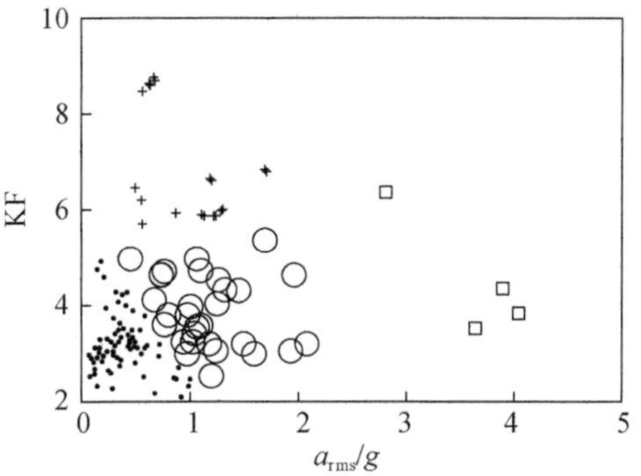

(e)均方根值-峭度指标聚类结果

图 2.11　发电机部分统计结果

从图 2.11 所示的发电机部分统计结果可以看出，均方根值位于 0～0.5 范围内的最多，其综合中位数 M＝0.479、下四分位数 F_f＝0.27、上四分位数 F_t＝0.927、极小值 min(a_{rms})＝0.052g、极大值 max(a_{rms})＝1.6846g；峭度指标位于 3～4范围内的最多，其综合中位数 M＝3.241、下四分位数 F_f＝3、上四分位数 F_t＝4、极小值 min(KF)＝2.13 与极大值 max(KF)＝5.37。散点图可以看出样本大多聚集在 a_{rms}＜1g 且 KF＜4.5 的区域，对其进行聚类分析结果表明所测发电机部分振动数据大致分为 4 类时聚类效果最好。

由图 2.12 所示的主轴部分统计结果可以看出，均方根值位于 0～0.1 范围内的最多，其综合中位数 M＝0.019、下四分位数 F_f＝0.013、上四分位数 F_t＝0.04、极小值 min(a_{rms})＝0.0004g、极大值 max(a_{rms})＝0.08g；峭度指标因异常值因存在较大的异常值直方图统计结果不是很理想，综合中位数 M＝3.11、下四分位数 F_f＝2.08、上四分位数 F_t＝3.53、极小值 min(KF)＝2.68 与极大值 max(KF)＝4.09。散点图可以看出样本大多聚集在 a_{rms}＜0.1g 且 KF＜4.5 的区域，对其进行聚类分析结果表明所测主轴部分振动数据大致分为 4 类时聚类效果最好。

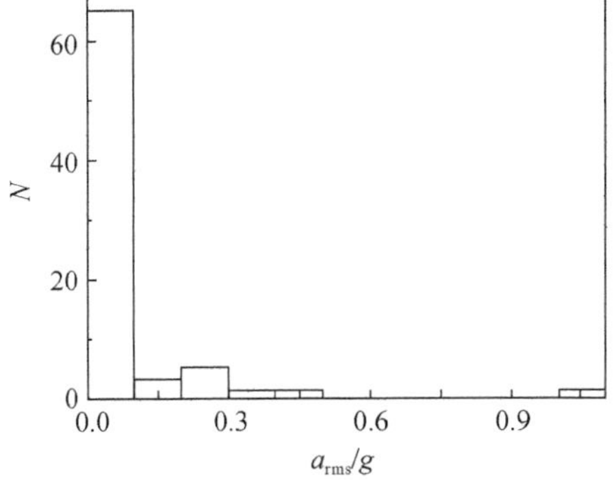

(a)均方根值直方图

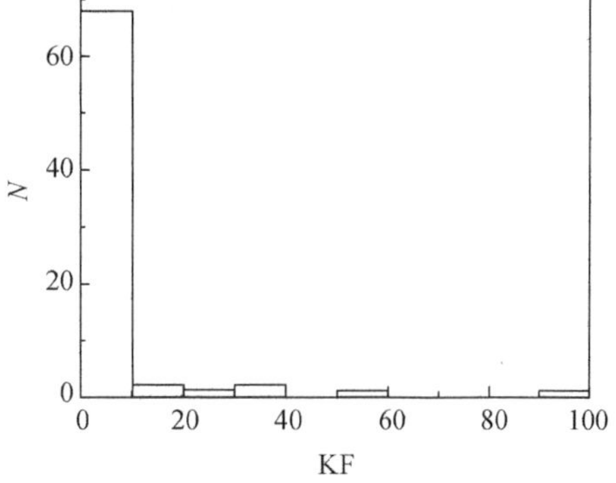

(b)峭度指标直方图

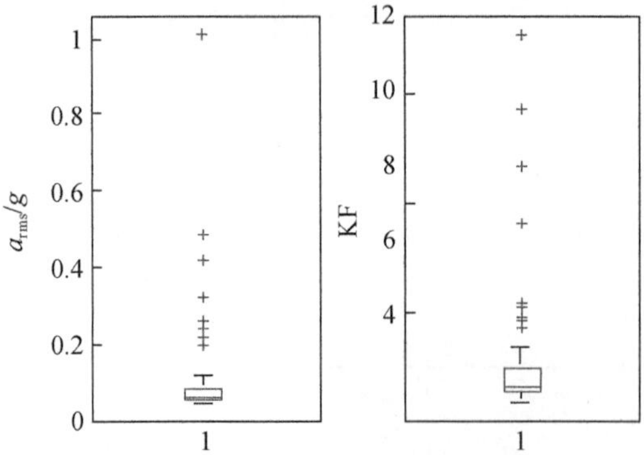

(c)均方根值、峭度指标五数概括图

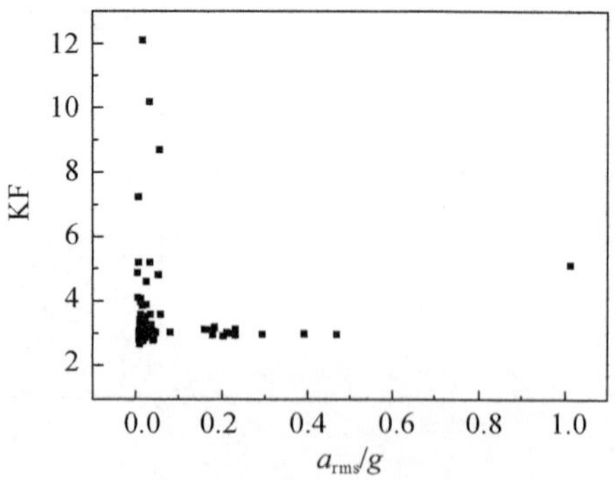

(d)均方根值-峭度指标散点图

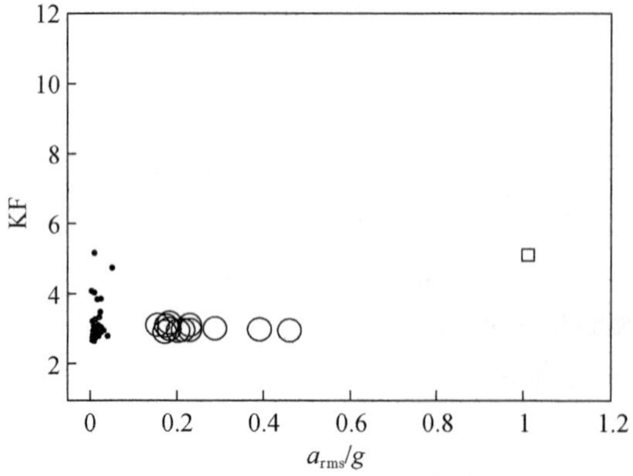

(e)均方根值-峭度指标聚类结果

图 2.12　主轴部分统计结果

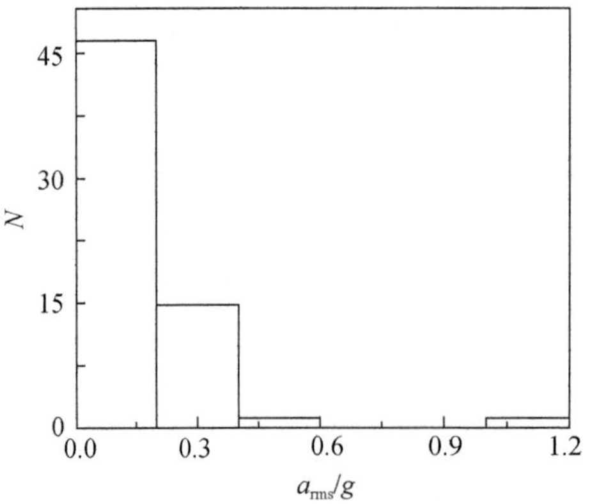

(a)均方根值直方图

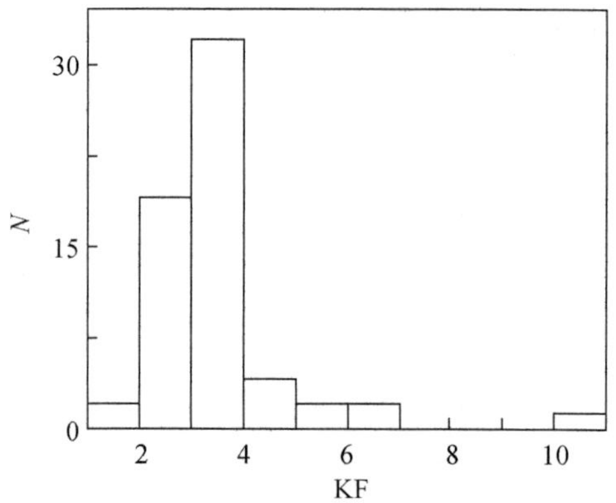

(b)峭度指标直方图

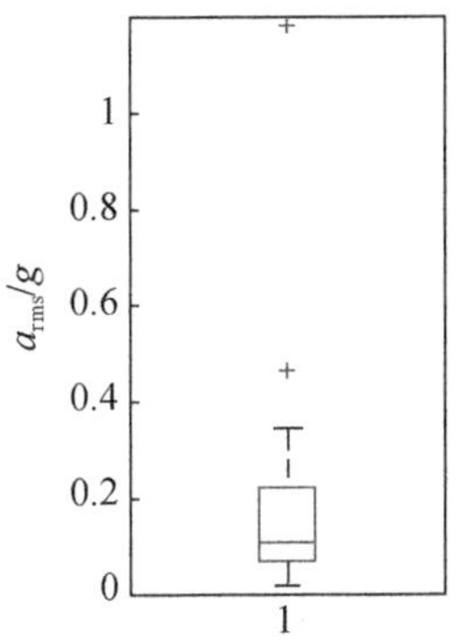

(c)均方根值、峭度指标五数概括图

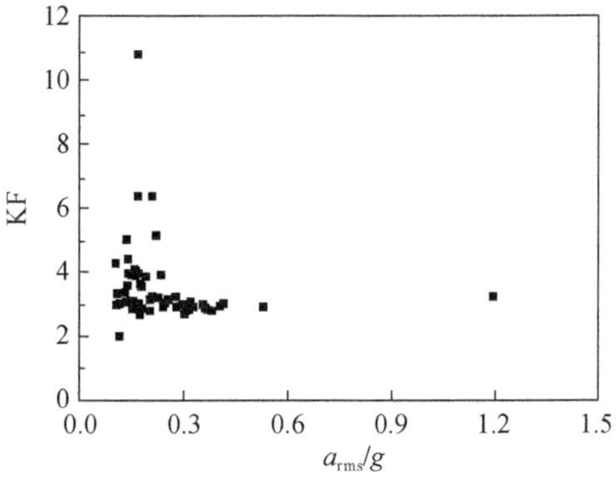

(d)均方根值-峭度指标散点图

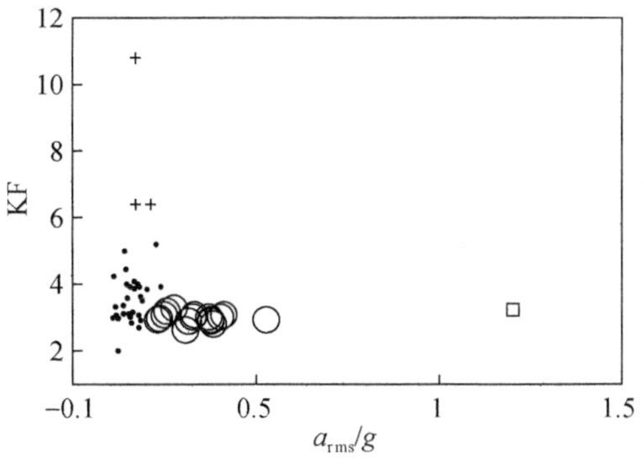

(e)均方根值-峭度指标聚类结果

图 2.13　增速箱齿圈部分统计结果

由图 2.13 所示的增速箱齿圈部分统计结果可以看出，均方根值位于 0～0.15 范围内的最多，其综合中位数 M＝0.01、下四分位数 F_f＝0.06、上四分位数 F_t＝0.217、极小值 $\min(a_{rms})$＝0.01g、极大值 $\max(a_{rms})$＝0.342g；峭度指标 3～4 范围内的最多，综合中位数 M＝3.1、下四分位数 F_f＝2.92、上四分位数 F_t＝3.6、极小值 min(KF)＝1.952 与极大值 max(KF)＝4.43。由图 2.13 可以看出样本大多聚集在 a_{rms}＜0.3g 且 KF＜6 的区域，对其进行聚类分析结果表明所测增速箱齿圈部分振动数据大致分为 4 类时聚类效果最好。

由图 2.14 所示的增速箱轴承部分统计结果可以看出，均方根值位于 0～0.2 范围内的最多、0.2～0.4 范围内的也较多，其综合中位数 M＝0.229、下四分位数 F_f＝0.143、上四分位数 F_t＝0.43、极小值 $\min(a_{rms})$＝0.054g、极大值 $\max(a_{rms})$＝0.825g；峭度指标 3～4 范围内的最多，综合中位数 M＝3.02、下四分位数 F_f＝2.95、上四分位数 F_t＝3.16、极小值 min(KF)＝2.67 与极大值 max(KF)＝3.46。散点图可以看出样本大多聚集在 a_{rms}＜1g 且 KF＜4 的区域，对其进行聚类分析结果表明所测增速箱轴承部分振动数据大致分为 3 类时聚类效果最好。

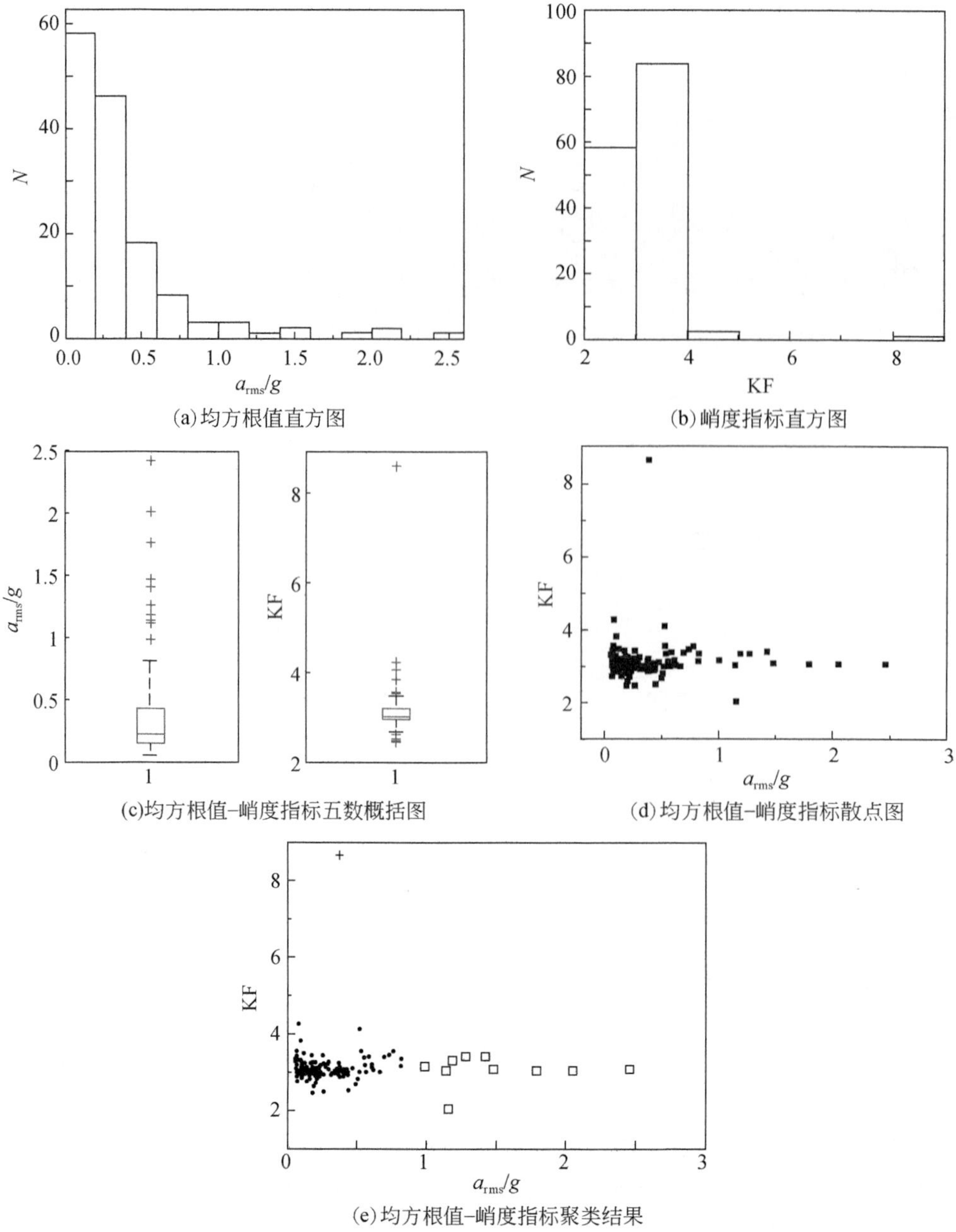

图 2.14　增速箱轴承部分统计结果

图 2.11～图 2.14 分别对风电装备中的发电机、主轴、增速箱齿圈、增速箱轴承振动信号的均方根值和峭度进行了分析，结果统计如表 2.3 所示。

表 2.3 风机四种部件对比

风机部件	均方根值	综合中位数	下四分位数	上四分位数	极小值	极大值	聚类数目
发电机	0～0.5	0.479	0.27	0.927	0.052g	1.6846g	4
主轴	0～0.1	0.019	0.013	0.04	0.0004g	0.08g	4
齿轮箱齿圈	0～0.15	0.01	0.06	0.217	0.01g	0.342g	4
齿轮箱轴承	0～0.2	0.229	0.143	0.43	0.054g	0.825g	3

表 2.3 中，综合中位数为一排数据从小到大排列后中间那个数；四分位数为把所有数值由小到大排列并分成四等份，处于三个分割点位置的数值。

2.4 整机及传动链振动状态的确定

2.4.1 传动链振动状态的确定

频谱分析作为频域分析的基础，是机械故障诊断中应用最为广泛、最为有效的信号处理方法之一。因为它不但反映信号的频率成分与分布情况，而且故障的发生及发展都会引起频谱变化。功率谱密度函数反映了信号功率在频域的分布情况；Hilbert 包络解调放大、分离故障特征的同时，不引进高频成分，是实际工程中轴承故障诊断常用的工具；阶比追踪是变速回转机械振动分析最重要的工具之一，作为一种广义的谐波分析，阶比追踪被用于分析与一阶分量信号瞬时频率成比例的各阶分量信号，以此为依据对系统的状态、特性做出判断。结合以上四种工程常用分析方法及时域波形分析、维护记录，分析、判定 2.3 节时域统计结果对应装备的状态。

对于 2.3 节聚类分析的结果，在各类中心随机抽取一组，逐一采用时域、频域分析，结合风场的维护记录，可确定该点及其附近点对应装备的振动状态；对于各类的边界区域，结合直方图和五数概括的统计结果选取部分数据，也采取逐一分析、结合风场的维护记录的处理方法，可明确这些边界点的所属类别。最终可以得到所有分析数据的装备振动状态，在此基础上可以进一步得到状态划分的阈值。

以下是一组示例分析，其余待分析信号，按照同样方法进行。

(1) 随机选取图 2.15(e)中，$a_{\rm rms}<1g$、KF<6 这类样本的一个数据点，其值分别为 $a_{\rm rms}=0.356g$、KF=2.98，对应联合动力 UP77/1500 编号为 SRA9_03 的装备，是齿轮箱输出端高速轴垂直径向振动信号的均方根值和峭度指标。

(2) UP77/1500 属于变速恒频风电装备，图 2.15 是 SRA9_03 装备在转速为 1578r/min 时对应的分析谱图。时域波形振动杂乱，而消噪后信号也未能提供有效信息；包络谱中频率成分较为复杂，除了 763.3Hz 的突出谱峰外，无明显故障相关信息，而功率谱中转频 26.56Hz 更加明显，而且在 139.8Hz、279.3Hz 以及 606.3Hz 处均出现谱峰，并出现 763.3Hz 的基频及其 2、3 倍频；阶次谱中出现了第 1 阶、第 5.315 阶、10.63 阶、23.06 阶和 29 阶分量，分别与前面频谱中的 26.56Hz、139.8Hz、279.3Hz 以及 606.3Hz 和 763.3Hz 的频率成分相接近，疑似为齿轮箱齿轮的啮合频率。

(3) 信号分析结果显示，该测点信号未提供明显故障信息；咨询风场后得知，该装备服役不到两年，运行良好。结合以上两方面，可判定此装备齿轮箱输出端高速轴部分运转正常。更为关键的是对于该点周围的数据点可认为它们对应的装备相应部件振动状态也较好。

此外，对于图 2.11 各类之间较为模糊的边界需要借用统计结果。例如，直方图显示，$a_{\rm rms}=1g$、KF=4 可作为一个分析依据；均方根值五数概括图的上四分位数 $F_{\rm t}=0.927$、极大值 $\max(a_{\rm rms})=1.68$ 及峭度指标五数概括图的上四分位 $F_{\rm t}=4$、极大值 max(KF)=5.37 也是一个分析依据。在此基础上，结合分类边界，对位于这些边界附近的振动数据逐一采取示例的分析方法。

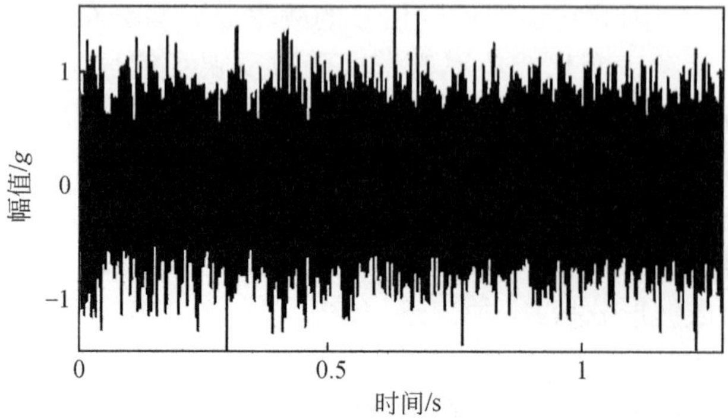

(a)时域波形

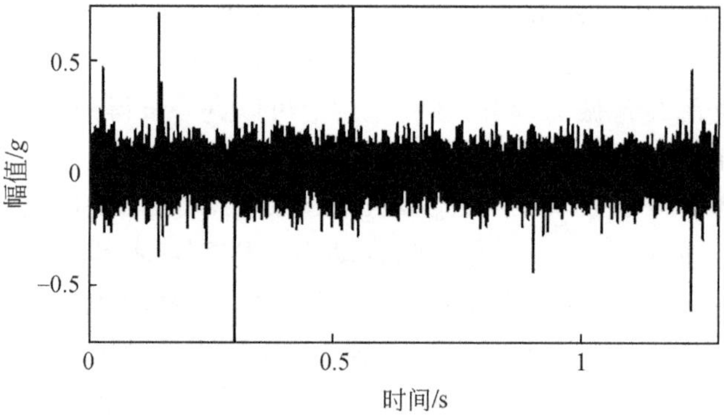

(b) 二代小波消噪后波形

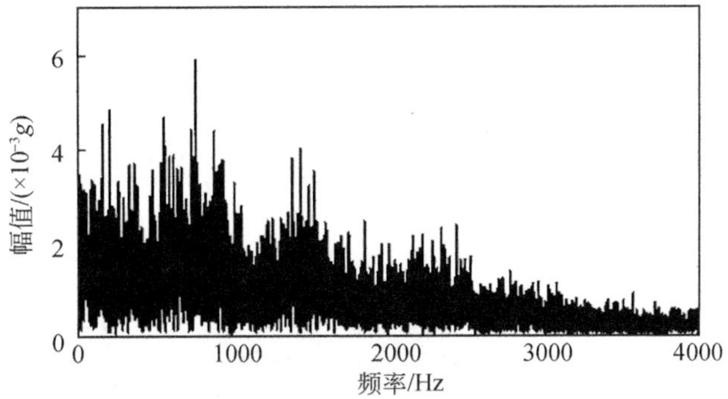

(c) 包络谱

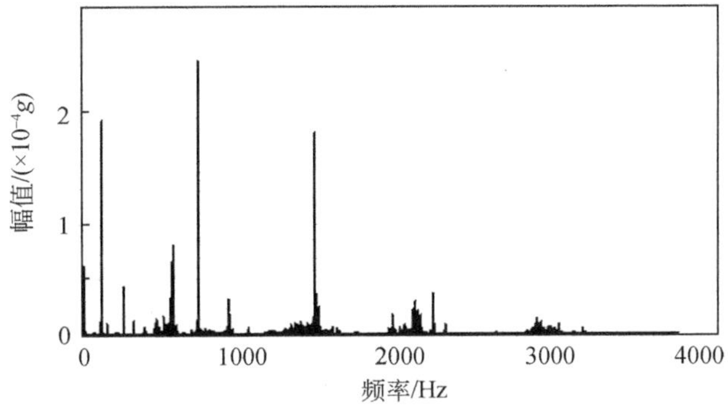

(d) 功率谱

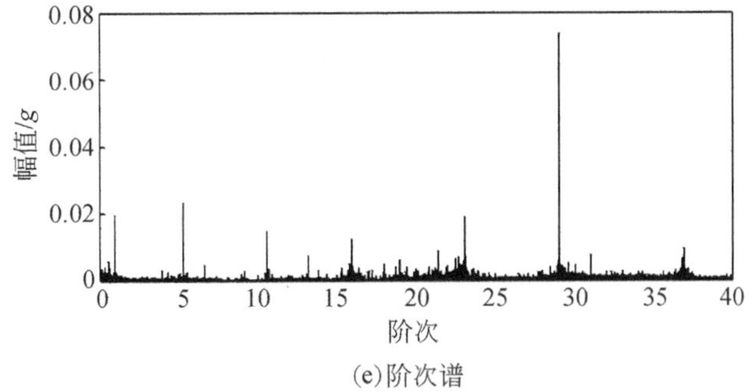

(e) 阶次谱

图 2.15　状态分析示例

与其他大型旋转装备类似，风电装备传动链的典型故障包括转子不平衡、转子不对中、转子支承系统连接松动、旋转失速、转子永久性或临时性弯曲、转子与静止件摩擦、转轴横向裂纹及密封间隙动力失稳等。其中，最为常见的故障是不平衡、转子不对中、转子支承系统连接松动。依据振动机理，转子不平衡的频谱特点是谐波能量集中于基频，此外不平衡引起的振动对工作转速的变化非常敏感；转子不对中改变了转子轴颈与轴承的相互位置、轴承的工作状态及轴系的固有频率，径向振动频谱出现 2 倍频，不对中越严重 2 倍频所占比例越大，不对中引起的振动随负载增加而增大；转子支撑系统连接松动引发的异常振动源于螺栓紧固不牢或配合间隙误差过大，转子的偏心率和转速比的变化可以反映支撑系统的连接状态，连接松动的频率结构较为复杂，基频、分数谐波外也会产生高次谐波，3 倍频突出也是松动的一个明显特征。

齿轮和轴承作为典型零件，其故障也属于风电装备的常见故障。由于啮合刚度随时间非线性变化，使得齿轮对的啮合振动呈现明显的非线性特征。啮合力激发的振动包含一倍啮合频率、二倍乃至高倍啮合频率的振动，故障发生时齿轮对的振动出现复杂的调幅调频现象。对于轴承的故障诊断诊断，通常以滚子、内圈、外圈和保持架的旋转故障特征频率及高频段的固有振动频率为基础。随着故障程度的增加，会出现一些以故障特征频率为主要频率、以转频为边频的调制现象，当复合故障发生时情况较为复杂。当然，风电装备复杂载荷下轴承故障判定更为复杂。

2.4.2 振动状态阈值的初选

阈值又叫临界值，是指一个效应能够产生的最低值或最高值。研究人员到河北等地区风场实地采集了上千组数据，历时 5 年以上，经过分析、汇总得到表 2.4，对于双馈风装备的振动状态阈值选择具有一定的参考意义。例如 2MW 以上的装备、热带季风气候及高原山地气候下运行的装备、服役时间较长的装备等，都未涉及或涉及很少。结果评述中最主要的有效性应选择实践中工程案例进行检验，同时也可以扩充数据库。

表 2.4 输出功率不超过 1.5MW 陆上非直驱风电装备

部件及状态		均方根值 a_{rms}/g	峭度指标 KF
发电机轴承	合格	<1.2	<6
	密切关注	1.2～1.7	≥6
	差	>1.7	<4
	异常状态	其余	其余
主轴轴承	合格	<0.04	<6
	密切关注	0.04～0.06	≥6
	差	>0.06	<4
	异常状态	其余	其余
增速箱齿圈	合格	<0.2	<6
	密切关注	0.2～0.35	≥6
	差	>0.35	<4
	异常状态	其余	其余
增速箱轴承	合格	<0.8	<6
	密切关注	0.8～1.3	≥6
	差	>1.3	<4
	异常状态	其余	其余

2.5 小　结

本章节在时域、频域分析的基础上，对双馈风机传动链进行振动状态监测，并在大量、长期的风机状态监测中，建立风电装备传动链振动数据库，通过 KDD、信号处理及机组的维护记录，在振动信号分析的基础上，提出了风电装备传动链振动状态评估方法，初步确定了风电装备传动链振动状态等级及其相应阈值，对工程实际有重要的参考意义。

参 考 文 献

[1] Hansen D，Olsson A H. ISO Standard 13373-1：2002—Condition monitoring and diagnostics of machines—Vibration condition monitoring—Part 1：General procedures. 2002.

[2] 徐敏，虞和济，张瑞林. 设备故障诊断手册——机械设备状态监测和故障诊断. 西安：西安交通大学出版社，1998.

[3] 张西宁，何正嘉，訾艳阳. 现代信号处理及工程应用. 西安：西安交通大学出版社，2007：21—44.

[4] 屈梁生，何正嘉. 机械故障诊断学. 上海：上海科技出版社，2007.

[5] Verma A，Kusiak A. Fault monitoring of wind turbine generator brushes：A data-mining approach. Journal of Solar Energy Engineering，2012，134(2)：1—9.

[6] 杨炳儒. 知识工程与知识发现. 北京：冶金工业出版社，2000.

[7] Fayyad U，Piatetsky-Shapiro G，Smyth P. From data mining to knowledge discovery in databases. Ai Magazine，1996：37—54.

[8] Fayyad U，Piatetsky-Shapiro G，Smyth P. Knowledge discovery and data mining：Towards a unifying framework// Proceeding of the International Conference on Knowledge Discovery and Data Mining. Portland，Oregon，1996.

[9] Zhang S，Zhang C，Yang Q. Data preparation for data mining. Applied Artificial Intelligence an International Journal，2003，17(5)：375—381.

[10] 刘明吉，王秀峰，黄亚楼. 数据挖掘中的数据预处理. 计算机科学，2000，27：54—57.

[11] 陈文伟. 智能决策技术. 北京：电子工业出版社，1998.

[12] Jain A K，Murty M N，Flynn P J. Data clustering：A review. ACM Computing Surveys，1999，31(3)：264—323.

[13] 程航. 风电装备振动状态评估方法及故障微弱信号检测研究[硕士学位论文]. 西安：西安交通大学，2012.

第3章　二阶增强随机共振技术研究

随机共振一改传统信号处理中抑制噪声的方法，颠覆"噪声无用"的观点，利用噪声将"无用"的噪声"变废为宝"，"化腐朽为神奇"，为早期故障的微弱信号特征提取提供强有力的工具。如前所述，风电装备传动系统独特的运行特点导致传动链系统的振动主要以中低频为主，内部的齿轮箱也由于结构复杂及交变载荷等作用，故障频发，齿轮箱的弹性支撑、复杂的内部结构——"一行星两平行"、复合的传递运动以及多轴传动等使得故障特征微弱且相互耦合调制，采集到的振动信号被大量干扰噪声污染，增加了振动信号特征提取的难度。而随机共振作为一种微弱信号处理手段，不仅适用于低频振动信号，而且对强噪声信号具有很强的处理能力。所以，凭借利用噪声增强微弱信号特征的独特优势，随机共振在风电装备传动系统的故障诊断中具有重要作用和实际价值。因此，针对风电装备动态信号故障症状不明显、特征信息微弱以及强噪声污染，本章基于随机共振理论介绍了微弱故障动态信号的一种特征增强技术——二阶增强随机共振技术，借助"双重积分"实现噪声的重复利用，进一步改善随机共振检测效果，不仅实现了随机共振系统参数的自适应选取，而且增强了随机共振对微弱故障特征的提取能力，为早期微弱故障诊断提供了有效的解决途径。

3.1　随机共振经典理论简介

经过30多年的发展，随机共振理论的发展主要分为两大类：经典随机共振理论和非经典随机共振理论。经典随机共振理论主要包括绝热近似理论、线性响应理论、驻留时间分布理论和本征值理论等。1989年，McNamara等[1]针对离散二态系统和连续双稳态系统提出的绝热近似理论是最早较为全面解析随机共振的理论。鉴于绝热近似理论的苛刻条件限制了其对双稳系统输出行为的刻画能力，1993年，Dykman等[2]提出了线性响应理论，对随机共振行为进行了更加完整的描述。1990年，Zhou等[3]提出了驻留时间分布理论。他们认为：对称双稳系统阱内间隔时间的概率统计遵循泊松分布，并可作为随机共振的测度指标度量随机共振行为。为避免绝热近似条件，Hanggi等[4~6]提出了本征值理论，将微弱周期激励作为一个微扰动，以福克-普朗克方程为出发点，推导出系统响应输出信噪比随噪声强度变化的解析表达式，从理论上预示了随机共振的发生。

随机共振是在非线性系统中，由于适当噪声的协助作用，描述随机系统本身运动特性的频率特性与外部输入信号频率发生了某种匹配而产生的一种“共振”，从而削弱噪声强度，增强输入信号特征。这种现象的产生至少需要三个因素：具有双稳或多稳态的非线性系统；微弱周期/非周期输入信号；系统内在噪声或外加噪声。双稳系统是随机共振理论中研究最早、最为成熟的非线性模型之一。

双稳系统是指外势场具有双稳态(双势阱)的非线性系统，其典型表达式为

$$U(x) = -\frac{ax^2}{2} + \frac{bx^4}{4} \tag{3.1}$$

式中，a、b 为双稳态势阱系统参数，为正实数；x 为布朗粒子的运动轨迹；$U(x)$为对称反射双稳态势阱。

令 $\frac{\mathrm{d}U(x)}{\mathrm{d}x} = 0$，可以得到 3 个解：一个非稳态解 $x=0$ 和两个稳态解 $x_{\pm} = \pm\sqrt{\frac{a}{b}}$。

基于式(3.1)，受到噪声 $n(t)$与外部周期驱动力 $s(t)$作用的双稳态系统可以由以下 Langevin 方程(LE)描述为

$$\dot{x} = ax - bx^3 + s(t) + n(t) \tag{3.2}$$

式中，$s(t)$表示周期信号或非周期信号，此处选用余弦信号 $s(t) = A\cos(\Omega t + \varphi)$。

通过分析式(3.2)可以发现，双稳系统响应 $x(t)$实际上是布朗粒子在信号和噪声驱动下，在双稳势函数 $U(x)$中的运动轨迹。双稳势阱示意图及其运动中的布朗粒子如图 3.1 所示。

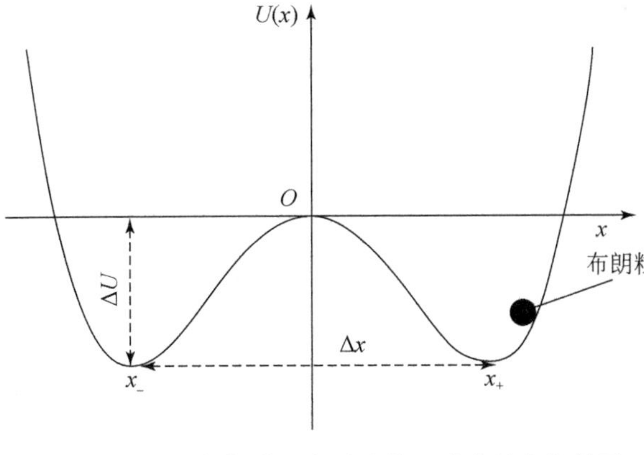

图 3.1　双稳势阱示意图及其运动中的布朗粒子

3.1.1　线性响应理论

Dykman 等[2,7,8]首先提出用线性响应理论解释随机共振现象。线性响应理论认为，系统响应输出 $x(t)$的总体平均值在外部周期激励 $A\cos(\Omega t)$影响下也应含有周期项 $\bar{A}\cos(\Omega t + \phi)$。

非线性随机系统响应输出$\langle x(t)\rangle$在外部周期激励 $x(t)=A\cos(\Omega t)$ 作用下长时间渐近过程的极限由下式决定：

$$\langle x(t)\rangle=\langle x(t)\rangle_0+\int_{-\infty}^{t}A\cos(\Omega t)\chi(t-\tau)\mathrm{d}\tau \tag{3.3}$$

式中，$\langle x(t)\rangle_0$ 表示 $x(t)=0$ 时，未受周期扰动的随机过程稳态平均值；$\chi(t)$为系统响应函数。借助微扰展开理论，未受周期扰动扰系统的自相关函数 $K_{xx}^0(t)$与响应函数 $\chi(t)$可用下式联系起来：

$$\chi(t)=-\frac{H(t)}{D}\frac{\mathrm{d}K_{xx}^0(t)}{\mathrm{d}t} \tag{3.4}$$

式中，$H(t)=\begin{cases}0, & t<0\\ 1, & t\geqslant 0\end{cases}$为 Heaviside 单位函数。

基于线性响应理论，系统在外部周期扰动作用下的响应输出$\langle x(t)\rangle$的表达式为

$$\langle x(t)\rangle=\bar{A}\cos(\Omega t+\phi) \tag{3.5}$$

式中，$\bar{A}=A\mid\chi(\Omega)$；$\chi(\Omega)$ 为响应函数 $\chi(t)$ 的傅里叶变换；相移 ϕ 由下式决定：

$$\phi=-\arctan\frac{\mathrm{Im}\chi(\Omega)}{\mathrm{Re}\chi(\Omega)}$$

$$\begin{cases}\mathrm{Re}\chi(\omega)=\dfrac{2}{D}\displaystyle\int_0^{\omega}\frac{\omega_1^2}{\omega_1^2-\omega}S_0(\omega_1)\mathrm{d}\omega_1\\ \mathrm{Im}\chi(\omega)=\dfrac{\pi\omega S_0(\omega)}{D}\end{cases} \tag{3.6}$$

$S_0(\omega)$为无周期力输入时系统输出的涨落谱密度：

$$S_0(\omega)=\frac{1}{\pi}\mathrm{Re}\left[\int_0^{\infty}\langle x(t)x(0)\rangle\exp(-\mathrm{i}\omega t)\mathrm{d}t\right] \tag{3.7}$$

系统输出信噪比定义为

$$\mathrm{SNR}=\frac{A^2\mid\chi(\Omega)\mid^2}{4S_0(\omega)} \tag{3.8}$$

线性响应理论认为，当$t\to+\infty$时，$\langle x(t)x(0)\rangle\to\langle x(t)\rangle\langle x(0)\rangle$，但这在计算和模拟中很难实现；外部驱动力的频率可适用于任意时间尺度$\frac{\Omega}{r_k}$，但 r_k 随$\frac{\Delta U}{D}$ 呈指数减小，$\frac{\Omega}{r_k}\ll\frac{\Delta U}{D}$ 的条件有时不一定成立，从而限制了线性响应理论的应用范围。

3.1.2　本征值理论

Hanggi 等[4~6]率先提出了本征值理论，Fox[9]和 Hu 等[10]对其进行了深入研

究和进一步发展。本征值理论克服了绝热近似的小参数限制，将周期激励作为一个微扰动，从 Fokker-Planck 方程出发，推导了系统的概率分布以及系统特征时间等物理量。

令式(3.2)表示的朗之万方程中的输入周期信号为 $x(t)=A\sin(\Omega t+\varphi)$，通过下面的变换：$x\to x\sqrt{\frac{b}{a}}$，$t=at$，$A=A\sqrt{\frac{b}{a^3}}$，$D\to\frac{Db}{a^2}$，$\Omega\to\frac{\Omega}{a}$，转换为无量纲形式朗之万方程：

$$\dot{x}=x-x^3+A\sin(\Omega t+\varphi)+n(t) \tag{3.9}$$

其概率密度 $\rho(x,t:\varphi)$ 对应的 FPK 方程为

$$\frac{\partial\rho(x,t:\varphi)}{\partial t}=-\frac{\partial}{\partial x}[x-x^3+A\sin(\Omega t+\varphi)]\rho(x,t:\varphi)+D\frac{\partial^2}{\partial x^2}\rho(x,t:\varphi) \tag{3.10}$$

该方程具有弗洛克形式解(Floquet-type)

$$\rho(x,t:\varphi)=\exp(-ut)p(x,t:\varphi) \tag{3.11}$$

函数 $p(x,t)=p(x,t+2\pi/\Omega)$ 是周期函数。通过展开计算可得渐近谱密度为

$$\overline{S}_{ax}(\tau)=\int_{-\infty}^{+\infty}\overline{K}_{as}(\tau)\exp(-i\omega\tau)d\omega \tag{3.12}$$

从渐近谱密度可以看出，信号频率谱频上的冲击峰值即为均值的傅里叶变换系数，功率放大系数定义为频率 Ω 上的功率与信号总功率之比：

$$\eta(A,D,\Omega)=4\left(\frac{|M|^2}{A}\right)^2 \tag{3.13}$$

Hanggi 等[4,5]利用矩阵连分法，研究了不同信号频率和不同信号幅值情况下，功率放大系数随噪声强度变化的变化趋势，发现信号频率越大，功率放大系数的峰值越低；信号幅值越大，功率放大系数的峰值也越小，并在信号幅值增大到临界值 $\sqrt{\frac{4}{27}}$ 时峰值消失。

Hu 等[10]根据弗洛克理论，认为仅考虑信号幅值 $A\ll1$ 的低阶项，通过计算相关系数和系统响应输出功率谱得到微扰展开的信噪比计算公式，在限制条件 $\Omega\ll1$ 和 $D\ll1$ 的作用下，该结果与绝热近似相一致，这表明绝热近似是微扰展开的一阶近似。

3.1.3　驻留时间分布理论

1990 年，Zhou 等[3]基于一个高分辨率的测量试验设备提出了驻留时间分布理论，认为系统输出在所处的状态中时间统计分布可用下式表示：

$$P_{\text{rand}}(T_r)=\langle T_r\rangle^{-1}\exp[(-t\langle T_r\rangle^{-1})] \tag{3.14}$$

式中，T_r 为系统输出的某个状态中的驻留时间，即系统越过势垒进入下一个势阱

和由此势阱逃逸出来的驻留时间间隔。Zhou 等[3]试验证明对称势阱在周期信号调制下发生周期变化，每个势阱内的驻留时间分布也会随之改变，其主要峰值与信号周期相对应，如果在半个信号周期内系统输出不能反转，则就会在原势阱驻留一个周期，从而使得驻留时间分布总是与信号半个周期的奇数倍相对应。

Gammaitoni 等[11]进一步研究发现，虽然驻留时间分布和信噪比均可作为随机共振的测度指标，但利用二者得到的最佳噪声强度值不同。他认为这种情况可以进一步证实随机共振是一种真实的“Bona fide 共振”，并证明即使没有信号输入，但只要满足一定频率作用这种共振就可以出现，所以真实的共振概念并不严密，Gammaitoni 等[12]也在以后的试验中进行了修正。

3.2 二阶增强随机共振技术

当信号幅值相对于噪声强度过小时，经过单一随机共振处理后，虽然信号特征在一定程度上被增强，噪声也有所削弱，但系统响应中依然含有较多的噪声能量。换言之，经过单一随机共振系统，原始信号中的噪声能量未能被充分利用，系统对微弱信号特征的提取未能达到令人满意的效果。二阶增强随机共振技术，借助“双重积分”实现噪声的重复利用，进一步改善随机共振检测效果；针对噪声控制随机共振的不足和随机共振对带限噪声的敏感特性，利用小波多分辨能力提出了基于 Morlet 小波的多尺度噪声控制方法，不仅可以实现任意频率信号的随机共振检测，而且可以获得更高的输出信噪比，从而实现了微弱信号特征的增强提取。

3.2.1 随机共振增强方法性能简析

鉴于单一随机共振系统检测能力的有限性，为进一步改善随机共振对微弱信号的检测效果，基于随机共振理论，学者们研究了多种随机共振增强技术。

串联随机共振是将两个或两个以上双稳随机共振系统线性串联，当第一级双稳系统达到共振以后，后一级系统将继续近似按照洛伦兹分布将噪声能量向低频区域集中，从而滤掉前一级系统输出波顶和波底的高频小幅抖动，使最终输出波形基本轮廓更加光滑。但串联随机共振只是在有限的低频范围内，通过一定量的噪声强度进一步提高信号频率处的谱峰高度。如果串联随机共振的前一级未能达到随机共振状态，则后一级系统也不能对前一级的输出进行“优化”而形成随机共振。而且由于噪声能量所聚集的低频区域随系统级数的增加逐渐变窄，串联子系统数量过多会把信号频率排斥到这一低频能量区域外，致使系统响应信号频率点处的谱峰被削减，造成信号频率点处的谱峰被噪声干扰或淹没而无法识别。因此，虽然串联随机共振可以在一定程度上有效提高系统输出信噪比，使系统响应波形更为光滑，但它对第一级随机共振系统敏感，而且串联子系统过多也会破坏目标信号的检测效果。

并联随机共振是 Collins 等[13]提出的，通过多个随机共振系统的并联计算，实现微弱信号特征的增强提取。并联随机共振结合了随机共振特殊的"滤波"能力和时域统计平均的思想，对信号的检测效果不仅优于单级随机共振系统，而且稳定性更好。但是，并联随机共振子系统数量的选择对随机共振效果有一定的影响作用，增加子系统数量有利于改善微弱信号的检测结果，但在一定程度上会影响运算效率。其次，控制方法的合理选取是限制该方法工程实用能力的重要因素。添加噪声的控制方法可以实现多个子系统的联合控制，但存在增加容易、减少难的问题；参数调节方法会因为子系统数量的增加使得控制参数数量增多，增加控制难度和操作复杂性。

耦合随机共振是将近邻的随机共振子系统相互耦合在一起，从而实现全局随机共振子系统的相互关联。大量子系统耦合在一起可表现出单一子系统不具有的动力学性质。近年来，人们研究发现大量耦合振子形成的阵列可以大大提高系统的随机共振效应[14]。耦合子系统的数量越多，耦合随机共振效果越好，但会增加计算负担；耦合系数对耦合随机共振的影响是呈非单调变化的单峰趋势，而耦合系数的合理选取缺乏有效的理论指导。此外，耦合随机共振和并联随机共振都是通过考虑多个共振子的协同效应来改善单一随机共振效果。这种需要多个共振子协同作用的控制方式，不仅控制参数较多，而且共振子数量的选择以及随机共振控制方法的合理选取等都会不同程度地影响随机共振增强技术的工程实用能力。

控制随机共振按照控制方式可以分为两大类：一是开环控制，这是一种主动的前向控制，没有反馈信息；另一种是闭环控制，这是一种有反馈信息的后向控制。开环控制是主动向系统中添加信号，如噪声，使随机共振系统性能得到进一步改善；闭环控制是将随机共振的输出引入系统输入，从而指导系统环境或输入信号的改造和设计，达到增强随机共振效果的目的。虽然通过选取不同的控制方式和合适的控制参数，可以实现目标信号的随机共振检测，改善系统响应信噪比，但控制参数的合理选取缺乏有效的理论依据。而且，将该方法和参激随机共振相结合，控制参数增多，增加了随机共振的控制难度和算法的复杂度，降低计算效率，为实际工程应用带来不便。

3.2.2　二阶增强随机共振模型与方程

目前典型的随机共振增强技术在一定程度上可以改善单一随机共振的检测效果，提高系统响应信噪比，但是基本上都存在一个共性问题，即无论是借助增加随机共振子数量的控制方式，还是通过添加信号或反馈的控制方式，都会增加控制参数的数量，而且控制参数的合理选取也缺乏有效依据。而这些对于随机共振的工程实际应用是不利的。控制参数的增加，就意味着控制复杂度增加，不仅算法变得复杂而且计算效率也会降低。

从数学的角度来看，随机共振的系统响应实际上就是通过积分得到的微分方程的数值解。而积分器本质上就是一个低通滤波器。因此，随机共振可以看做一个低通滤波器，但又不同于传统的低通滤波器。因为它在“滤除”高频噪声的同时，又增强了低频信号的能量，达到了利用噪声增强信号微弱特征的效果。鉴于一阶随机共振系统检测效果不理想，系统响应依然含有较多噪声能量，基于随机共振特殊的低通滤波性能，可以借助多次“滤波”——积分，逐渐削弱信号中的噪声能量，使其尽可能地向低频区域转移，从而达到进一步增强信号微弱特征，削弱高频干扰的目的。

1. 阻尼与积分对随机共振的影响分析

基于非线性朗之万方程的欠阻尼双稳态随机共振模型为

$$\frac{\mathrm{d}^2 x}{\mathrm{d}t^2}=-\gamma\frac{\mathrm{d}x}{\mathrm{d}t}+ax-bx^3+p(t) \tag{3.15}$$

式中，γ 为阻尼系数；a 、b 为结构参数，均为正实数；$p(t)$ 为含有噪声的周期激励信号；$x(t)$ 为系统响应。

图 3.2 给出了相应的数学模型框图，系统稳定，具有收敛数值解。从图 3.2 中可以看出，欠阻尼随机共振系统将 $p(t)$ 、系统响应 $x(t)$ 和一次积分结果 $x'(t)$ 作为第一次积分输入信号，然后将 $x'(t)$ 作为第二次积分输入信号，通过两次积分运算得到系统响应 $x(t)$ 。

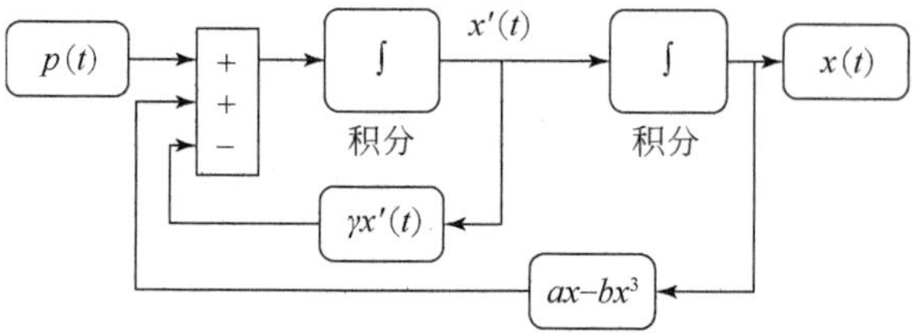

图 3.2　欠阻尼双稳随机共振模型

图 3.3 给出了欠阻尼随机共振系统响应信噪比与阻尼系数的影响关系曲线。从图 3.3(a)中可以看出，随着阻尼系数的逐渐增加，系统响应信噪比呈逐渐减小的变化趋势。这说明阻尼在一定程度上会抑制系统响应信噪比。图 3.3(b)给出了不同频率下，阻尼系数对系统响应信噪比的影响趋势，其中信号幅值 $A=0.5$，系统参数 $a=1$、$b=1$，变尺度压缩率 $R=100$，噪声标准差为 2。从图 3.3(b)中可以看出，调整系统阻尼系数，系统响应信噪比呈现出先增大后减小的变化趋势，预示了

随机共振的发生，表明阻尼在一定程度上利于随机共振发生。

通过上述分析结果发现，阻尼的存在影响了随机共振的动力学行为：一是系统响应信噪比呈现随阻尼增加而下降的变化趋势；二是系统响应信噪比随阻尼变化呈现单峰趋势，促进了随机共振的发生。这表明阻尼的存在对随机共振而言是一把“双刃剑”，阻尼系数选择合理会事半功倍，否则可能事倍功半。但如何结合输入信号选择合适的阻尼系数还是一个开放性问题。

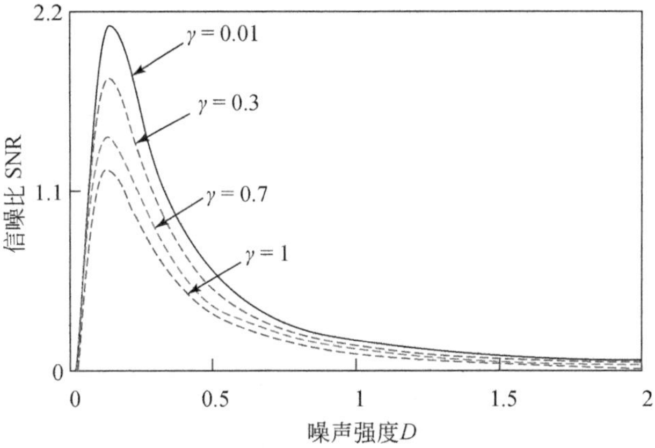

(a) 信噪比随噪声强度变化曲线

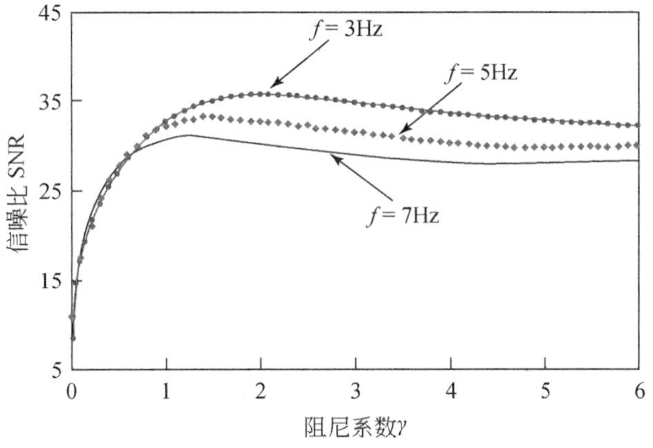

(b) 信噪比随阻尼系数变化曲线

图 3.3　信噪比与阻尼系数的关系曲线

基于非线性朗之万方程的过阻尼二级串联随机共振方程为

$$
\begin{cases}
\dfrac{\mathrm{d}x(t)}{\mathrm{d}t} = ax(t) - bx^3(t) + p(t) \\
\dfrac{\mathrm{d}y(t)}{\mathrm{d}t} = a_1 y(t) - b_1 y^3(t) + x(t)
\end{cases}
\tag{3.16}
$$

式中，a、b 为第一级随机共振系统结构参数；a_1、b_1 为第二级随机共振系统结构参数；$p(t)$ 为含有噪声的周期输入信号；$x(t)$ 为第一级随机共振的系统响应；$y(t)$ 为第二级随机共振的系统响应。

图 3.4 给出了相应的数学模型框图。通过结构框图可以看出，二级串联随机共振将前一级的响应输出作为后一级的输入，借助二次积分，进一步“消除”第一级响应输出中的高频干扰，使得原始信号中的微弱特征更加明显。

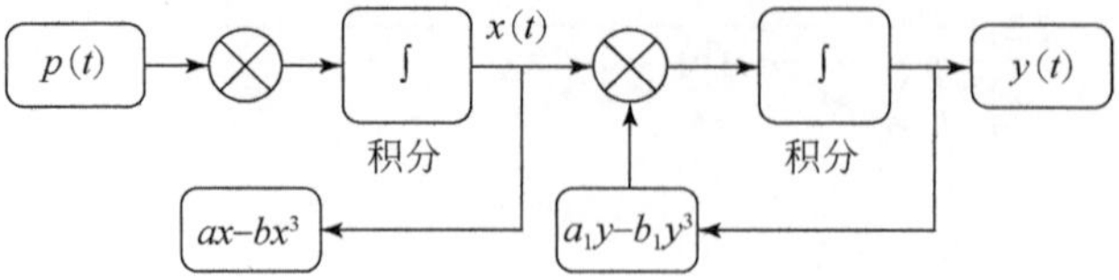

图 3.4　二级串联随机共振模型

通过以上分析可以发现，阻尼的存在对随机共振而言有利有弊，而且阻尼系数的合理选取缺乏有效的理论指导；而积分运算不仅可以“滤除”高频干扰，增强低频信号能量，而且通过多次积分可以实现噪声的重复利用，进一步平滑系统输出，改善系统响应信噪比。因此，鉴于阻尼和积分在随机共振中的影响作用以及随机共振的数学本质，可以将图 3.2 和图 3.4 进行整合处理，从而得到图 3.5 所示的二阶增强随机共振模型，并且文献[15]对其解的稳定性进行了证明讨论。通过模型整合处理，二阶随机共振系统忽略了不确定性因素阻尼系数对随机共振的影响，保留了优势因素双重积分对噪声的重复利用能力，不仅减少了可控系统参数数量，而且克服了串联随机共振中第一级随机共振系统未实现共振从而导致后续系统也不能达到共振的问题，提高了随机共振增强技术的工程实用能力。

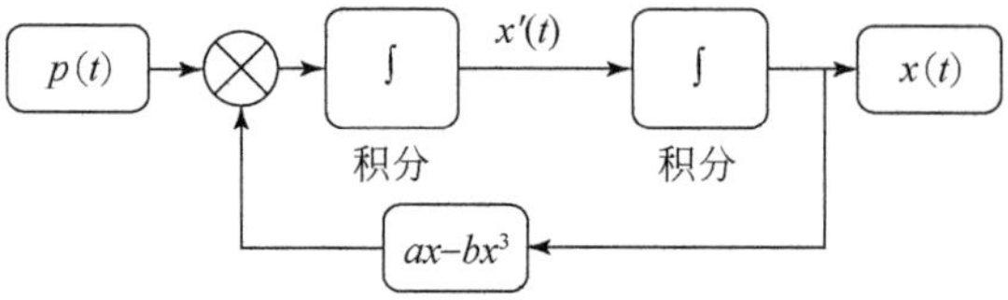

图 3.5　二阶增强随机共振模型

2. 二阶增强随机共振模型

$$\frac{d^2x}{dt^2} = ax - bx^3 + A\cos(\Omega t) + \sqrt{2D}\xi(t) \tag{3.17}$$

式中，a、b 为结构参数，是正实数；A、Ω 为外部输入周期信号的幅值和频率；$\xi(t)$ 为高斯白噪声，且满足 $\langle\xi(t)\rangle = 0$，$\langle\xi(t)\xi(t')\rangle = \delta(t)$。

令 $x' = y$，则式(3.17)可以写成

$$\begin{cases} x' = y \\ y' = ax - bx^3 + A\cos(\Omega t) + \sqrt{2D}\xi(t) \end{cases} \tag{3.18}$$

令 $A = 0$、$D = 0$ 、$x' = 0$、$y' = 0$ ，得到奇点 $x_A(\sqrt{\frac{a}{b}}, 0)$、$O(0,0)$、$x_B(-\sqrt{\frac{a}{b}}, 0)$ 。将式(3.18)在奇点 x_A 和 x_B 处进行线性化，得到线性化矩阵为 $\begin{bmatrix} 0 & 1 \\ -2a & 0 \end{bmatrix}$，其矩阵的特征值为 $\beta_{1,2} = \pm\sqrt{-2a}$ 。将式(3.18)在奇点 O 处进行线性化，得到线性化矩阵为 $\begin{bmatrix} 0 & 1 \\ a & 0 \end{bmatrix}$，其矩阵的特征值为 $\lambda_{1,2} = \pm\sqrt{a}$ 。显然，$\lambda_1 > 0$ 、$\lambda_2 < 0$ ，奇点 O 是不稳定的鞍点。过鞍点的稳定和不稳定轨道构成了鞍点的稳定流形和不稳定流形，其中稳定流形构成了两个稳态吸引域的边界，不稳定流形将三个奇点连接在一起。

设 $\rho(x,y,t)$ 是式(3.17)在 t 时刻处于状态 (x, y) 的概率密度，则 $\rho(x,y,t)$ 满足方程

$$\frac{\partial}{\partial t}\rho(x,y,t) = -\frac{\partial}{\partial x}(y\rho(x,y,t)) - \frac{\partial}{\partial x}\{[ax - bx^3 + A\cos(\Omega t)]\rho(x,y,t)\} + D\left(\frac{\partial^2}{\partial x^2} + \frac{\partial^2}{\partial y^2}\right)\rho(x,y,t) \tag{3.19}$$

在小参数限制条件下，输入信号变化速度非常缓慢，系统完全可以及时跟踪信号的变化节奏，所以，可以近似地认为在 $\frac{1}{\Omega}$ 的时间尺度内系统已经达到准定态解

$$\rho_{st}(x,y,t) = N\exp\left(-\frac{U(x,y,t)}{D}\right) \tag{3.20}$$

式中，N 为规范化常数；$U(x,y,t)$ 为广义势函数。

利用小参数展开法，$U(x,y,t)$ 可以写为

$$U(x,y,t) = \frac{1}{2}y^2 - \frac{a}{2}x^2 + \frac{b}{4}x^4 - xA\cos(\Omega t) \tag{3.21}$$

3.2.3 二维双稳态之间的概率交换

假定二维 FPE 具有如下形式：

$$\frac{\partial}{\partial t}\rho(x,y,t) = -\frac{\partial}{\partial x}[y\rho(x,y,t)] - \frac{\partial}{\partial y}[(ax - bx^3)\rho(x,y,t)] + D\left(\frac{\partial^2}{\partial x^2} + \frac{\partial^2}{\partial y^2}\right)\rho(x,y,t) \tag{3.22}$$

它具有两个稳态 A (在 $x > 0$ 区域)和 B (在 $x < 0$ 区域)。类似于一维情况，在弱噪声情况下，各势阱内完成局部平衡所需的时间远远小于各势阱间概率交换

达到整体平衡所用的时间。这样,可认为在整个由准稳态到最终定态的演化期间内,只是各势阱内的总概率量随时间变化,但各势阱内的局部分布均满足定态分布,并且概率分布主要集中在以两个稳态势阱为中心的很小区域内,所以可对势函数进行适当的线性化处理;我们可将两个势阱 A 与 B 之间的分界线势垒认为是通过鞍点 $O(0,\ 0)$ 的稳定流形,其上的系统都要沿着它向鞍点运动,从而使鞍点成为势垒上概率密度最大的点,所以两势阱间的概率交换主要集中于鞍点附近,式(3.22)的漂移项可以用其在鞍点附近的线性化部分近似处理。在鞍点附近式(3.22)可以近似为

$$\frac{\partial}{\partial t}\rho(x,y,t)=-\frac{\partial}{\partial x}(\lambda_1 x\rho(x,y,t))-\frac{\partial}{\partial y}(\lambda_2 y\rho(x,y,t))+D\left(\frac{\partial^2}{\partial x^2}+\frac{\partial^2}{\partial y^2}\right)\rho(x,y,t) \tag{3.23}$$

基于弱噪声条件下,二维双稳态之间的概率跃迁推导过程,可以得到 B 势阱内的概率总量关系式为

$$\frac{\mathrm{d}p_B(t)}{\mathrm{d}t}=-M(t)\sqrt{-\frac{\lambda_1}{\lambda_2}}D \tag{3.24}$$

$$M(t_0)=N_B(t_0)\exp\left(-\frac{U(O)}{D}\right) \tag{3.25}$$

在弱噪声条件下,在 B 势阱内的概率分布集中在稳定点 B 附近,因而可将 $p_B(t)$ 积分求出

$$p_B(t)=\frac{2\pi N_B(t)}{\sqrt{\beta_1\beta_2}}\exp\left(-\frac{U(B)}{D}\right) \tag{3.26}$$

比较式(3.24)和式(3.26),并考虑到式(3.25),最后得到

$$\frac{\mathrm{d}p_B(t)}{\mathrm{d}t}=-R_{BA}p_B(t) \tag{3.27}$$

进而得到在弱噪声条件下,布朗粒子从 B 势阱向 A 势阱的跃迁概率为

$$R_{BA}(t)=\frac{\sqrt{\beta_1\beta_2}}{2\pi}\sqrt{-\frac{\lambda_1}{\lambda_2}}\exp\left(\frac{U(B)-U(O)}{D}\right) \tag{3.28}$$

同理,也可算出从 A 势阱向 B 势阱的跃迁概率为

$$R_{AB}(t)=\frac{\sqrt{\beta_1\beta_2}}{2\pi}\sqrt{-\frac{\lambda_1}{\lambda_2}}\exp\left(\frac{U(A)-U(O)}{D}\right) \tag{3.29}$$

将式(3.21)代入式(3.28)和式(3.29),得到弱噪声条件下受低频弱周期信号激励时系统在两势阱之间的跃迁概率为

$$\overline{R_{AB}}(t)=\frac{\sqrt{\beta_1\beta_2}}{2\pi}\sqrt{-\frac{\lambda_1}{\lambda_2}}\exp\left\{\frac{1}{D}\left[-\frac{a^2}{4b}-\sqrt{\frac{a}{b}}A\cos(\Omega t)\right]\right\} \tag{3.30}$$

$$\overline{R_{BA}}(t)=\frac{\sqrt{\beta_1\beta_2}}{2\pi}\sqrt{-\frac{\lambda_1}{\lambda_2}}\exp\left\{\frac{1}{D}\left[-\frac{a^2}{4b}+\sqrt{\frac{a}{b}}A\cos(\Omega t)\right]\right\} \tag{3.31}$$

借助绝热近似下逃逸速率方法的思想，可以把式(3.17)简化为两态模型，参考经典随机共振的系统响应信噪比的推导过程，可以得到

$$R_0=\frac{\sqrt{\beta_1\beta_2}}{\pi}\sqrt{-\frac{\lambda_1}{\lambda_2}}\exp\left(-\frac{a^2}{4bD}\right) \tag{3.32}$$

$$R_1\alpha=R_0\frac{A}{D}\sqrt{\frac{a}{b}} \tag{3.33}$$

从而得到系统输出功率谱为

$$S(\omega)=\frac{\pi aR_1^2\alpha^2}{2b(R_0^2+\Omega^2)}[\delta(\omega-\Omega)+\delta(\omega+\Omega)]+\left[1-\frac{R_1^2\alpha^2}{2(R_0^2+\Omega^2)}\right]\frac{2aR_0}{b(R_0^2+\omega^2)} \tag{3.34}$$

进一步得到式(3.17)在弱周期力驱动下的响应信噪比为

$$\mathrm{SNR}=\frac{aA^2\sqrt{2a}}{4bD^2}\exp\left(-\frac{a^2}{4bD}\right)\left[1-\frac{2a^2A^2\exp\left(-\frac{a^2}{2bD}\right)}{4abD^2\exp\left(-\frac{a^2}{2bD}\right)+2bD^2\pi^2\Omega^2}\right]-1 \tag{3.35}$$

图 3.6 给出了二阶随机共振系统响应信噪比随噪声强度的变化规律，其表现为先增加后减小的变化趋势，预示了随机共振的发生。而且，通过与一阶随机共振系统响应信噪比的对比发现，在一定条件下，二阶随机共振可以获得更高的输出信噪比。

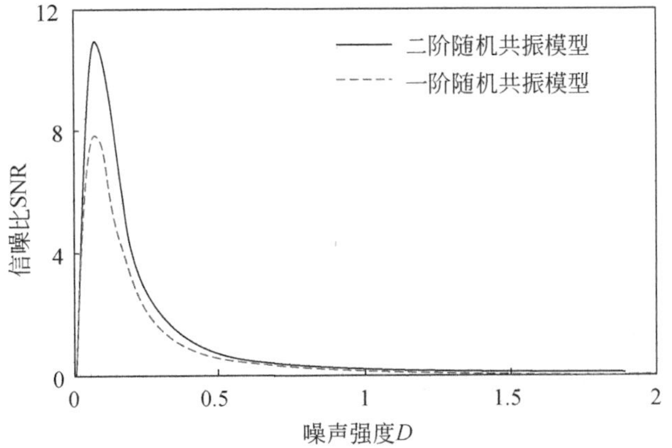

图 3.6　二阶随机共振与一阶随机共振的信噪比曲线

为验证二阶增强随机共振方法的有效性和优越性，下面通过一个数值仿真进行更为形象地说明。仿真信号为 $x(t)=0.22\sin(40\pi t)+n(t)$，数据长度为 4000，采样频率为 2000Hz，添加标准差为 2 的高斯白噪声，原始信号的信噪比为 −27.39dB。图 3.7(a)和(b)给出了原始信号的时域波形及其频谱。可见，原始信

号振动杂乱,周期振荡特征完全被噪声淹没,而频谱中相应的 20Hz 的频率分量也不够明显,未能提供有效信息。

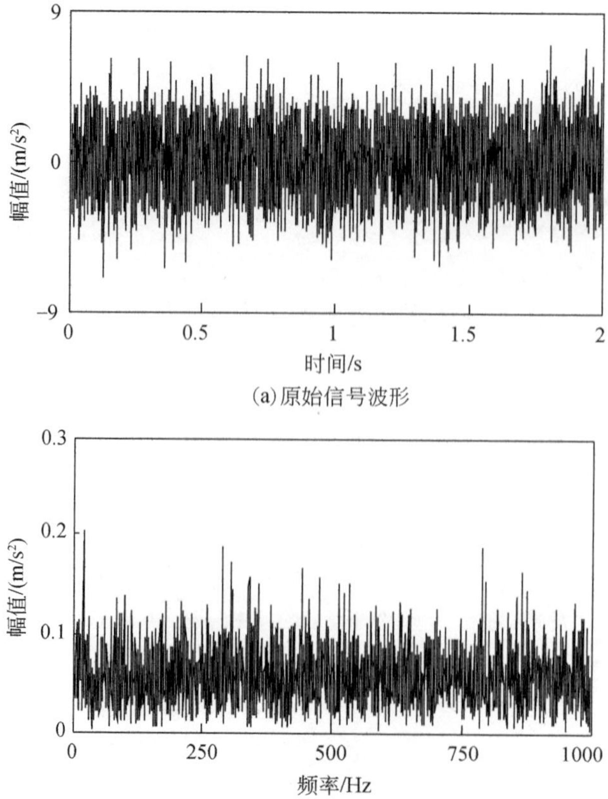

(a)原始信号波形

(b)原始信号频谱

图 3.7 原始信号及频谱

将上述原始信号分别输入到一阶随机共振系统和二阶增强随机共振系统,系统参数 $a=1$, b 的搜索范围为[0.1, 20],搜索步长为 0.01,变尺度压缩率 $R=100$,得到的结果分别如图 3.8 和图 3.9 所示。

图 3.8(a)是一阶随机共振的响应输出,相应的系统参数 $b=0.26$,相应的信噪比为−18.34dB,可见系统输出中依然含有较多的干扰噪声,目标信号的周期振荡特征不够明显;而在图 3.8(b)所示的频谱中,除了目标信号频率分量,在低频区域依然存在很多干扰分量,影响随机共振效果。二阶增强随机共振方法的检测结果如图 3.9 所示,相应的系统参数 $b=0.68$,系统输出信噪比为−11.26dB。可见,不仅系统输出的时域波形振动周期非常明显,而且频谱中除了突出的目标信号频率分量,并没有出现其余无关的干扰成分。二阶随机共振系统通过噪声的重复利用

削弱了系统响应中的高频抖动，平滑时域波形，检测效果相比于一阶随机共振具有显著改善。数值仿真结果与理论分析吻合。

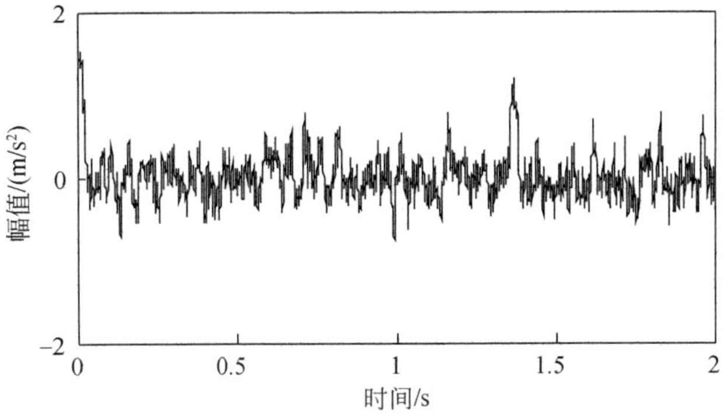

(a) 一阶随机共振输出波形

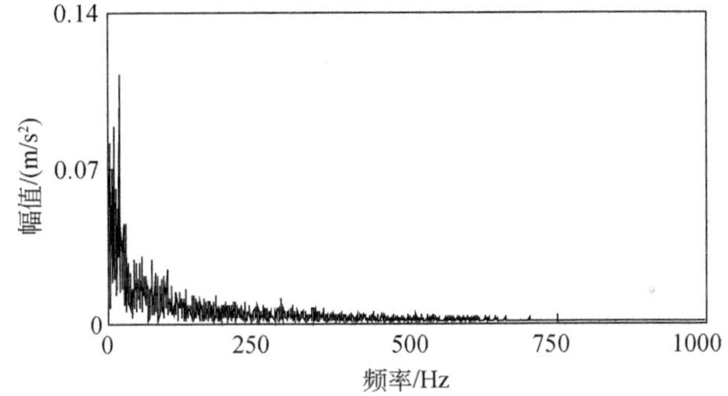

(b) 一阶随机共振输出频谱

图 3.8　一阶随机共振处理结果

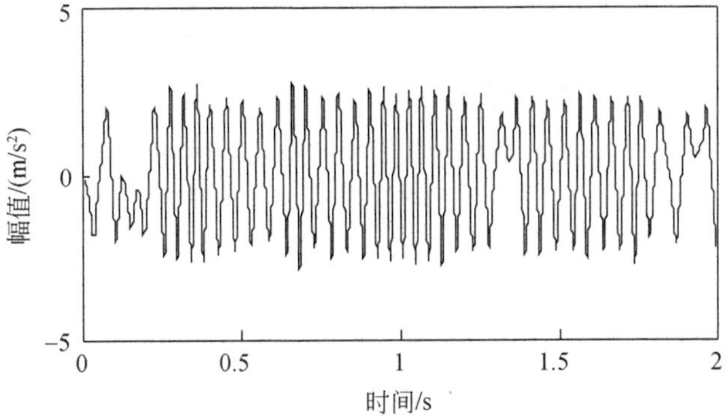

(a) 二阶随机共振输出波形

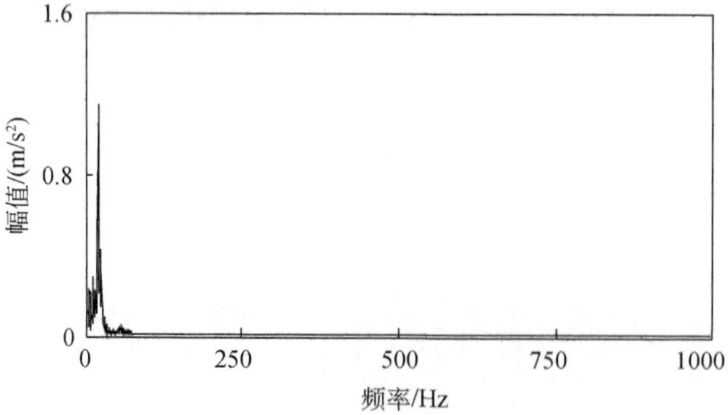

(b) 二阶随机共振输出频谱

图 3.9 二阶随机共振处理结果

3.3 基于 Morlet 小波的多尺度噪声控制方法

基于噪声添加的随机共振控制方法是随机共振研究最早的控制手段。它通过向随机共振系统中人为地增加噪声,使周期信号在非线性系统中达到共振状态。这种控制方式虽然简单,但存在一个主要弊端,即当原始信号中的噪声强度已超出系统共振所需的噪声强度时,添加噪声无疑是“雪上加霜”,系统响应只会更加混乱。而参数调节随机共振方法(参激随机共振)可以有效解决上述问题,下面从参激随机共振原理出发,介绍一种新的噪声调节随机共振控制方法。

3.3.1 参激随机共振

由于绝热近似理论或线性响应理论的小参数限制,经典随机共振只能处理小参数信号(信号的幅值和频率以及噪声强度均远远小于 1)。但是,在机械故障诊断中,零部件的振动故障特征频率往往是大参数信号(信号的幅值或频率或噪声强度远远大于 1),超出了经典随机共振的小参数条件。因此,为实现大参数信号的随机共振检测,学者们研究了许多基于参数调节的大参数随机共振方法[16~18]。下面通过归一化变换简要说明参数调节随机共振方法的原理。

令 $y=x\sqrt{\dfrac{b}{a}}$,$\tau=\sqrt{a}t$,则式(3.17)通过整理得到

$$\frac{\mathrm{d}^2 y}{\mathrm{d}\tau^2}=y-y^3+\sqrt{\frac{b}{a^3}}\left(A\cos\frac{\Omega\tau}{\sqrt{a}}+\sqrt{2D}\xi\frac{\tau}{\sqrt{a}}\right) \tag{3.36}$$

式(3.36)是式(3.17)的参数归一化形式,二者在本质上是相同的。通过比较这两个方程可以发现,式(3.36)中的驱动信号频率被归一化为原始信号频率的 $\dfrac{1}{\sqrt{a}}$ 倍,因此可以通过选择合适的系统参数使目标信号满足小参数限制条件。当目标

信号频率不满足小参数条件时，可以选择一个较大的系统参数 a，通过归一化变换后将目标信号频率压缩至小参数范围，从而实现大参数信号的随机共振检测。此外，通过对比观察式(3.36)和式(3.17)可以发现，在式(3.36)中驱动信号和噪声的前面都乘了一个因子 $\sqrt{\frac{b}{a^3}}$。这说明，通过调节参数实现随机共振的方法在一定程度上可以看作是在共振系统参数恒定的前提下，通过调节输入信号强度和噪声强度来实现随机共振的。换言之，在一定程度上，可以认为调节系统参数实现随机共振的方法与调节输入信号强度和噪声强度实现随机共振的方法是相同的，二者均可以实现任意频率信号的随机共振检测。基于这样控制思想，可以寻求一种可以人为地调节输入信号强度和噪声强度的方法来实现对随机共振的控制。

3.3.2　多尺度噪声控制方法

通过前面的分析可知，通过调节输入信号强度和噪声强度可以实现随机共振。但是，针对一个采集到的混合振动信号，小波变换借助一个低通滤波器和若干高通滤波器可将信号二进分解到相互正交的频段内，以便于从不同尺度对信号进行分析处理。小波变换的多分辨特性为输入信号强度和噪声强度的多尺度调节提供了解决思路。基于小波变换的多分辨能力和随机共振对带限噪声的敏感性，可以考虑选用小波变换方法将信号和噪声划分到不同频带，通过调节不同频带信号和噪声的强度大小，从而达到控制随机共振发生的目的。连续小波变换是一种冗余小波变换方法，相对于离散小波变换，它克服了经典小波变换产生的频率混叠问题，而且可以获得更为精细的频带划分，从而更有利于实现目标信号和噪声的独立控制，并且不受目标信号是低频信号还是高频信号的影响。Morlet 小波不仅具有明确的解析表达式，而且是一个无相移的带通滤波器。因此，本章选用 Morlet 小波变换作为实现多尺度噪声控制的方法。图 3.10 给出了 Morlet 小波的图像和不同尺度下的频谱。

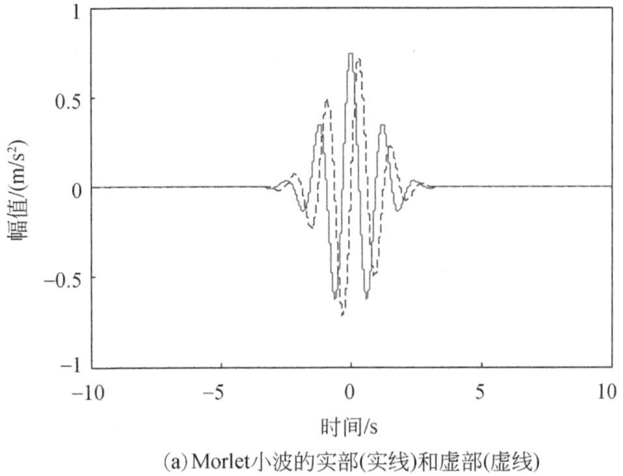

(a) Morlet小波的实部(实线)和虚部(虚线)

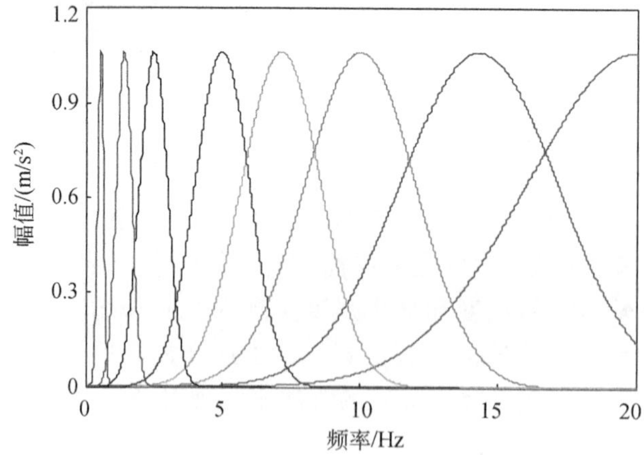

(b) 不同尺度下Morlet小波的频谱

图 3.10　Morlet 小波图像及其频谱(见彩图 3.10)

基于 Morlet 小波变换的多尺度噪声调节方法阐述如下：

令 $x(t)$ 表示含噪的周期信号，采样频率为 fs，则信号 $x(t)$ 的连续小波变换公式为

$$W(a,b)=\frac{1}{\sqrt{a}}\int_{-\infty}^{+\infty}x(t)\psi^{*}\left(\frac{t-b}{a}\right)\mathrm{d}t,\quad a=1,\ 2,\ \cdots,\ L \tag{3.37}$$

式中，$W(a,b)$ 为小波变换系数；b 为位移因子；a 为尺度因子；$1/\sqrt{a}$ 为能量守恒因子；$\psi(t)$ 为母小波；* 表示复共轭；L 为最大分解尺度。

根据傅里叶变换的卷积定量，式(3.37)可以进一步表示为

$$W(a,b)=\sqrt{a}F^{-1}\{X(f)\hat{\psi}^{*}(af)\} \tag{3.38}$$

式中，F^{-1} 为傅里叶逆变换；$X(f)$ 为 $x(t)$ 的傅里叶变换；$\hat{\psi}^{*}(f)$ 是 $\psi^{*}(f)$ 的傅里叶变换。

本章中 Morlet 小波的表达式及其傅里叶变换如下：

$$\psi(t)=\pi^{-\frac{1}{4}}\exp(\mathrm{i}\omega_{c}t)\exp\left(-\frac{t^{2}}{2}\right),\quad \omega_{c}\geqslant 5 \tag{3.39}$$

$$\hat{\psi}(a\omega)=\sqrt{2}\pi^{\frac{1}{4}}\exp\left[-\frac{(a\omega-\omega_{c})^{2}}{2}\right] \tag{3.40}$$

式中，a 为尺度参数；$\omega_{c}=2\pi f_{c}$ 是 Morlet 小波函数的中心频率。

最大分解尺度 L 的选择是多尺度噪声调节算法的关键。分解尺度 L 选择过小，会因为未达到目标信号所在的分解尺度，从而导致目标信号和噪声强度的多尺度控制方法失效；而当分解尺度 L 选择过大时，虽然实现了目标信号和噪声强度的多尺度控制，但会引入低频干扰，影响随机共振效果，甚至不能实现目标信号的随

机共振检测。因此,最大分解尺度 L 的选择条件是:最大分解尺度 L 对应的 Morlet 小波变换得到的带通滤波信号应该包含目标信号频率 f_0。换言之,最大分解尺度 L 可以由目标信号频率 f_0 和每个 Morlet 小波分解尺度所对应的伪频率来决定。而每一个分解尺度所相应的伪频率是由小波函数的中心频率、采样周期和尺度来决定:

$$f_a^{\mathrm{ps}} = \frac{f_{\mathrm{c}}}{a} f_{\mathrm{s}} \tag{3.41}$$

式中,f_a^{ps} 为尺度 a 所对应的伪频率;f_{c} 是小波函数的中心频率;f_{s} 为采样周期。

根据最大分解尺度的选择条件,可以通过下式得到满足要求的最大分解尺度 L:

$$f_{a=L}^{\mathrm{ps}} = f_0 \tag{3.42}$$

最大分解尺度 L 确定的前提下,可以得到 1～L 层分解的 Morlet 小波变换系数 $\boldsymbol{W}$:

$$\boldsymbol{W} = \{W_1, W_2, \cdots, W_L\} \tag{3.43}$$

然后,针对每一个小波变换系数 W_a,将其处理为均值为零,方差为 1 的系数 $\bar{W}_a$,从而得到一个新的小波系数集合 $\bar{\boldsymbol{W}} = \{\bar{W}_1, \bar{W}_2, \cdots, \bar{W}_L\}$。

然后,通过式(3.44),对小波系数集合 $\bar{\boldsymbol{W}}$ 中的每一尺度下的小波变换系数进行调整,从而得到多尺度调节后的小波系数集合 $\widetilde{\boldsymbol{W}} = \{\widetilde{W}_1, \widetilde{W}_2, \cdots, \widetilde{W}_L\}$。

$$\widetilde{W}_a = 2^{\frac{a+\beta}{2}} \bar{W}_a,\quad a = 1, 2, \cdots, L \tag{3.44}$$

式中,$\widetilde{W}_a$ 为尺度 a 构造的小波变换系数;β 为不同尺度下噪声强度的调节参数。

需要说明的是:目标信号所对应的小波变换系数 W_L 也被进行调整,用来保持目标信号具有和噪声相同的放大倍数,避免因为仅放大噪声导致目标信号被彻底淹没的现象发生;在原始信号中低于目标信号频率的信号分量不在多尺度调节范围内,换言之,低于目标信号频率的信号分量被去除,从而避免低频无关信号的干扰,提高目标信号,尤其是高频目标信号的识别精度。

最后,利用连续小波变换的重构算法,利用多尺度调整后的小波变换系数集合 $\widetilde{\boldsymbol{W}}$,得到重构信号 $\tilde{x}(t)$,并将其作为式(3.36)的输入信号,通过调整参数 β 实现对周期信号的多尺度噪声控制随机共振检测。

3.4　多尺度噪声控制的二阶增强随机共振算法与应用

3.4.1　多尺度噪声控制的二阶增强随机共振算法流程

通过前面的分析可以得到多尺度噪声控制的二阶增强随机共振算法流程,如

图 3.11 所示[21]。

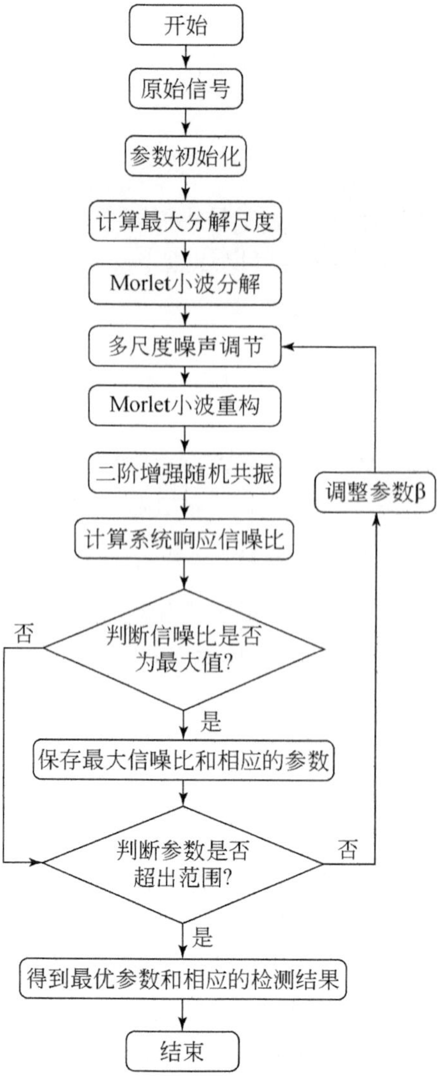

图 3.11　多尺度噪声控制的二阶增强随机共振算法流程

多尺度噪声控制的二阶增强随机共振算法的步骤如下：

(1) 参数初始化。令系统参数 $a=1$、$b=1$ 并设定多尺度噪声强度调节参数 β 的初始值、搜索范围及搜索步长，并根据目标信号频率值或估计值计算最大分解尺度 L。

(2) Morlet 小波分解和重构。首先，基于最大分解尺度 L 可以得到原始信号

$x(t)$的 Morlet 小波变换系数 $\boldsymbol{W}=\{W_1, W_2, \cdots, W_L\}$；其次，利用式(3.44)调整每个尺度下的小波变换系数 W_a，从而得到新的小波变换系数 $\widetilde{\boldsymbol{W}}=\{\widetilde{W}_1, \widetilde{W}_2, \cdots, \widetilde{W}_L\}$；最后，利用新的小波变换系数 $\widetilde{\boldsymbol{W}}$ 进行 Morlet 小波重构，得到重构信号 $\tilde{x}(t)$，并将其作为二阶增强随机共振的输入信号。

(3) 二阶增强随机共振检测。利用网格搜索算法得到使二阶随机共振系统响应信噪比最大的参数 β。具体流程如下：针对参数 β 搜索范围内的每一个 β 值，都能得到一个新的重构信号，将每次得到的重构信号输入到二阶增强随机共振系统，并利用式(3.45)计算相应的系统响应信噪比，并在参数 β 的取值范围内搜索系统响应信噪比的最大值。如果 β 没有超出搜索范围，则改变 β 值，程序转至第 2 步；但当 β 超出取值范围时，则系统响应的最大信噪比及其相应的最优参数值 β 将会被保存，从而得到二阶随机共振的检测结果。

$$\mathrm{SNR}=20\lg\frac{A_d}{A_n} \tag{3.45}$$

式中，A_d 为目标信号频率在幅值谱中所对应的幅值；A_n 表示幅值谱中所有幅值的总和与 A_d 的差值。

(4) 终止条件判定。如果原始信号含有多个待检信号频率分量，则需要根据下一个待检目标信号频率重新计算最大分解尺度，程序转至第 2 步；否则，程序终止。

该算法不仅可以实现高低频信号的随机共振检测，而且其检测能力相对于经典随机共振而言具有较大改善，输出信噪比有较大幅度的提高。此外，将该算法与第 3 章中提出的修正信噪比指标[21]相结合，可以有效增强随机共振解决工程实际问题的能力。

3.4.2　仿真试验

1. 数值仿真

为验证以上方法的有效性和优越性，首先通过一组数值仿真试验加以说明。仿真信号如下：

$$x(t)=A_0\sin(2\pi f_0 t)+n(t) \tag{3.46}$$

式中，信号幅值 $A_0=0.11$，信号频率为 $f_0=20\mathrm{Hz}$，所添加的噪声为均值零，方差 4.06 的高斯白噪声。采样频率为 $f_s=4096\mathrm{Hz}$，数据长度为 8192。图 3.12(a)和(b)给出了原始信号的时域波形及其频谱，其信噪比为−32.97dB。可见，周期信号分量完全被噪声淹没。将原始信号分别输入到一阶随机共振系统、二级串联随机共振系统和二阶增强随机共振系统，均采用多尺度噪声调节方法，参数 β 的取值范围为[10,40]，搜索步长为 0.2。

图 3.12(c)和(d)给出了一阶随机共振的检测结果，对应的参数 $\beta=20.2$，系统输出信噪比为－18.44dB。虽然系统输出信噪比相对于原始信号有很大提高，但系统响应中依然含有较多的干扰噪声。图 3.13(a)和(b)给出了二级串联随机共振的检测结果，对应的参数 $\beta=22.8$，系统输出信噪比为－14.55dB。可见，级联随机

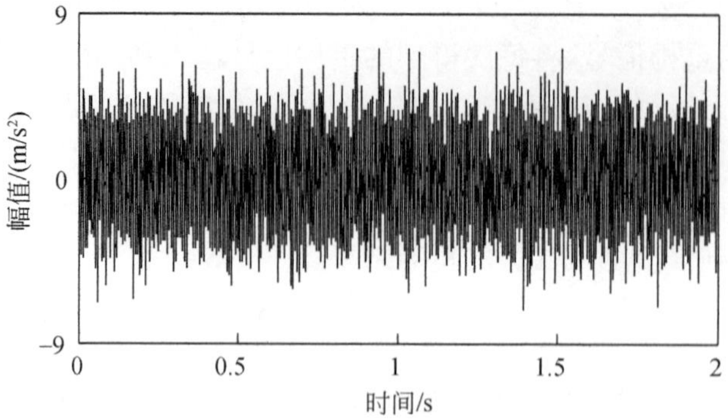

(a)原始信号波形

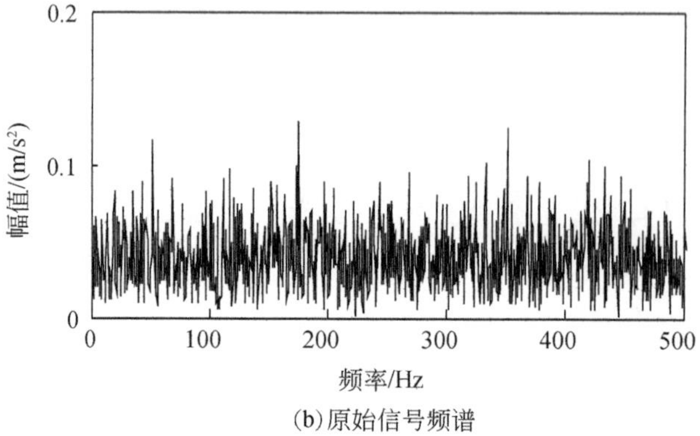

(b)原始信号频谱

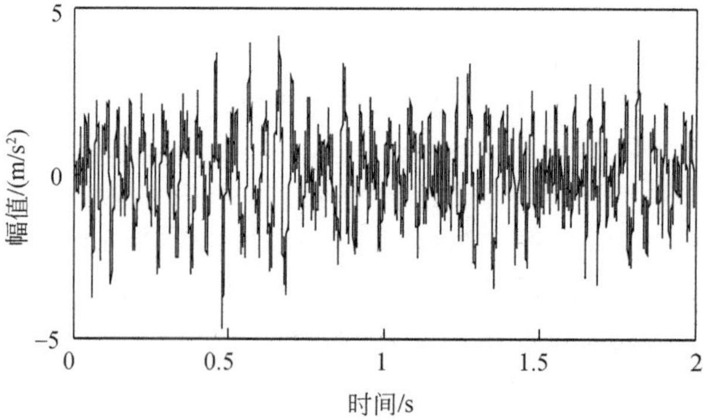

(c)一阶随机共振系统响应

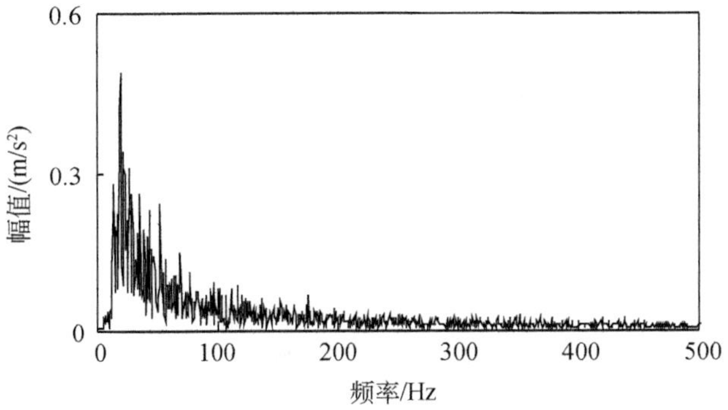

(d) 一阶随机共振系统响应频谱

图 3.12　原始信号及一阶随机共振检测结果

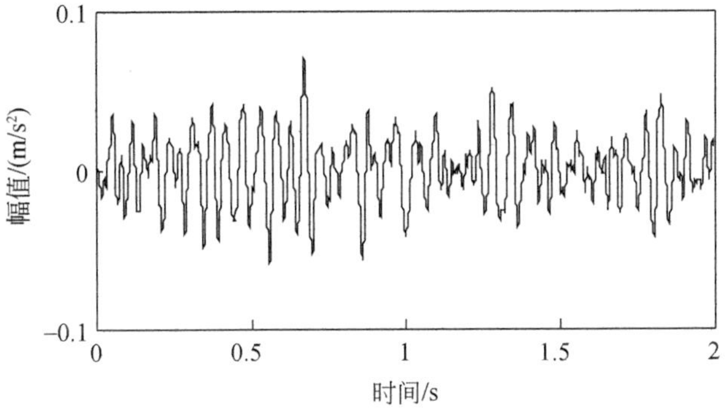

(a) 二级串联随机共振系统响应

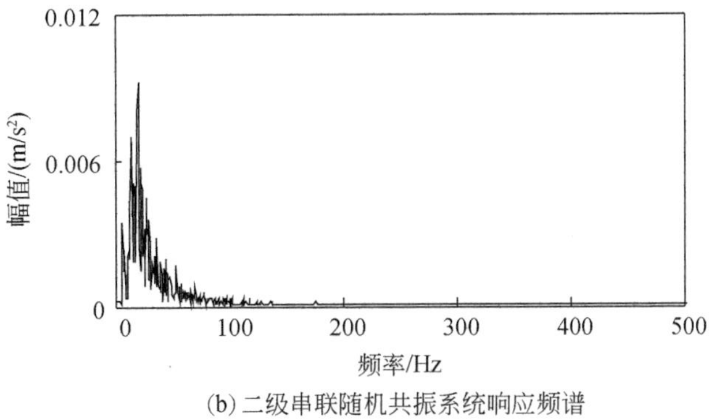

(b) 二级串联随机共振系统响应频谱

图 3.13　二级串联随机共振检测结果

共振的信噪比相对于一阶随机共振有所提高，而且时域波形的周期振动明显，干扰噪声已大大减少。二阶增强随机共振方法的检测结果如图 3.14(a)和(b)所示，对应的参数 β=39.2，系统响应信噪比为−14.29dB。可见，二阶增强随机共振对微弱信号的处理能力明显优于一阶随机共振系统，甚至会超过二级串联随机共振系统。仿真试验结果验证了本书所提方法的有效性和优越性。基于 Morlet 小波的多尺度噪声调节方法作为一种通用的随机共振控制方法，简化了多参数联合调整的难度，提高了算法效率。

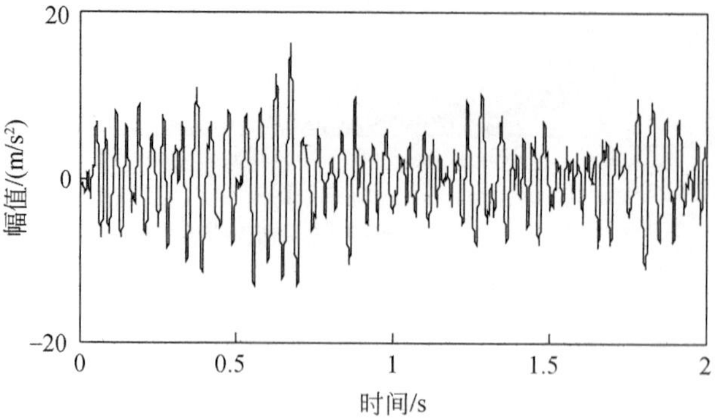

(a) 二阶增强随机共振系统响应

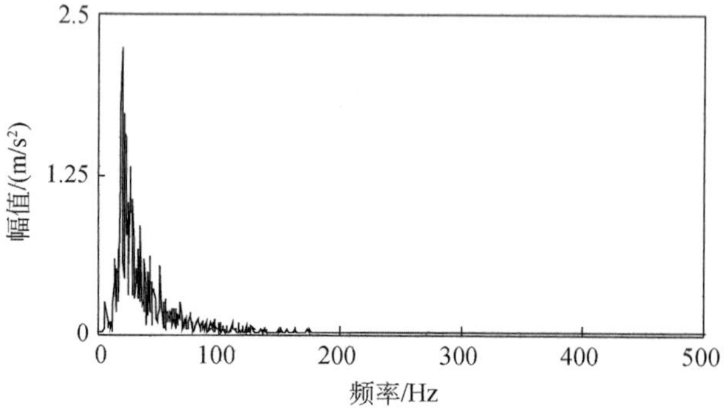

(b) 二阶增强随机共振系统响应频谱

图 3.14　二阶增强随机共振检测结果

2. 风电装备增速传动系统故障模拟试验

为模拟风电装备增速传动系统故障，克服增速较大情况下，行星齿轮增速箱容易自锁的缺陷，并通过合理配置增速传动系统的拓扑结构，改善了传动比分配不合理造成的行星齿轮受力苛刻情况，更易发生损伤的不足，作者研究并搭建了一款针对"一行星两平行"型增速结构的试验台(以下简称试验台)。如图 3.15 所示，该试验台主要由试验平台 1、变频器 2、变频发电机 3、减速器 4、一级行星齿轮增速箱 5、两级圆柱齿轮增速箱 6、磁粉制动器 7 等部分组成。变频电机主要用于模拟风电装备运行时叶轮的输入转速；其中，通过变频器控制变频发电机，实现发电机输出转速的在一定范围内的连续变化；通过减速比为 103∶1 的减速器将变频发电机的输出转速降至 10～22.5r/min 的低转速范围内变化，用于模拟风电装备叶轮的实际输入转速；一级行星齿轮增速箱的输入轴与变频减速发电机的输出轴相连，采取外齿圈固定、行星架输入，太阳轮输出的内部结构，增速比为 1∶5；两级圆柱齿轮增速箱的输入轴和行星齿轮增速箱的输出轴相连，采取的是三轴平行斜齿齿轮传动的内部结构，增速比为 1∶19；磁粉制动器的输入轴和平行轴齿轮箱的输出轴相连，用于模拟负载，采用循环水冷却；行星齿轮增速箱、两级圆柱齿轮增速箱及磁粉制动器，主要用于模拟风电装备“一行星两平行”的齿轮增速系统和装备运行时的动态负载。

(a)试验台实物

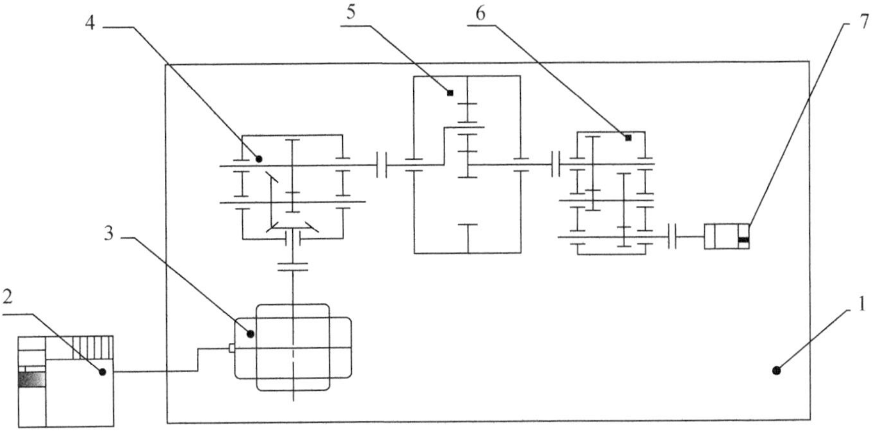

(b)总体结构

1.试验平台；2.变频器；3.变频发电机；4.减速器；
5.一级行星齿轮增速箱；6.两级圆柱齿轮增速箱；7.磁粉制动器

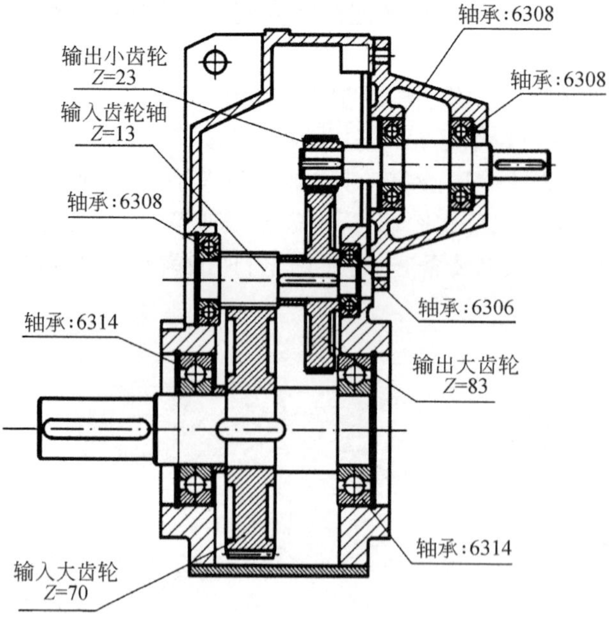

(c)齿轮箱结构

图 3.15　风电装备增速传动系统故障模拟试验台

由于试验台采用了以上技术方案和结构设计,在整个试验过程中,可以最大限度地模拟风电装备正常运转时增速传动链的实际运行状态,从而为风电装备增速传动链的故障机理和状态检测方法等理论研究提供有效的技术支持。试验台的技术指标如表 3.1 所示。

表 3.1　试验台技术指标表

电机频率/Hz	转速/(r/min)		磁粉制动器(水冷)	
	行星增速输入	圆柱齿轮输出	最大负载/(N·m)	对应励磁电流/A
34	10	972	40	0.4
42	12.3	1196	40	0.4
50	14.6	1424	30	0.3
52	15	1475	30	0.3
55	16.1	1564	30	0.3
57	16.6	1620	30	0.3
60	17.5	1706	30	0.3
63	18.4	1793	30	0.3
76.6	22.5	2192	30	0.3

典型故障模拟项目包括：行星齿轮增速部分行星轮及太阳轮的点蚀、裂纹、断齿等单一故障或复合故障；平行轴齿轮增速部分齿轮的点蚀、裂纹、断齿等单一故障或复合故障；各轴承的点蚀、划痕等故障；齿轮与轴承的复合故障；其他轴系故障，如轴系不对中、质量不平衡及连接松动等；变转速时上述故障的模拟。

在试验研究中对试验台中的增速部分进行振动测量。振动加速度传感器采用软连接，通过弹性黏结剂粘贴在所测部位。传感器测点分布布置图如图 3.16 所示，传感器布置实物图如图 3.17 所示，传感器测点配置信息如表 3.2 所示。

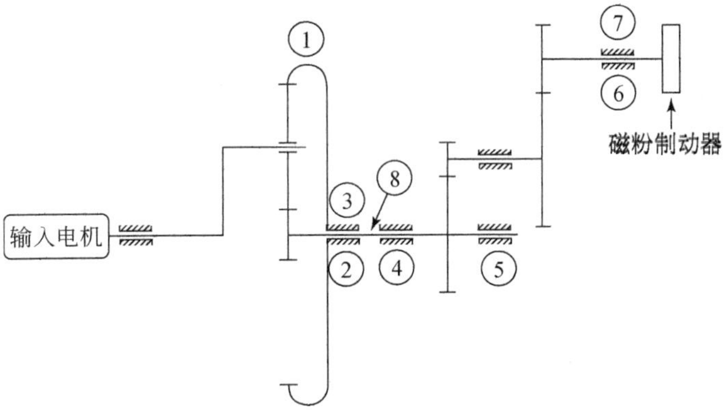

图 3.16　试验台测点分布

图 3.17　试验台传感器布置实物图

表 3.2　传感器测点配置信息

测点编号	传感器类型	测点名称
1	加速度传感器	行星齿轮箱齿圈径向垂直位置
2	加速度传感器	行星齿轮箱输出端轴承径向水平位置

续表

测点编号	传感器类型	测点名称
3	加速度传感器	行星齿轮箱输出端轴承径向垂直位置
4	加速度传感器	圆柱齿轮箱输入端左轴承径向水平位置
5	加速度传感器	圆柱齿轮箱输入端右轴承径向水平位置
6	加速度传感器	圆柱齿轮箱输出端轴承径向水平位置
7	加速度传感器	圆柱齿轮箱输出端径向垂直位置
8	转速传感器	圆柱齿轮箱输入端径向

转子支撑系统的连接松动是配合间隙误差过大或螺栓紧固不牢发生的异常振动，是旋转机械较为常见的故障之一。具有此种故障的系统，如风电装备，在不平衡力的作用下引起支座的周期性跳跃，产生冲击效应的同时，也会导致系统刚度发生变化。风电装备转子支撑系统连接松动会产生异常振动，导致不对中或不平衡现象更为严重，加剧转子磨损，甚至导致灾难性事故。东北大学闻邦椿等[19]针对转子系统松动故障进行有限元建模分析，发现转子系统发生松动故障时，转子响应谱出现工频以及工频的2倍频、3倍频等高次谐波分量，为诊断螺栓松动故障提供理论依据；清华大学褚福磊等[20]利用转子-轴承试验台模拟了支座松动的振动特性，发现当转子支撑系统发生连接松动故障时，振动响应除相应的转频信息外，还会伴随转频的2次谐波、3次谐波，并在一定条件下也会发生1/2次谐波和1/4次谐波等偶分数次谐波共振现象。

为验证本章所研究的随机共振方法在旋转机械故障诊断中的有效性，将其应用于风电装备增速传动系统故障模拟试验台的连接松动故障的特征提取。在试验中，选定制动器作为连接松动源，通过分析测点6的振动信号提取支撑系统连接松动的故障特征。如图3.18所示，对标记的螺栓进行松动，使得弹簧垫圈处于半失效状态。圆柱齿轮箱的输出转速为1426r/min，采样频率为12 800Hz，分析数据长度为14 000点。

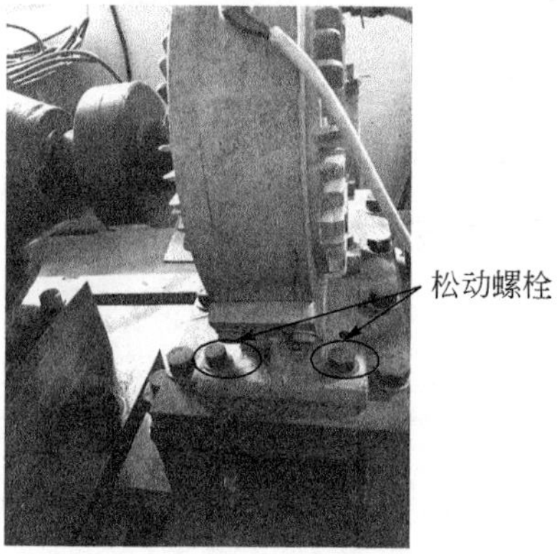

图 3.18　磁粉制动器松动螺栓

图 3.19 给出了测点 6 的振动信号及其频谱。可以发现，在时域波形中存在幅值调制现象，而且频谱中存在明显的转频分量 23.77Hz，以及圆柱齿轮箱中间轴的转频 6.4Hz 和第一级啮合频率 85.03Hz，但并未发现与连接松动故障特征相关的转频谐波分量。

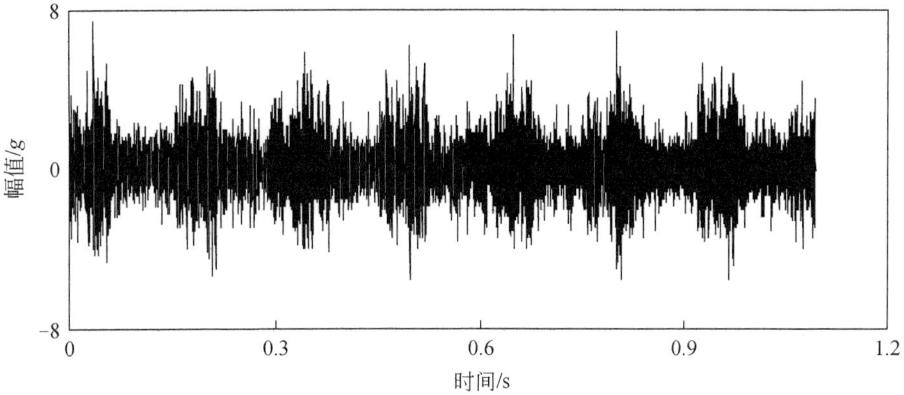

(a)原始信号时域波形

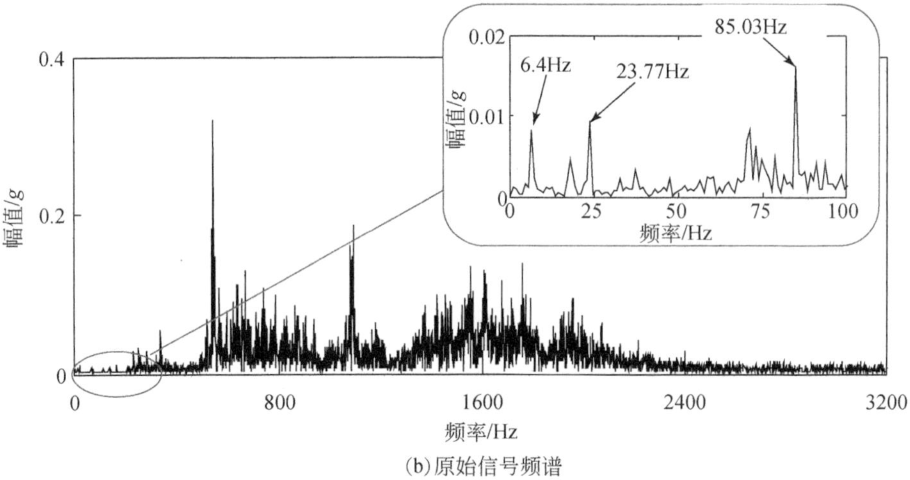

(b)原始信号频谱

图 3.19　圆柱齿轮箱输出端振动信号

将原始信号输入到二阶增强随机共振系统，参数 β 的设定范围为[0.1，30]，搜索步长为 0.1，得到的检测结果如图 3.20 所示。图 3.20(a)和(b)给出了转频 2 次谐波的检测结果，相应的信噪比为−13.23dB，最优参数值 $\beta=15.5$。图 3.20(c)和(d)给出了转频 3 次谐波的检测结果，相应的信噪比为−12.69dB，最优参数值 $\beta=24.5$。可见，借助文中提出的随机共振方法有效地提取出了转频的 2 次谐波和 3 次谐波分量。

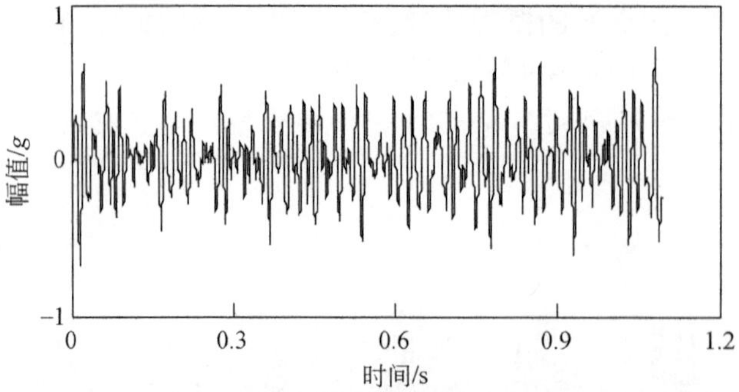

(a) 一阶随机共振系统响应-Ⅰ

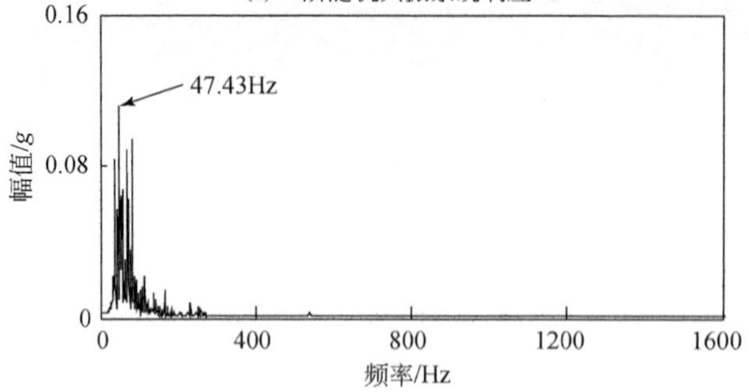

(b) 一阶随机共振系统响应频谱-Ⅰ

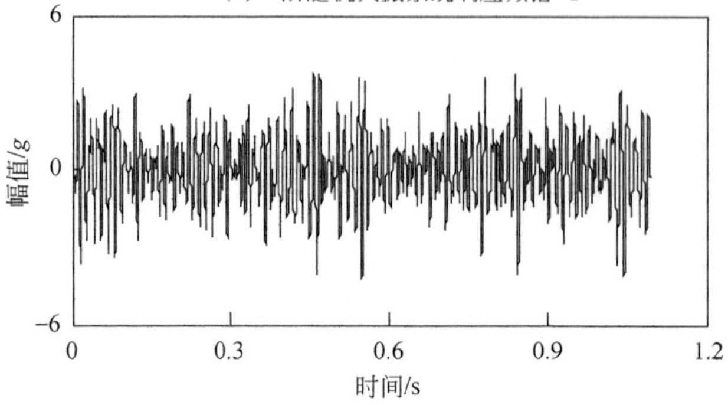

(c) 一阶随机共振系统响应-Ⅱ

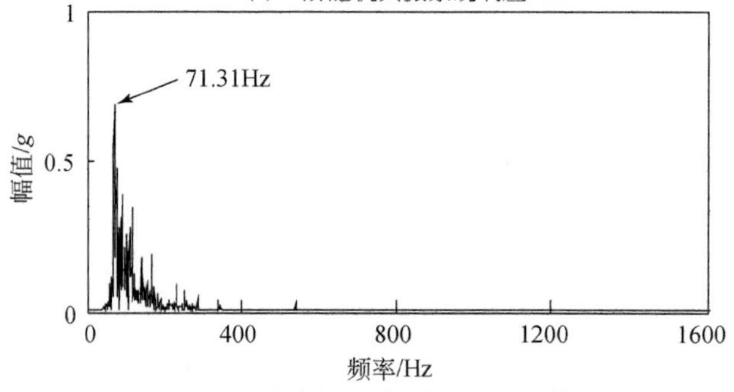

(d) 一阶随机共振系统响应频谱-Ⅱ

图 3.20　一阶随机共振处理结果

同样的，将原始信号输入到一阶随机共振系统，采用相同的参数设置和多尺度噪声控制方法，得到的检测结果如图 3.21 所示。其中图 3.21(a)和(b)是 2 倍频转的检测结果，相应的最优参数值 $\beta=0.2$，信噪比为 -14.11dB，3 倍转频的检测结果如图 3.21(c)和(d)所示，相应的最优参数值 $\beta=4.9$，信噪比 -14.52dB。虽然一阶随机共振方法同样检测出目标特征频率，但信噪比低于二阶增强随机共振方法，因此二阶随机共振的检测效果要优于一阶随机共振方法。试验结果表明，二阶增强随机共振方法可以在一定程度上实现对微弱故障特征的进一步增强，提高系统响应信噪比。

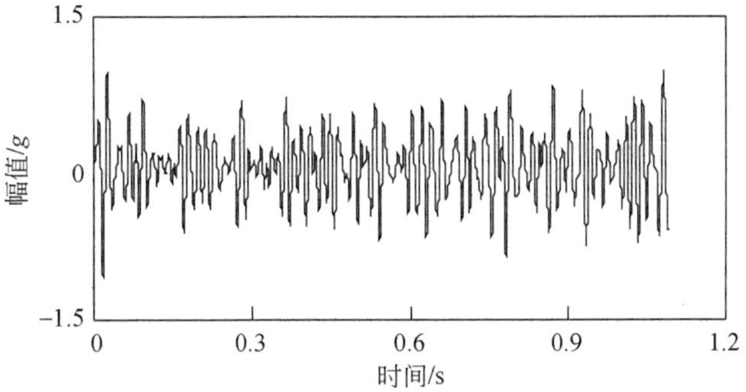

(a) 二阶增强随机共振系统响应-Ⅰ

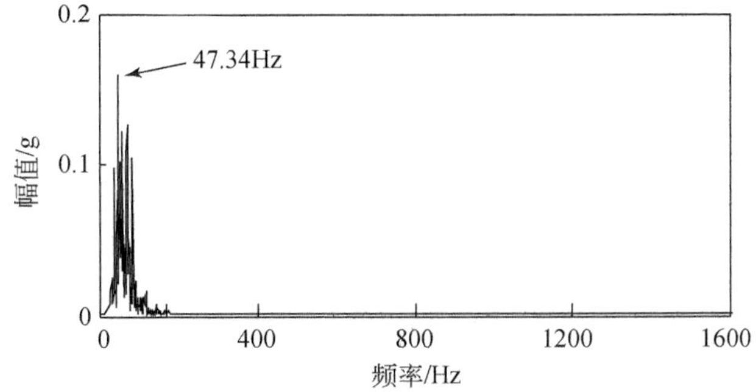

(b) 二阶增强随机共振系统响应频谱-Ⅰ

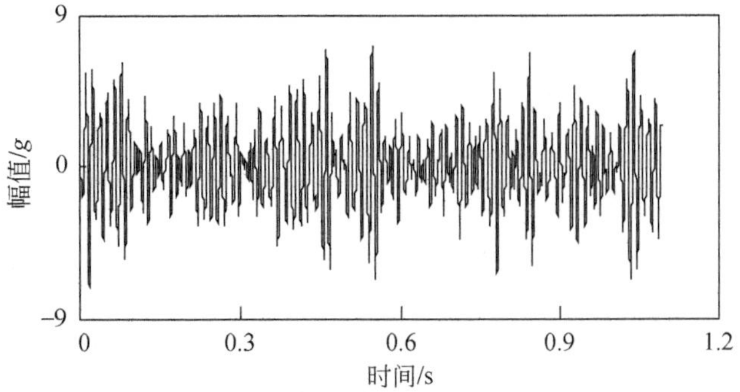

(c) 二阶增强随机共振系统响应-Ⅱ

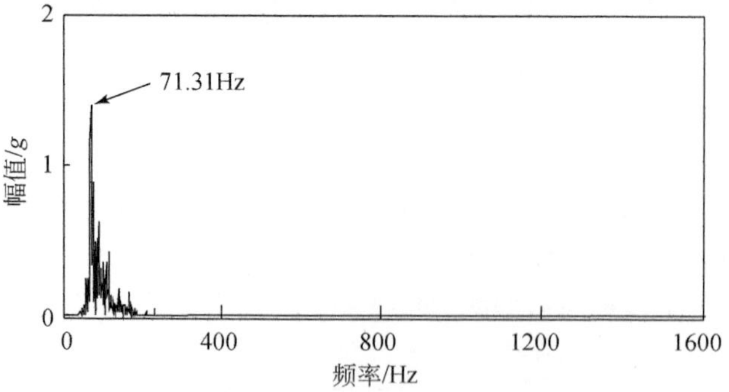

(d) 二阶增强随机共振系统响应频谱-Ⅱ

图 3.21 二阶增强随机共振处理结果

3.5 小　结

风电装备微弱故障的特征提取方法是机械故障诊断研究的重点和难点，最大限度地提取出其中微弱故障特征是实现科学、正确的风电状态监测和故障诊断的前提条件。随机共振方法可以在一定程度上实现微弱故障特征的有效检测，但鉴于大量干扰噪声的影响，一阶随机共振方法对微弱故障特征的提取效果并不总是令人满意。因此，为实现微弱故障特征的进一步增强，本章介绍了二阶增强随机共振技术以及基于 Morlet 小波的多尺度噪声控制方法，并将这些方法应用于工程应用中。

(1) 针对一阶随机共振系统未能有效"滤除"信号中噪声能量，响应信噪比较低的问题，通过分析阻尼和积分对随机共振效果的影响，可以看出阻尼对随机共振而言有利有弊，而且阻尼系数的合理选取缺乏有效的理论依据；积分不仅可以"滤除"高频能量，增强低频信号能量，而且通过多次积分可以实现噪声的重复利用，进一步提高系统响应信噪比。二阶增强随机共振模型忽略不确定因素—阻尼的影响，利用双重积分，实现高频噪声能量向低频区域的进一步转移，从而达到削弱系统响应中的高频抖动，提高输出信噪比的效果。

(2) 针对噪声调节随机共振的不足——噪声增加易、减少难，提出了基于 Morlet 小波的多尺度噪声控制方法利用小波变换的多分辨分析能力和随机共振对带限噪声的敏感性，通过调节不同尺度信号和噪声的强度大小，达到控制随机共振发生的目的。该方法不仅可降低多参数联合调整的复杂性，而且可实现任意频率信号特征的增强提取。

(3) 基于二阶增强随机共振技术和多尺度噪声控制方法，给出了基于多尺度噪声控制的二阶增强随机共振算法流程，并借助数值仿真对其进行验证，最后将其应用于风电装备增速传动系统故障模拟试验台连接松动故障特征的增强提取。

参 考 文 献

[1] McNamara B, Wiesenfeld K. Theory of stochastic resonance. Physical Review A, 1989, 39(9): 4854—4869.

[2] Dykman M, Luchinsky D, Mannella R, et al. Stochastic resonance: Linear response and giant nonlinearity. Journal of Statistical Physics, 1993, 70(1): 463—478.

[3] Zhou T, Moss F. Analog simulations of stochastic resonance. Physical Review A, 1990, 41(8): 4255—4264.

[4] Hanggi P, Mroczkowski T J, Moss F, et al. Bistability driven by colored noise: Theory and experiment. Physical Review A, 1985, 32(1): 695—698.

[5] Jung P, Hanggi P. Stochastic nonlinear dynamics modulated by external periodic forces. Europhysics Letters, 2007, 8(6): 505—510.

[6] Jung P, Hanggi P. Amplification of small signals via stochastic resonance. Physical Review A, 1991, 44(12): 8032—8042.

[7] Dykman M, Mannella R, McClintock P V E, et al. Comment on "Stochastic resonance in bistable systems". Physical Review Letters, 1990, 65(20): 2606.

[8] Dykman M, Mannella R, McClintock P V E, et al. Giant nonlinearity in the low-frequency response of a fluctuating bistable system. Physical Review E, 1993, 47(3): 1629—1632.

[9] Fox R F. Stochastic resonance in a double well. Physical Review A, 1989, 39: 4148—4153.

[10] Hu G, Nicolis G, Nicolis C. Periodically forced Fokker-Planck equation and stochastic resonance. Physical Review A, 1990, 42: 2030—2041.

[11] Gammaitoni L, Marchesoni F, Santucci S. Stochastic resonance as a bona fide resonance. Physical Review Letters, 1995, 74(7): 1052—1055.

[12] Gammaitoni L, Hanggi P, Jung P, et al. Stochastic resonance. Reviews of Modern Physics,1998,70(1): 223—287.

[13] Collins J, Chow C C, Imhoff T T. Stochastic resonance without tuning. Nature, 1995, 376(6537): 236—238.

[14] Volkov E, Ullner E, Zaikin A, et al. Frequency-dependent stochastic resonance in inhibitorycoupled excitable systems. Physical Review E, 2003, 68(6): 0611121—0611128.

[15] 杨国海，夏清华. 无阻尼 Duffing 方程的多值共振解的稳定性研究. 湖北大学学报(自然科学版), 2008, 1: 12.

[16] Leng Y, Wang T, Guo Y, et al. Engineering signal processing based on bistable stochastic resonance. Mechanical Systems and Signal Processing, 2007, 21(1): 138—150.

[17] Tan J, Chen X, Wang J, et al. Study of frequency-shifted and re-scaling stochastic resonance and its application to fault diagnosis. Mechanical Systems and Signal Processing, 2009, 23(3): 811—822.

[18] Ye Q, Huang H, He X, et al. Improved bearing estimates of weak signals using stochastic

resonance and frequency shift techniques//MTS/IEEE Conference on Celebrating the Past—Teaming Toward the Future. San Diego, USA, 2003: 2410—2413.

[19] 马辉，孙伟，王学军，等. 转子系统松动故障特征分析. 东北大学学报(自然科学版)，2009,30(3): 400—404.

[20] Lu W X, Chu F L. Experimental investigation of pedestal looseness in a rotor-bearing system. Key Engineering Materials, 2009, 413: 599—605.

[21] 李继猛. 随机共振理论及风电装备故障诊断应用研究[博士学位论文]. 西安:西安交通大学,2013.

第 4 章　同步压缩变换改进研究

风电装备的工作条件有别于一般的旋转机械，它常常是在非平稳驱动力下工作的，因此通过加速度传感器测得的振动信号也就具有很强的非平稳特征。采用传统的时频分析方法如：短时傅里叶变换、连续小波变换等处理非平稳信号，有着时频聚集性不高的缺点；而时频聚集性高的时频重排方法[1]却不能保证信号变换后的重构性，并且噪声会干扰时频分布的可读性。同时保证时频分析算法的时频聚集性和信号可重构性是时频分析的一个难点。同步压缩变换（synchrosqueezing transforms，SST）是一种新型时频分析方法，它在时频聚集性和信号重构性能之间取得了较好的平衡。我们针对风电传动系统振动信号强非平稳、噪声干扰明显的特性，进一步改进同步压缩变换算法，以保证信号的可重构性为前提，减少了噪声的干扰，提高了算法的时频聚集性。

4.1　同步压缩变换方法

4.1.1　同步压缩变换原理

同步压缩变换是 Daubechies 等于 2011 年提出的一种新的时频后处理方法[2]。所谓时频后处理是在事先得到初步时频分布（例如连续小波变换，短时傅里叶变换等）的基础上加以改进以期得到更理想的时频分布。对于给定的信号 $s(t)$ ，它的连续小波变换 W_s 定义为

$$W_s(a,b)=\int s(t)\psi_{a,b(t)}\,\mathrm{d}t=\int s(t)a^{-\frac{1}{2}}\psi\left(\frac{t-b}{a}\right)\mathrm{d}t \tag{4.1}$$

式中，ψ 为选定的小波基函数；a 、b 分别尺度参数和时移参数。

对于一个单分量谐波信号 $s(t)=A\cos(\omega t)$ 的连续小波变换，根据 Plancherel 定理有

$$\begin{aligned}W_s(a,b)&=\frac{1}{2\pi}\int\hat{s}(\xi)a^{\frac{1}{2}}\,\overline{\hat{\psi}(a\xi)}\exp(\mathrm{i}b\omega)\,\mathrm{d}\xi\\&=\frac{A}{2}\int[\delta(\xi-\omega)+\delta(\xi+\omega)]a^{\frac{1}{2}}\,\overline{\hat{\psi}(a\xi)}\exp(\mathrm{i}b\omega)\,\mathrm{d}\xi\\&=\frac{A}{2}a^{\frac{1}{2}}\,\overline{\hat{\psi}(a\omega)}\exp(\mathrm{i}b\omega)\end{aligned} \tag{4.2}$$

当 $W_s(a,b) \neq 0$ 时，根据式(4.2)很容易推导出初步时频面上每一个时频点的本征频率 $\omega_s(a,b)$：

$$\omega_s(a,b) = -\mathrm{i}\,(W_s(a,b))^{-1} \frac{\partial W_s(a,b)}{\partial b} \tag{4.3}$$

因为，

$$\frac{\partial W_s(a,b)}{\partial b} = \frac{\partial}{\partial b}\int s(t) a^{-\frac{1}{2}}\, \overline{\psi\left(\frac{t-b}{a}\right)}\mathrm{d}t = -\frac{1}{a}\int s(t) a^{-\frac{1}{2}} \psi\left(\overline{\frac{t-b}{a}}\right)\mathrm{d}t \tag{4.4}$$

所以偏导数 $\frac{\partial W_s(a,b)}{\partial b}$ 在实际计算过程中，可以通过将小波基函数的导数作为新的小波基函数进行连续小波变换得到。最后，通过映射 $(b,a) \rightarrow (b,\omega_s(a,b))$ 在时频面上对初步的时频分布在频域进行时频重排，即"同步压缩"，得到更加理想的时频分布。所谓"同步"是指在时间上各个时频点并没有重排移动，"压缩"则是指在频域上进行的重新排布。同步压缩的过程写成离散形式如下：

$$T_s(\omega_l,b) = (\Delta\omega)^{-1} \sum_{a_k:\,|\omega_s(a_k,b)-\omega_l| \leqslant \Delta\omega/2} W_s(a_k,b) a_k^{-\frac{3}{2}} (\Delta a)_k \tag{4.5}$$

式中，ω 为频率；$\Delta\omega$ 为频率分辨率；Δa 为尺度分辨率。

同步压缩变换的算法归纳为以下三个步骤：

(1) 计算给定信号 $s(t)$ 的连续小波变换 $W_s(a,b)$ 。

(2) 根据式(4.3)计算得到本征频率 $\omega_s(a,b)$ 。

(3) 根据本征频率 $\omega_s(a,b)$ 对连续小波变换 $W_s(a,b)$ 进行时频重排，得到更加理想的时频分布 $T_s(\omega,b)$ 。

下面以一个仿真信号的处理过程来解释同步压缩变换的过程。给定的仿真信号 $s(t)$ 如式(4.6)所示，其采样频率为 1Hz。时域波形、连续小波变换、本征频率及同步压缩结果如图 4.1 所示。

$$s(t) = \cos[2\pi(0.1t)], \quad t \in [0,1024) \tag{4.6}$$

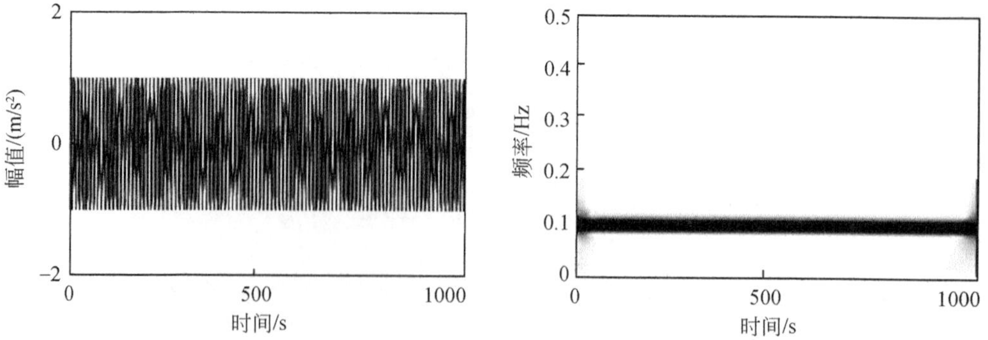

(a)时域波形　　　　　　　　　　(b)连续小波变换

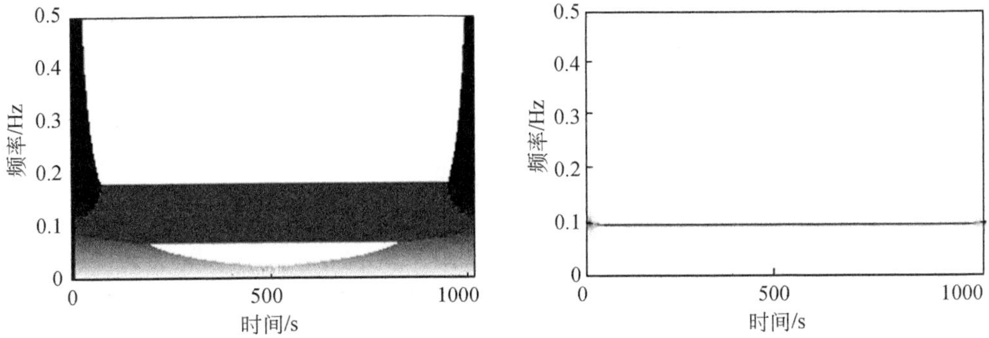

(c)本征频率　(d)同步压缩变换

图 4.1　仿真信号 $s(t)$ 的同步压缩变换过程

需要说明的是,尽管同步压缩变换在提出的最初是在连续小波变换的基础上进行后处理的,但是实际上也同样适用于短时傅里叶变换。在短时傅里叶变换的基础上做同步压缩变换只需要将小波基函数 $\psi_{a,b(t)}$ 替换为短时傅里叶变换中的基函数 $h(t-\tau)\exp(\mathrm{i}2\pi ft)$ 进行内积运算即可。

4.1.2　同步压缩变换不足

同步压缩变换是时频重排的一类方法,不同的是同步压缩变换并没有在时间上进行重排,这就使得其相比时频重排具有可以重构时域信号的优势。然而,同步压缩变换在处理瞬时频率快速变化和含有噪声的信号时,效果并不理想。

用如式(4.7)的反双曲调频信号来模拟风电装备中的快变振动信号,图 4.2 为采用同步压缩变换和短时傅里叶变换对式(4.7)的时频分析结果。

$$\begin{cases} f_c = 256, \quad a = 40, \quad b = 100, \quad c = 0.5 \\ x = b(t-c) \\ \varphi(t) = f_c t + \dfrac{a}{b\{x\ln(x+\sqrt{x^2+1}) - \cosh[\ln(x+\sqrt{x^2+1})]\}} \\ s(t) = \cos(2\pi\varphi(t)) \end{cases} \tag{4.7}$$

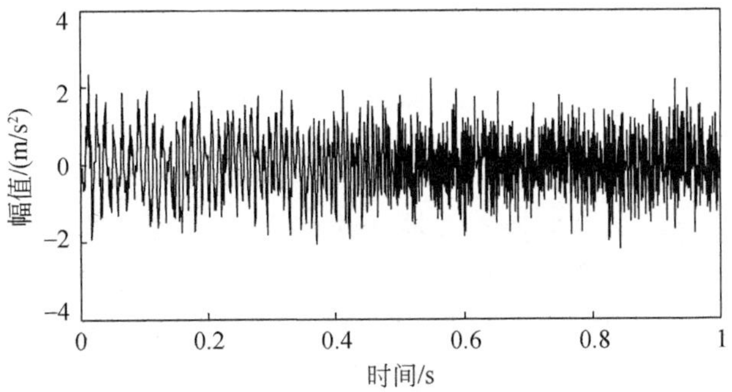

(a)时域波形

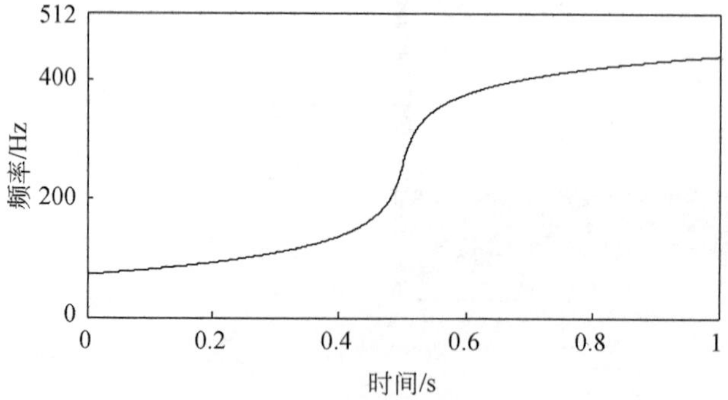

(b) 理论瞬时频率

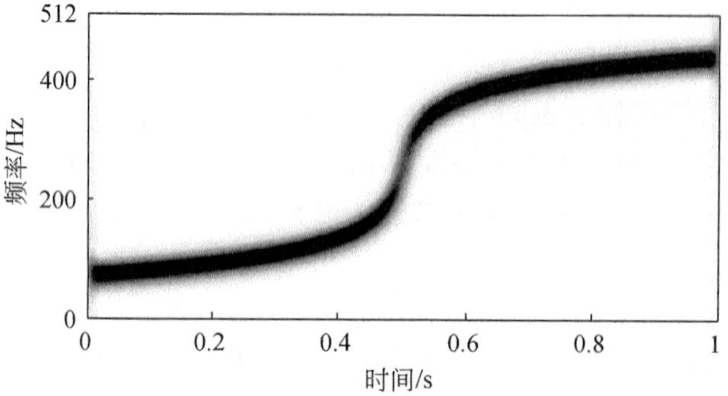

(c) 短时傅里叶变换

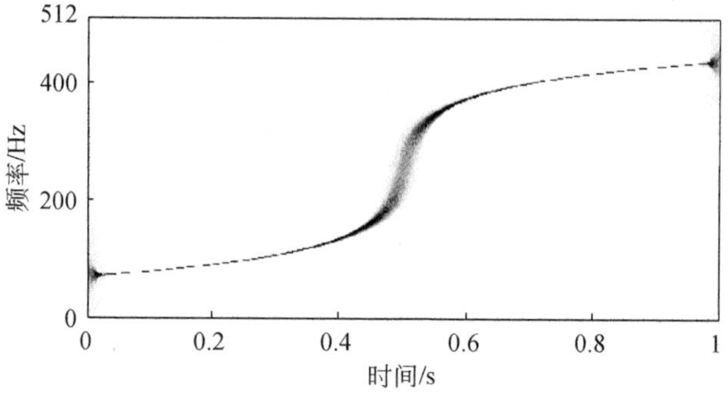

(d) 同步压缩变换

图 4.2　双曲调频信号同步压缩变换

从图 4.2 中可以看出，当瞬时频率变化比较缓慢时，如在 0～0.4s 和 0.6～1s 之间的瞬时频率，同步压缩变换的时频分辨率很高，相比短时傅里叶变换有很大的提高；但是当瞬时分辨率变化比较快时，如在 0.4～0.6s 之间的瞬时频率，同步压缩变换得到的时频分辨率比较低，与原来的短时傅里叶变换几乎没有提高。由此可以得出结论，同步压缩变换并不适用于所有类型的信号，对瞬时频率变化比较剧烈的信号，同步压缩变换相比短时傅里叶变换或连续小波变换没有优势。

同步压缩变换是利用一组在频域的平移向量对原始时频分布重排得到更高的时频分辨率。瞬时频率变化剧烈时，时频分布近似于与频率轴平行，需要提高的是时间分辨率，并不是频率分辨率，所以在频率方向上对原始时频分布重排实际上并不能有效提高时频分辨率，这就是同步压缩变换不能适用于该类信号的原因所在。

对式(4.7)中的信号 $s(t)$ 加入高斯白噪声，信噪比为－3dB，用同步压缩变换的处理结果如图 4.3 所示。可以看出噪声对时频分布有较大的干扰，在 0.4～0.6s 之间瞬时频率曲线已经无法辨认。同步压缩变换方法在时频分辨率上相比传统时频分析方法有极大提高，但是同时由于对时频域的噪声也进行了重新排布，使得噪声分布也变得有规律，影响了时频分布的可读性。

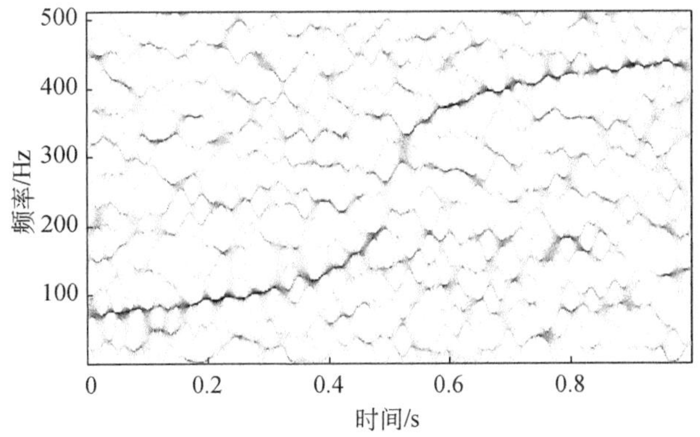

图 4.3　同步压缩变换处理含高斯白噪声的双曲调频信号

4.2　同步压缩变换改进研究

针对同步压缩变换在处理快变信号时频分辨率不高与噪声对同步压缩变换结果有较大干扰等问题，在同步压缩变换基础上，提出了自适应同步压缩变换方法和基于局部均值分解(local mean decomposition，LMD)的同步压缩变换方法，克服了同步压缩变换的这些缺陷。

4.2.1　自适应同步压缩变换

时频分辨率与分析方法的参数选择有关。如果在瞬时频率快速变化的时间段中，改变时频窗函数的参数，使得时频分布的时间分辨率提高，在瞬时频率缓慢变化的时间段中，改变时频窗函数的参数，使得频率分辨率提高，最后再进行同步压缩变换进一步提高时频分辨率，这就是自适应同步压缩变换的思想。下面将介绍基于自适应短时傅里叶变换(adaptive short time Fourier transform,ASTFT)的同步压缩变换方法。

1. 自适应短时傅里叶变换

传统的短时傅里叶变换时频窗的时宽和带宽是一定的,然而实际生活中很多信号的瞬时频率变化规律并不是恒定的,用时频窗形状固定的短时傅里叶变换来处理变化规律并不恒定的信号必然得不到很好的效果。2012 年,Pei 等[3]对自适应短时傅里叶变换进行了进一步的深入研究,即短时傅里叶变换的时窗长度随瞬时频率的斜率(即瞬时频率的一阶导数)变化而变换,在瞬时频率斜率大的地方采用短时窗的时频核函数,保证其高的时间分辨率;在瞬时频率斜率小的地方采用长时窗的时频核函数,保证其高的频率分辨率。

根据 Heisenberg 不确定性原理,时频分布的时间和频率分辨率受到以下限制:

$$\delta_t \delta_f \geqslant \frac{1}{4\pi} \tag{4.8}$$

式(4.8)中的等号当且仅当采用高斯窗函数时成立。

对于信号 $s(t)$ 采用变窗高斯核函数的傅里叶变换表达式如下:

$$S_s(t,f) = \int s(\tau)\,\frac{1}{\sqrt{2\pi}\sigma(t)}\exp\left[\frac{-(t-\tau)^2}{2(\sigma(t))^2}\right]\exp(-i2\pi f\tau)\mathrm{d}\tau \tag{4.9}$$

对于一个纯频率调制信号,Cohen 给出了它的最优时窗和它的瞬时频率斜率的大致关系,即如果信号 $s(t)=\exp(i\varphi(t))$,它的最优时窗近似表达为

$$S(t) = \exp(i2\pi\phi(t))\,T_t \approx \frac{1}{2\sqrt{\pi|f'(t)|}} \tag{4.10}$$

式中,$f'(t)$ 为瞬时频率的一阶导数。

采用式(4.9)所示的短时傅里叶表达式时,时窗长度 T_t 和时变的标准偏差 $\sigma(t)$ 之间的关系为

$$T_t = \frac{\sigma(t)}{\sqrt{2}} \tag{4.11}$$

结合式(4.10)和式(4.11)可以得到

$$\sigma(t) = \frac{1}{\sqrt{2\pi|f'(t)|}} \tag{4.12}$$

也就是说,当时频核函数的标准差参数 $\sigma(t)$ 按式(4.12)来取值时,短时傅里叶变换将会得到最优分辨率。

从直观上来理解,在 t 时刻的时频窗内,对于给定的高斯核函数其时域表达式和傅里叶变换为

$$
\begin{cases}
w(t) = \dfrac{1}{\sqrt{2\pi}\sigma}\exp\left(-\dfrac{t^2}{2\sigma^2}\right) \\
W(f) = \sqrt{2\pi}\sigma\exp(-2\pi^2\sigma^2 f^2)
\end{cases}
\tag{4.13}
$$

时宽和带宽为

$$
\begin{cases}
\delta_{\mathrm{t}}^2 = \dfrac{w_2 - w_1^2}{w_0} = \dfrac{\sigma^2}{2} \\
w_i = \displaystyle\int t^i \ |w(t)|^2 \mathrm{d}t
\end{cases}
\tag{4.14}
$$

$$
\begin{cases}
\delta_{\mathrm{f}}^2 = \dfrac{W_2 - W_1^2}{W_0} = \dfrac{1}{8\pi^2\sigma^2} \\
W_i = \displaystyle\int f^i |W(f)|^2 \mathrm{d}f
\end{cases}
\tag{4.15}
$$

时频窗的高宽比为

$$
\gamma = \frac{\delta_{\mathrm{f}}}{\delta_{\mathrm{t}}} = \frac{1}{2\pi\sigma^2}
\tag{4.16}
$$

式(4.16)与(4.10)是一致的。由于高斯窗函数的时频窗的面积一定，为 $\dfrac{1}{4\pi}$ ，最优时频窗的高宽比与所在的时刻的瞬时频率的斜率相等，这样自适应短时傅里叶变换的时频窗形状就确定了。图 4.4 表示时频块的形状随瞬时频率变化的过程，由图可以看出，随着瞬时频率的斜率小时频块的宽度 δ_{t} 大，时间分辨率低而频率分辨率高；瞬时频率的斜率大时频块的高度 δ_{f} 大，时间分辨率高而频率分辨率低[4,5]。

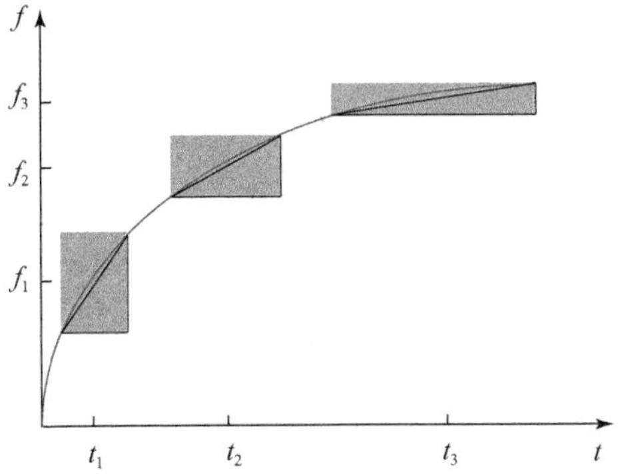

图 4.4　时频块的形状随瞬时频率变化过程

自适应短时傅里叶变换可以归纳为以下四个步骤：

(1) 计算信号短时傅里叶变换 $S_{\mathrm{s}}(t,f)$ 。

(2) 估计信号瞬时频率 $f(t)$ 。

(3) 计算标准差参数 $\sigma(t)$ 。

(4) 根据标准差参数计算自适应短时傅里叶变换。

对式(4.17)所示的反双曲调频仿真信号进行处理对比，图 4.5(a)是在式(4.9)所示的短时傅里叶变换中取 $\sigma(t)=0.02$ 得到的时频分布；图 4.5(b)是根据式(4.12)取值的得到的时频分布。

$$\begin{cases} f_c = 256, \quad a = 40, \quad b = 100, \quad c = 0.5 \\ x = b(t-c) \\ \varphi(t) = f_c t + \dfrac{a}{b\{x\ln(x+\sqrt{x^2+1}) - \cosh[\ln(x+\sqrt{x^2+1})]\}} \\ s(t) = \cos(2\pi\varphi(t)) \end{cases} \tag{4.17}$$

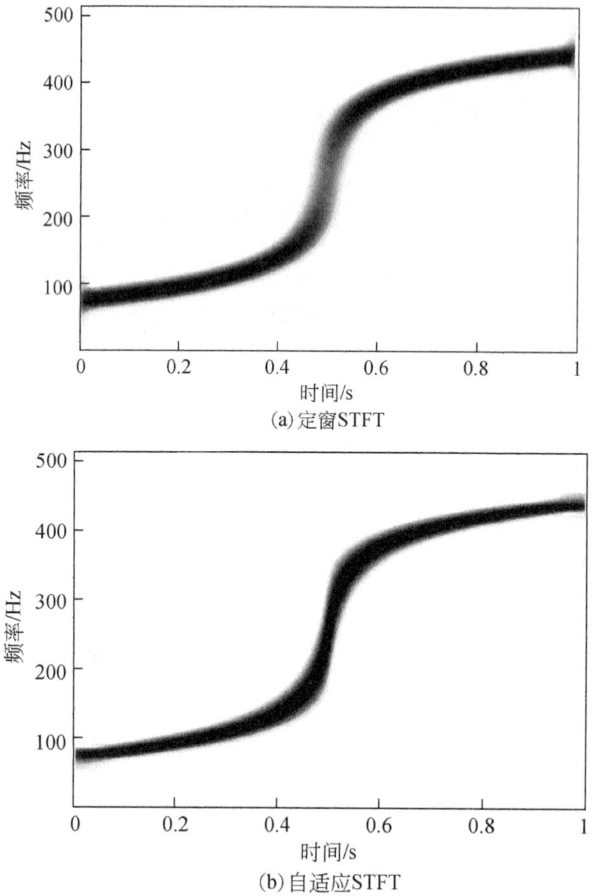

(a) 定窗STFT

(b) 自适应STFT

图4.5 双曲调频信号的定窗 STFT 和自适应 STFT 效果

可以看出自适应短时傅里叶变换相比定窗短时傅里叶变换，在信号瞬时频率变化较快及较慢的阶段时频分辨率都有所提升。

2. 自适应同步压缩变换

同步压缩变换在瞬时频率变化剧烈的地方引起模糊主要是因为时间分辨率不够高,而自适应短时傅里叶变换在瞬时频率斜率大的地方其窗长也变短,时间分辨率很高,所以将自适应短时傅里叶变换作为同步压缩变换的前处理,将二者结合可以提高时频分布的分辨率。对于信号 $s(t)$,所提出的基于自适应短时傅里叶变换的同步压缩变换的算法可按以下步骤实现:

(1) 进行短时傅里叶变换获得初步的时频分布 $S(t,f)$ 。

(2) 对 $S(t,f)$ 瞬时频率估计获得 $f(t)$ 。

(3) 确定自适应短时傅里叶变换的标准差参数 $\sigma(t)=\dfrac{1}{\sqrt{2\pi|f'(t)|}}$ 。

(4) 以 $\sigma(t)$ 为标准差参数对 $s(t)$ 进行自适应短时傅里叶变换得到 $\mathrm{AS}(t,f)$。

(5) 对 $\mathrm{AS}(t,f)$进行同步压缩得到最终结果 $T(t,f)$ 。

图 4.6 是基于恒定窗短时傅里叶变换的同步压缩变换与基于自适应短时傅里叶变换的同步压缩变换的对比,由图 4.6(a)可以看出基于短时窗短时傅里叶变换

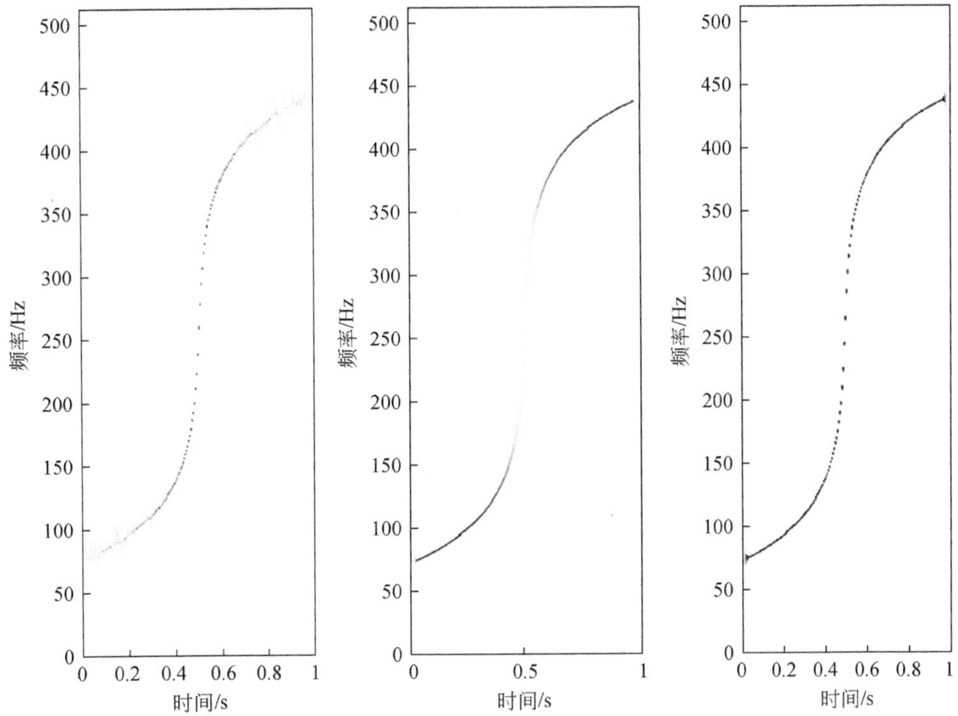

(a)短时窗SST　(b)长时窗SST　(c)自适应窗SST

图 4.6　自适应窗同步压缩变换效果对比

的同步压缩变换在瞬时频率斜率较小时时频分辨率很差(确切地说是频率分辨率很差),在瞬时频率斜率较大时时频分辨率很高;而图 4.6(b)中的基于长时窗短时傅里叶变换的同步压缩变换在瞬时频率斜率较小时时频分辨率很高,在瞬时频率斜率较大时,时频分辨率很差(确切地说是时间分辨率很差);图 4.6(c)中的基于自适应短时傅里叶变换的同步压缩变换则集合了前面二者的优点,摒弃其缺点,不论瞬时频率斜率的大小,都具有较好的时频分辨率。

信号 $s(t)$ 如式(4.18)所示:

$$\begin{cases}\varphi_1(t) = 2\pi\left(45t + \dfrac{27}{4}t^2 - \dfrac{2}{3}t^3 + \dfrac{3}{200}t^4\right) \\ \varphi_2(t) = 2\pi \times 60t \\ \varphi_3(t) = 2\pi \times 73t \\ s(t) = \cos(\varphi_1(t)) + \cos(\varphi_2(t)) + \cos(\varphi_3(t)) + noise\end{cases} \tag{4.18}$$

式中,$t = 0 : 0.005 : 9.995$;$noise$ 为幅值最大值为 0.5 的随机噪声;$s(t)$ 的时域波形及其理论瞬时频率分布如图 4.7 所示。

对上述信号采用短时傅里叶变换、基于短时傅里叶变换的同步压缩变换、基于自适应短时傅里叶变换的同步压缩变换三种方法处理得到时频分布如图 4.9 所示,其中短时傅里叶变换的标准差参数 $\sigma = 0.3$,时窗为长时窗,而自适应傅里叶变换标准差参数 $\sigma(t)$ 的设置如式(4.19)所示,随时间变化规律如图 4.8 所示。从图 4.9 的对比来看,短时傅里叶变换其时频分辨率最低;同步压缩变换由于其时宽长度较长,致使其在瞬时频率变换较快时(例如在 6~10s 时间段内),时间分辨率不够高;而基于自适应短时傅里叶变换的同步压缩变换获得的效果令人满意。

$$\sigma(t) = \frac{0.7}{\sqrt{\varphi''_1(t)}} \tag{4.19}$$

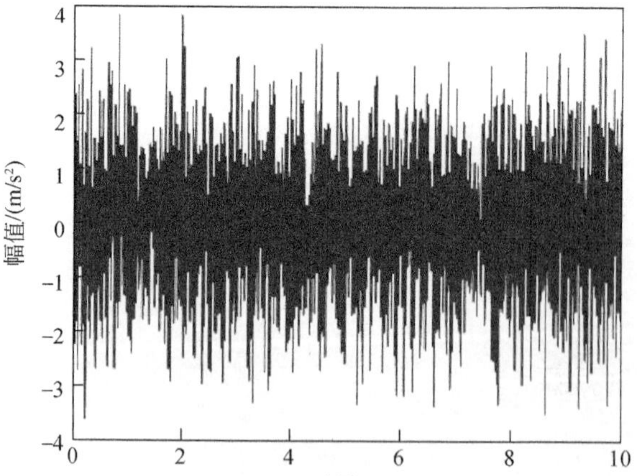

(a)时域波形

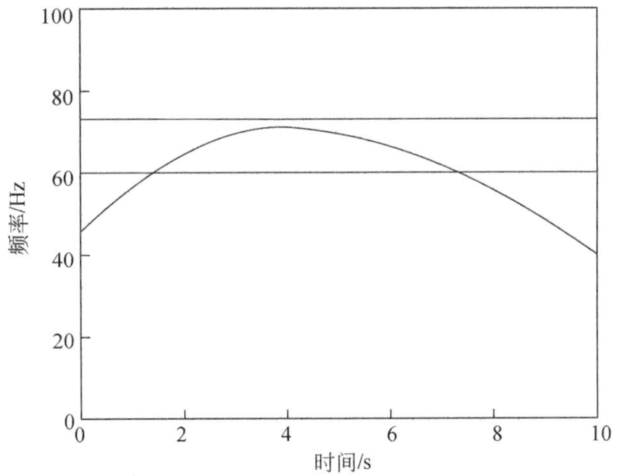

(b)理论瞬时频率

图 4.7 仿真信号的时域波形和理论瞬时频率分布

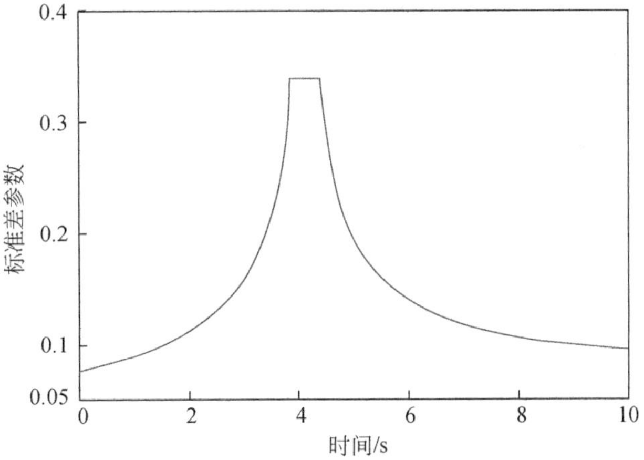

图 4.8 自适应短时傅里叶变换标准差参数随时间变化规律

4.2.2 基于 LMD 的同步压缩时频分析

风电装备的振动信号存在噪声大、转速变动等问题，而同步压缩变换在噪声较大的情况下，无法有效地抑制噪声，LMD 作为一种新的非平稳信号处理方法，具有很强的噪声敏感性，特别是在低信噪比情况下，有效的相位展开算法是消除干扰、有效提取信号特征的关键。因此本节研究了噪声对 LMD 方法的影响，并进一步提出基于 LMD 的同步压缩算法。

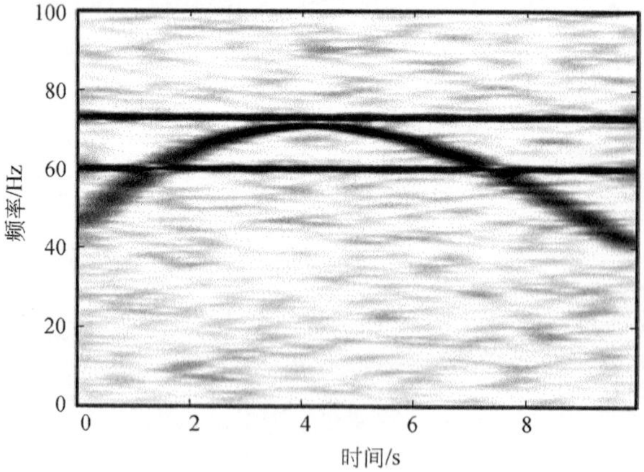

(a) STFT

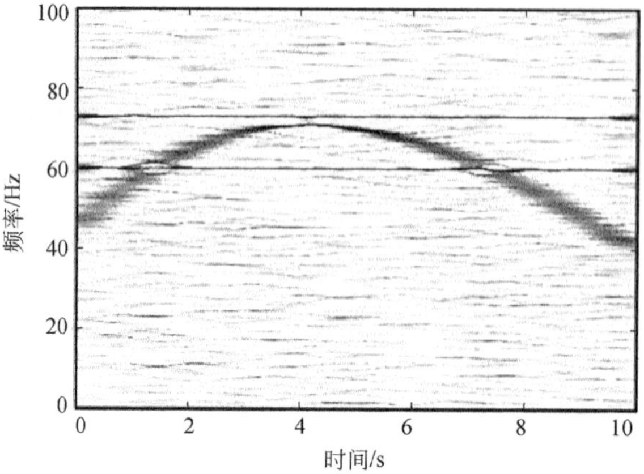

(b) SST

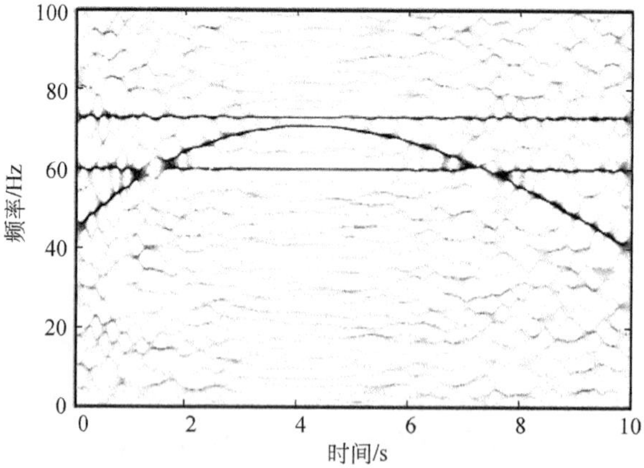

(c) ASTFT+SST

图 4.9　各个时频方法处理效果

1. LMD 方法概述

LMD 是将复杂得多分量信号直接自适应地分解为若干单分量信号之和，得到一系列的乘积函数（product function，PF）分量，每一个 PF 分量可由一个包络信号和一个等幅调频信号相乘得到，等幅调频信号的幅值范围为 [−1,1]。其具体分解步骤如下[6]：

（1）确定原始信号所有局部极值点 $n_{ij}(k_l)$，$k_l=k_1,k_2,\cdots,k_M$，这里 k_l 是极值点索引，M 是极值点数，下标 i 表示求解第 i 个 PF，下标 j 表示循环次数。

（2）计算每两个相邻极值间的局域均值 $m_{ij}(t)$ 与局域包络 $a_{ij}(t)$ 为

$$m_{ij}(t)=\frac{n_{ij}(k_l)+n_{ij}(k_{l+1})}{2},\quad k_l=k_1,\cdots,k_{M-1};t\in[k_l,k_{l+1}) \tag{4.20}$$

$$a_{ij}(t)=\frac{|n_{ij}(k_l)-n_{ij}(k_{l+1})|}{2},\quad k_l=k_1,\cdots,k_{M-1};t\in[k_l,k_{l+1}) \tag{4.21}$$

（3）整个迭代过程可用下式表示：

$$\begin{cases}h_{11}(t)=x(t)-\widetilde{m}_{11}(t)\\ h_{12}(t)=s_{11}(t)-\widetilde{m}_{12}(t)\\ \qquad\vdots\\ h_{1r_1}(t)=s_{1(r_1-1)}(t)-\widetilde{m}_{1r_1}(t)\end{cases}$$

式中，

$$\begin{cases}s_{11}(t)=\dfrac{h_{11}(t)}{\widetilde{a}_{11}(t)}\\ s_{12}(t)=\dfrac{h_{12}(t)}{\widetilde{a}_{12}(t)}\\ \qquad\vdots\\ s_{1r_1}(t)=\dfrac{h_{1r_1}(t)}{\widetilde{a}_{1r_1}(t)}\end{cases}$$

上述迭代过程的终止条件为

$$\lim_{r_1\to\infty}a_{1r_1}(t)=1 \tag{4.22}$$

（4）将上述迭代过程中产生的所有光滑局域包络函数相乘便可以得到 PF_1 的瞬时幅值函数：

$$a_1(t)=\widetilde{a}_{11}(t)\widetilde{a}_{12}(t)\cdots\widetilde{a}_{1r_1}(t) \tag{4.23}$$

瞬时相位（instantaneous phase，IP）可以由最终的纯调频函数得到

$$\varphi_1(t) = \arccos(s_{1r_1}(t)) \tag{4.24}$$

式中，$f_1(t) = \dfrac{f_s \mathrm{d}\varphi_1(t)}{2\pi \mathrm{d}t}$，$f_s$ 为信号采样频率。

将瞬时幅值函数 $a_1(t)$ 与纯调频信号 $s_{1r_1}(t)$ 相乘可以得到原始信号的第一个 PF 分量：

$$\mathrm{PF}_1(t) = a_1(t)s_{1r_1}(t) \tag{4.25}$$

(5) 将 PF_1 从原始信号中分离出去，得到一个新的信号 $u_1(t)$，对 $u_1(t)$ 重复以上步骤，循环 p 次，直到 $u_p(t)$ 为一个单调函数为止。

$$\begin{cases} u_1(t) = x(t) - \mathrm{PF}_1(t) \\ u_2(t) = u_1(t) - \mathrm{PF}_2(t) \\ \quad\vdots \\ u_p(t) = u_{p-1}(t) - \mathrm{PF}_p(t) \end{cases} \tag{4.26}$$

通过以上步骤，将原始信号 $x(t)$ 分解为 p 个 PF 分量和一个剩余单调函数之和

$$x(t) = \sum_{i=1}^{p} \mathrm{PF}_i(t) + u_p(t) \tag{4.27}$$

2. 信噪比与 LMD 之间关系

为了研究不同信噪比下的 LMD 分解情况，下面以一个仿真实例进行验证，仿真信号表达式为

$$\begin{aligned} x(t) &= x_1(t) + x_2(t) \\ &= [1+0.5\cos(2\pi\times 7t)]\cos[2\pi\times 100t + 1.5\sin(2\pi\times 9t)] + 0.5\sin(2\pi\times 30t) \end{aligned} \tag{4.28}$$

式中，$t \in [0,1]$；$x_1(t)$ 为调频-调幅信号；$x_2(t)$ 为正弦信号。

为了研究 LMD 方法的鲁棒性，通过向式(4.28)定义的信号 $x(t)$ 中添加不同信噪比水平的白噪声构成仿真信号 $z(t)$，对其分解结果的时域幅值误差和瞬时频率误差进行定量分析，$z(t)$ 表达式为

$$z(t) = x(t) + n(t) = x_1(t) + x_2(t) + n(t) \tag{4.29}$$

为了定量分析不同的 SNR 条件下 LMD 分解分量与 $x_1(t)$ 和 $x_2(t)$ 间的幅值误差、瞬时频率误差和综合误差，现给出三个误差评价指标，其定义如下：

$$\begin{cases} \mathrm{RAE}_i = \dfrac{\sum_n (x_i(n) - \mathrm{PF}_j(n))^2}{\sum_n (x_i(n))^2} \\ \mathrm{RIFE}_i = \dfrac{\sum_n (f_i(n) - \mathrm{IF}_j(n))^2}{\sum_n (f_i(n))^2} \\ \mathrm{CE} = \sqrt{(\mathrm{RAE}_1)^2 + (\mathrm{RIFE}_1)^2 + (\mathrm{RAE}_2)^2 + (\mathrm{RIFE}_2)^2} \end{cases} \tag{4.30}$$

式中，RAE、RIFE 和 CE 分别为信号 $x_i(t)(i=1,2)$ 与其对应的 PF 分量间相对幅值误差(relative amplitude error,RAE)、相对 IF 误差(relative IF error,RIFE)和综合误差(comprehensive error,CE)；n 为采样点的序号；下标 j 为 PF 分量的序号，由于噪声大小会改变分解顺序，文中根据所分解顺序的不同规定了两种情形：情形 1，$j=1,2$(即 PF_1 和 PF_2 分别对应于信号 $x_1(t)$ 和 $x_2(t)$)；情形 2，$j=2,3$(即 PF_2 和 PF_3 分别对应于信号 $x_1(t)$ 和 $x_2(t)$)。

不同 SNR 水平下所求得的三个误差评价指标如图 4.10 所示。由图 4.10 中可以看出当 SNR≥0dB 时，随着 SNR 的增加，情形 1 的 RAE 值逐渐减小，特别是当 SNR=20dB 时，$RAE_1=0.0385$，$RAE_2=0.0746$，两个值都很小，这说明 $x_1(t)$ 和 $x_2(t)$ 作为单个的 PF 分量首先被准确地分离出来。情形 2 的 RAE 值变化趋势恰恰相反，随着 SNR 的增加，RAE 值逐渐增大，两者的交叉点为 SNR=6dB，这说明噪声的大小改变了分解的顺序，错误的分量对应关系使 RAE 值增大，当 SNR 位于区间[0,6]dB 时，RAE 随着 SNR 的减小而减小，说明这时分量的对应关系是正确的。如图 4.10(b)所示，RIFE 与 RAE 具有相似的变化趋势，两种情形的交叉点为 SNR=13dB。与 RAE 相比，不管是情形 1 还是情形 2，当 SNR≥0dB 时，RIFE 都要小一些，且小于 0.3，这说明噪声对于 IF 提取的影响要小于幅值提取的影响。如图 4.10(c)所示，CE 和 RAE、RIFE 具有相似的变化趋势，两种情形的交叉点为SNR=12dB。从整体上看，当 SNR<0dB 时，随着 SNR 的减小，以上两种情形下的误差评价指标的值都是逐渐增大的，这说明随着添加噪声水平的增加，信号的分解顺序又发生了变化，加入的高频噪声先被分解出来，有效的 PF 分量的分解顺序又一次推后。

相关分析的结果也证明了上述结论，相关分析中常用的评价指标是相关系数(correlation coefficient,CC)，它可以用来评价两个线性变量之间相关或相似程度，样本相关系数的取值范围为[−1,1]。CC 值越大，变量之间的线性相关或相似程度越高；CC 值越接近 0，变量之间的线性相关或相似程度越低。图 4.11 是信号 $x_1(t)$、$x_2(t)$ 和各自所对应的 PF 分量间的 CC。如图 4.11(a)所示，当信噪比较大时(SNR≥6dB)，而 $x_1(t)$ 与 PF_1 的相关系数大于 $x_1(t)$ 与 PF_2 的相关系数，特别是当 SNR=20dB 时，$x_1(t)$ 与 PF_1 的相关系数为 0.98，说明二者波形几乎一致，当 3dB≤SNR<6dB，后者要大于前者。图 4.11(b)中 $x_2(t)$ 和各自所对应的 PF 分量间的 CC 也具有相似的变化趋势，只是交叉点的位置不同。当 SNR<3dB 时，所有的 CC 值都是明显降低的。

通过以上分析可以得到如下结论：添加的噪声信号可以改变 LMD 的分解顺序，当信噪比较高时，噪声影响较小，调制信号作为有效的 PF 分量先分解出来，随着信噪比的降低，有效的 PF 分量分解顺序逐渐推后，分解误差也逐渐增大。噪声对于 IF 的影响要小于对瞬时幅值的影响。

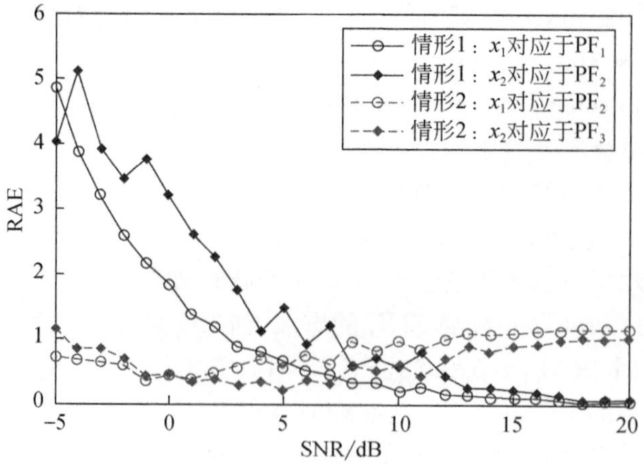

(a) RAE

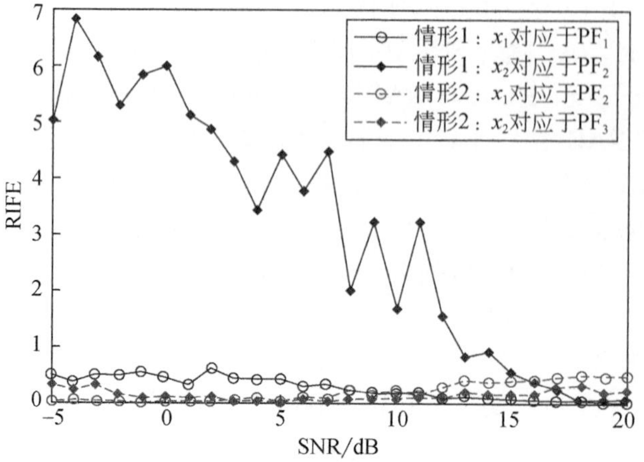

(b) RIFE

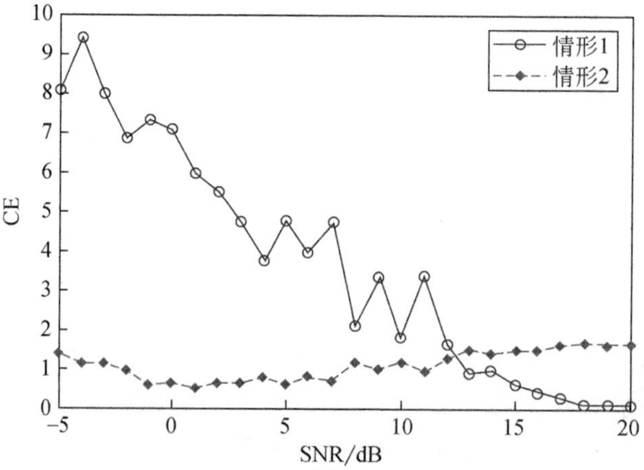

(c) CE

图 4.10　不同 SNR 水平下所求得的三个误差评价指标

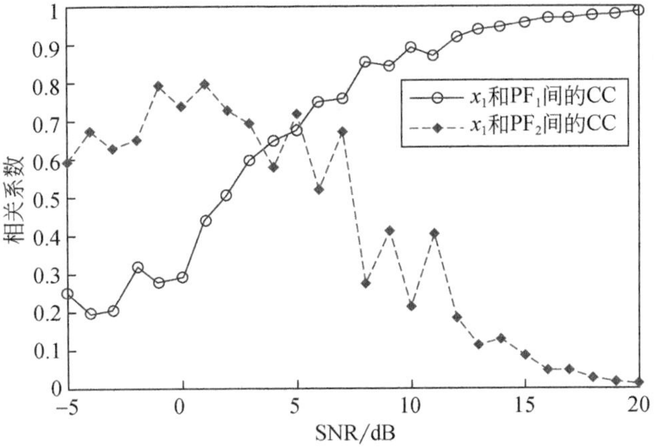

(a)$x_1(t)$和PF_1、PF_2间的CC

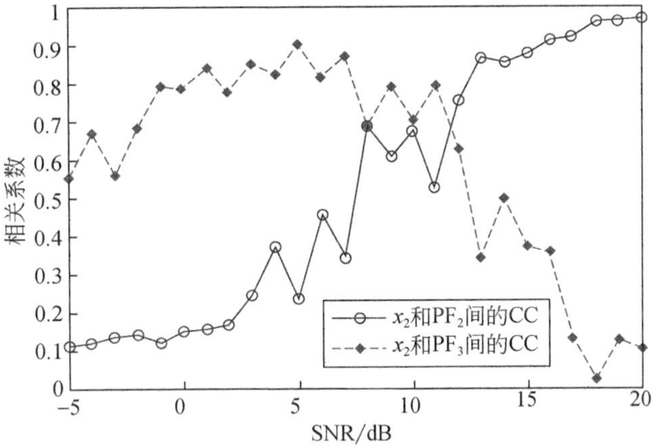

(b)$x_2(t)$和PF_2、PF_3间的CC

图 4.11　$x_1(t)$、$x_2(t)$ 和各自所对应的 PF 分量间的 CC

3. 基于 LMD 的同步压缩变换

常见的机械信号多为调幅调频信号，信号中多掺杂着不同信噪比的白噪声。为研究同步压缩变换在不同信噪比的噪声下的作用，将不同信噪比的高斯白噪声加入到调幅调频信号 $x(t)$ 上，其中构造的信号 $x(t)$ 可以表示为

$$x(t) = [1 + 0.5\cos(14\pi t)]\cos[200\pi t + 1.5\sin(18\pi t)] \tag{4.31}$$

理想的瞬时频率为

$$F(t) = 200t + 13.5\cos(18\pi t)$$

当添加高斯白噪声为 −6dB 时，其仿真信号的时频分析如图 4.12 所示，并根据该时频分布图估计出信号的瞬时频率 $f(t)$。根据公式(4.32)可以计算出当信噪

比为－6dB时，同步压缩变换的误差率为0.126，同步压缩变换在信噪比较低时无法有效地抑制噪声。

$$R=\frac{\sum_{n}(f_i(n)-F_j(n))^2}{\sum_{n}(F_i(n))^2} \tag{4.32}$$

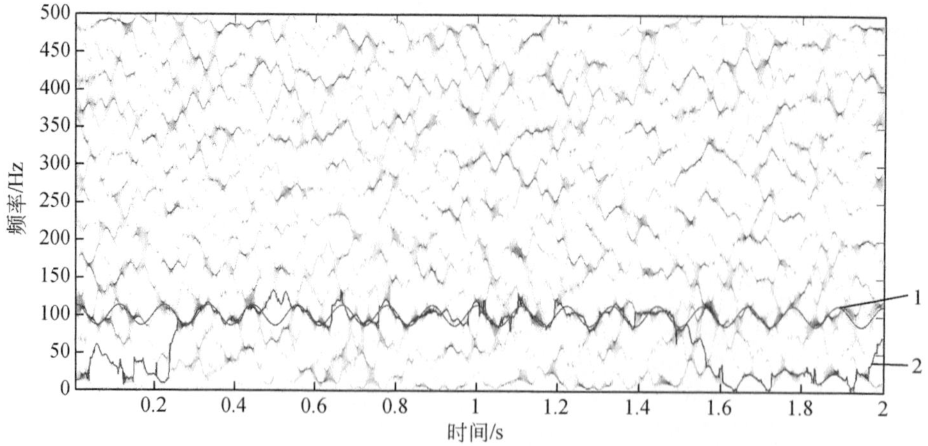

图 4.12　信噪比为－6dB时仿真信号的时频分析

1. 理想转频；2. 时频分布图中计算出的转频

由上所述，可以知道LMD对于噪声非常敏感，根据LMD关于噪声的特性，提出了同步压缩改进方法，其主要流程如图4.13所示。

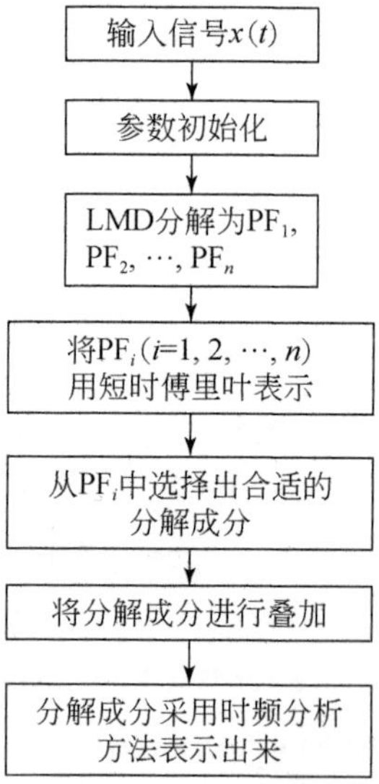

图 4.13　基于LMD分解的短时傅里叶分析流程图

为了验证提出的方法的有效性，分别将不同强度的高斯白噪声加到仿真信号中去。仿真信号如式(4.31)所示。根据上文中信噪比与 LMD 之间关系，添加的噪声信号可以改变 LMD 的分解顺序，本方法根据噪声强度不同，选取出于信号相似度最高的层数作为同步压缩的信号，并且根据时频分析图估计其瞬时频率，其误差率如图 4.14 所示。与同步压缩对比，可以发现提出方法能够很好地降噪，从而提高了同步压缩的精度。

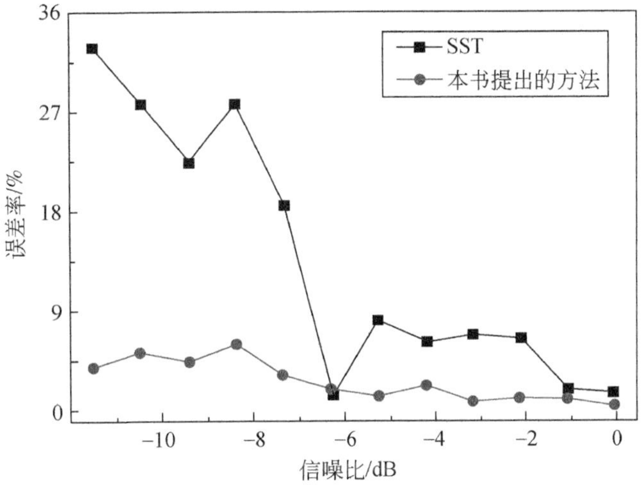

图 4.14　两种方法分解误差率随信噪比变化

4.3　改进同步压缩变换方法试验验证

4.3.1　SQI 动力传动故障诊断试验台试验

美国 SQI(Spectra Quest Inc.)公司专门设计了可模拟工业动力传动的动力传动故障诊断综合试验台，用于试验和教学。试验台的结构如图 4.15 所示，传动系统由一个 2 级行星齿轮箱，一个由滚动轴承或套筒轴承支撑的 2 级平行轴齿轮箱，1 个轴承负载和 1 个可编程的磁力制动器组成。行星齿轮箱中太阳齿轮、行星齿轮、内齿圈、行星架和轴承都便于拆装，方便行星齿轮振动特性的研究。行星齿轮箱的结构参数如表 4.1 所示，通过齿轮箱的结构参数及相关公式(4.33)～式(4.39)，可以计算齿轮的分布式故障及局部故障特征频率[7]，具体计算方法如下。计算结果如表 4.2 和表 4.3 所示。

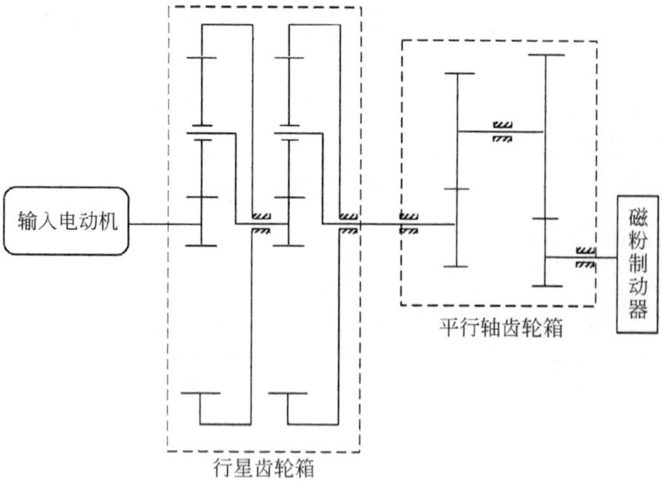

图 4.15　动力传动故障诊断综合试验台结构

表 4.1　动力传动故障诊断综合试验台行星齿轮箱的结构参数

齿轮级数	太阳轮	行星轮(数量)	齿圈
第一级齿数	20	40(3)	100
第二级齿数	28	36(4)	100

啮合频率为

$$f_{\mathrm{m}} = f_{\mathrm{c}} Z_{\mathrm{r}} = (f_{\mathrm{s}}^{(r)} - f_{\mathrm{c}}) Z_{\mathrm{s}} \tag{4.33}$$

式中，f_{m} 为啮合频率；Z_{r} 齿圈的齿数；Z_{s} 为太阳轮的齿数；$f_{\mathrm{s}}^{(r)}$ 为太阳轮的绝对转频。

分布式太阳轮、行星轮和内齿圈故障特征频率为

$$f_{\mathrm{s}} = \frac{f_{\mathrm{m}}}{Z_{\mathrm{s}}} \tag{4.34}$$

$$f_{\mathrm{p}} = \frac{f_{\mathrm{m}}}{Z_{\mathrm{p}}} \tag{4.35}$$

$$f_{\mathrm{r}} = \frac{f_{\mathrm{m}}}{Z_{\mathrm{r}}} \tag{4.36}$$

式中，Z_{p} 为行星轮的齿数。

局部太阳轮、行星轮和内齿圈故障特征频率为

$$f'_{\mathrm{s}} = \frac{f_{\mathrm{m}}}{Z_{\mathrm{s}}} N \tag{4.37}$$

$$f'_{\mathrm{p}} = 2\,\frac{f_{\mathrm{m}}}{Z_{\mathrm{p}}} \tag{4.38}$$

$$f'_{\mathrm{r}} = \frac{f_{\mathrm{m}}}{Z_{\mathrm{r}}} N \tag{4.39}$$

式中，N 为行星轮的个数。

表 4.2　行星齿轮箱分布式故障特征频率

齿轮级数	啮合频率	绝对旋转频率		分布式故障特征频率		
		太阳轮	行星架	太阳轮	行星轮	齿圈
第一级	$16.667f_s$	f_s	$0.167f_s$	$0.833f_s$	$0.417f_s$	$0.167f_s$
第二级	$3.646f_s$	$0.167f_s$	$0.036f_s$	$0.130f_s$	$0.101f_s$	$0.036f_s$

表 4.3　行星齿轮箱局部故障特征频率

齿轮级数	啮合频率	绝对旋转频率		局部故障特征频率		
		太阳轮	行星架	太阳轮	行星轮	齿圈
第一级	$16.667f_s$	f_s	$0.167f_s$	$2.5f_s$	$0.833f_s$	$0.5f_s$
第二级	$3.646f_s$	$0.167f_s$	$0.036f_s$	$0.521f_s$	$0.203f_s$	$0.146f_s$

如图 4.16 所示，计算机安装了变频电动机的控制程序来控制电动机的输入转速；在行星齿轮箱输入轴端盖、行星齿轮箱输出轴端盖、定轴齿轮箱中间轴端盖和定轴齿轮箱输出轴端盖的竖直方向分别粘贴了 PCB 加速度传感器来检测齿轮箱的振动信号，传感器的布置如图 4.17 所示；采用 CoCo-80 数据采集仪将加速度信号采集并存储，用 Matlab 软件分析采集到的信号。

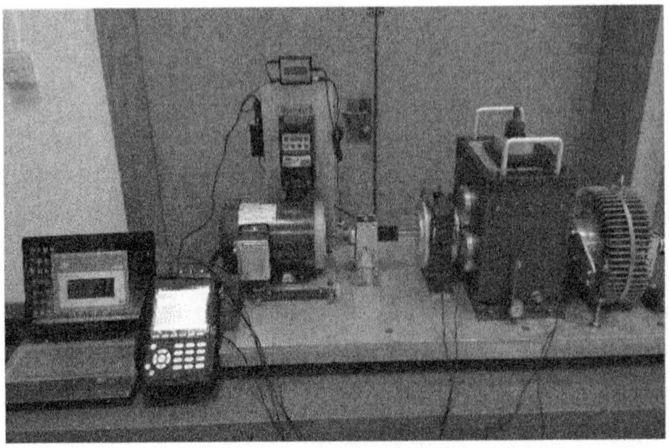

图 4.16　试验系统实物

4.3.2　转子不对中故障分析

转子的不对中是转子系统中出现的常见故障，大型装备通常由多个转子组成，各转子之间用联轴器连接构成轴系。图 4.18 是常见的联轴器综合不对中故障，风力发电机同样需要联轴器连接各转子，也会产生转子不对中故障。当各转子之间

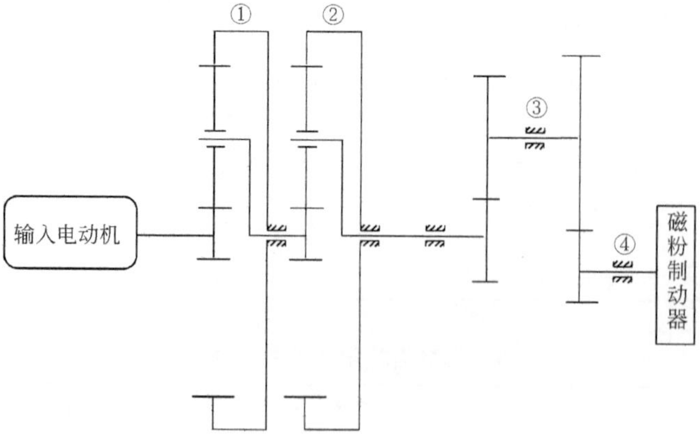

图 4.17　试验台传感器布置

①～④. PCB 加速度传感器

的轴线不对中时，会产生一系列有害的动态效应，如引起机器联轴器偏转、轴承早期损坏、油膜失稳、轴弯曲变形等，导致机器发生异常振动，危害极大。

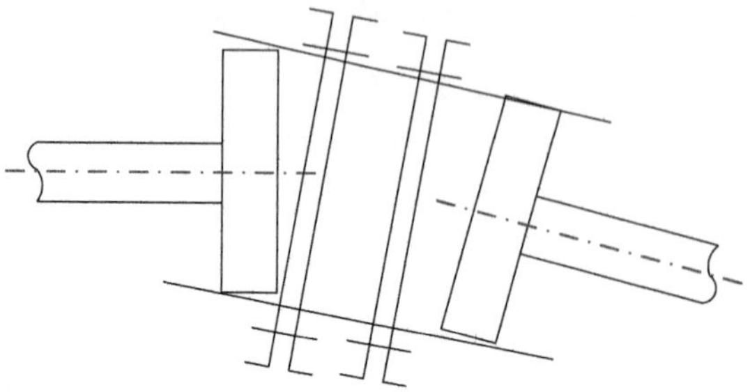

图 4.18　联轴器综合不对中形式

转子不对中，会导致转子的弯曲变形。弯曲变形的转子由于转轴内阻现象以及转轴表面与旋转体内表面之间的摩擦而产生的相对滑动，使转子产生自激旋转振动，而且当主动转子按一定转速旋转时，从动转子的转速会产生周期性变动，每转动一周变动两次，因而其振动频率为转子转动频率的两倍。并且不对中故障产生的激励力会随着转速的升高而加大。

模拟故障时，SQI 试验台行星齿轮箱输入轴与电机轴输入轴没有对中。试验时控制发电机的输入转速按图 4.19 的速度变化来模拟风电信号非平稳的特征。

试验时采样频率为 12 800Hz，由于采样频率过高而计算机内存较小，分析信号时先对信号进行低通滤波并进行 50 倍降采样，那么实际的采样频率为 256Hz，有效的分析带宽为 128Hz。截取布置在行星齿轮箱输入轴端盖上传感器采集到的输入发电机减速时的一段信号进行分析，图 4.20 是截取信号的时域波形和频谱。由于信号的非平稳性，无法直接从频谱中识别出故障的特征。

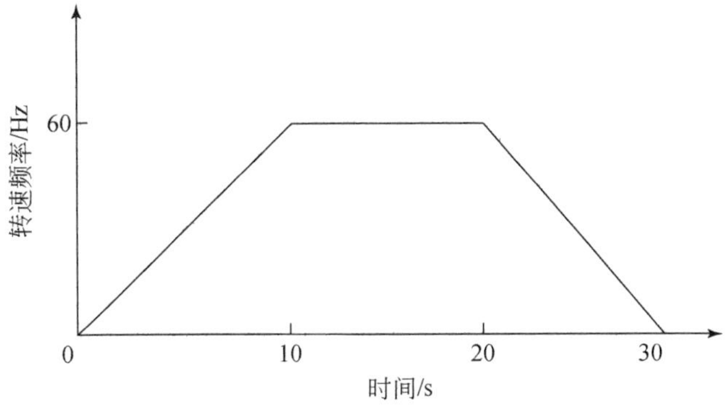

图 4.19　输入电动机的速度变化

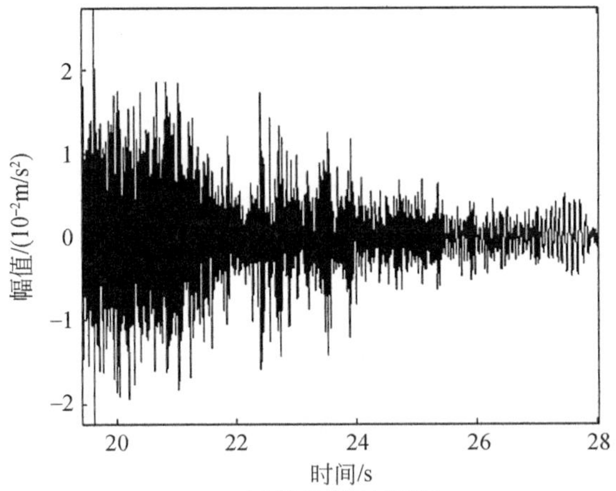

(a)信号的时域波形

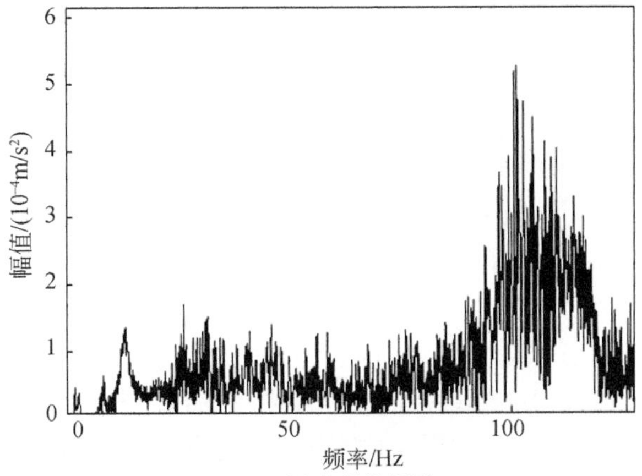

(b)信号的频谱

图 4.20　截取信号的时域波形和频谱

采用基于自适应短时傅里叶变换的同步压缩变换的方法来处理这段信号，得到图 4.21 所示的时频分布。从时频分布上可以看出：在 20～24s 时出现了与电机瞬时输入转频成两倍关系的频率成分，这正是转子不对中的故障特征。并且可以进一步分析在 24s 以后两倍频成分不再明显，这是因为输入转速降低，转子不对中引起的振动冲击幅度下降。由此可以根据时频分布判断该试验台存在转子不对中故障。经过工程师进行转子对中调试，故障排除特征消失。

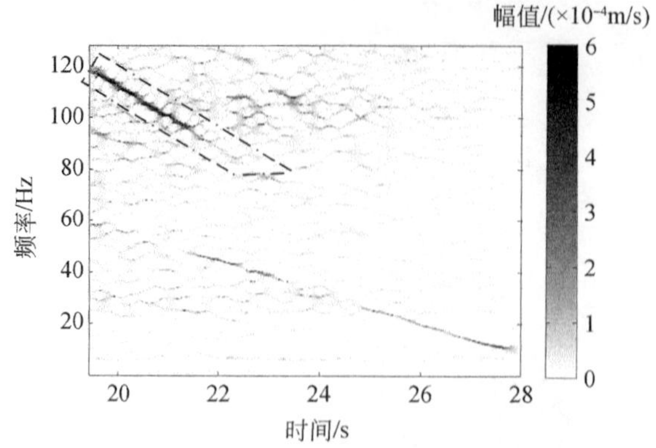

图 4.21　ASTFT＋SST 得到的时频分布

4.3.3　第一级行星齿轮断齿故障

行星齿轮箱的故障诊断是风力发电机故障诊断的难点，并且齿轮箱的故障占到风力发电机故障的 20％以上。在 SQI 试验台上模拟了行星齿轮断齿故障，并分析了故障特征。首先通过铣床切掉第一级行星齿轮的一个齿预置齿轮断齿故障。采用图 4.17 所示的传感器布置形式，采样频率为10 240Hz。输入发电机的转速变化曲线如图 4.19 所示。

分析布置在行星齿轮箱上的传感器的信号，它的时域波形和频谱如图 4.22 所示。从时域波形中可以看到有周期性的冲击成分，并且可以看出信号振动的幅值随着输入电机转速的增大而增大。通过频谱成分的比较，可以初步判断行星齿轮的故障。然而，这里为了模拟风力发电机非平稳运行的工况，电机输入转速有较大范围的变化，从信号频谱的结构中难以准确判别故障的类型。

为了准确判别故障，采用基于自适应短时傅里叶变换的同步压缩变换的方法对该信号进行分析。由于采样频率过高而计算机内存较小，啮合频率较高而调制频率较低，对信号直接降采样处理会使啮合频率超出分析频率范围。所以采用下面的处理方式：先将原信号用 Hilbert 变换进行包络解调；而后，对所得信号进行低通滤波并进行 128 倍降采样，获得采样频率较低的包络信号，如图 4.23 所示；最后，采用时频分析的方法，得到信号调制频率的时频分布，如图 4.24 所示。

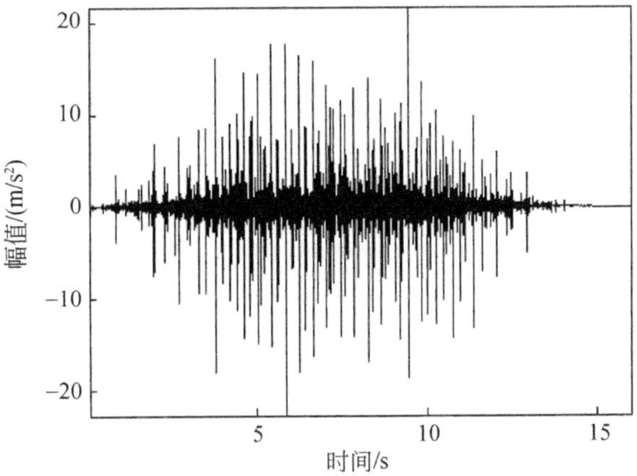

(a)第一级星星齿轮断齿故障时域波形

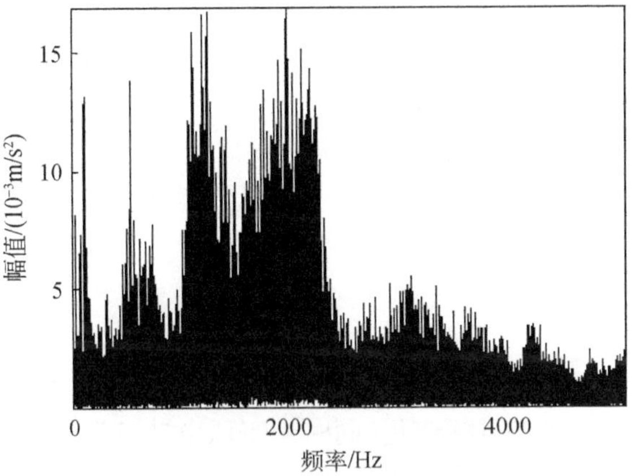

(b)第一级星星齿轮断齿故障频谱

图 4.22　第一级行星轮断齿故障的时域波形和频谱

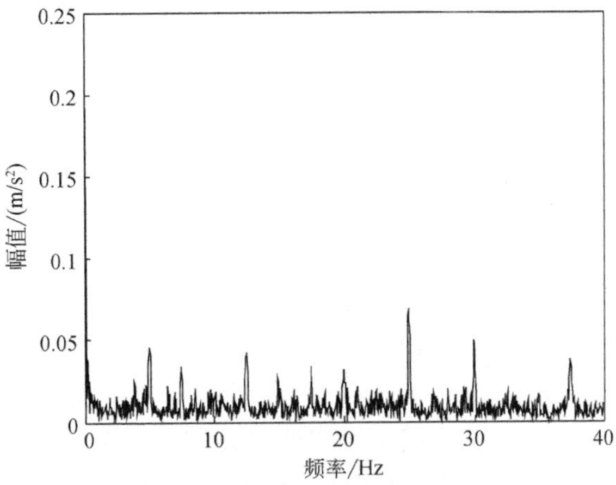

图 4.23　信号的包络谱低频段

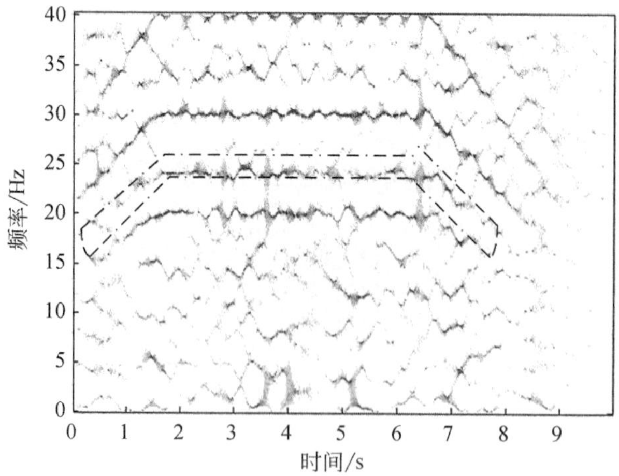

图 4.24　用 LMD+ASTFT 处理得到的调制信号的时频分布

根据表 4.3 可得，当输入轴的转速在 0～30Hz 变化时，第一级行星齿轮局部故障的特征在 0～25Hz 变化。从图 4.24 中可以清楚、准确地看到随输入轴转速变化而变化的故障特征频率，从而诊断出第一级行星齿轮断齿的故障。

4.4　小　　结

风电装备由于受到前端随机风载和后端传递过来的电网冲击，其运行状态一直处于非平稳状态，转速随风载变化，同时由于风电装备复杂的传动系统结构以及后端强烈的电磁噪声干扰，信噪比较低，给故障诊断带来难度。时频分析方法可以在一定程度上实现非平稳信号的有效检测，但鉴于大量干扰噪声的影响，常规的时频分析对噪声干扰的非平稳信号故障特征的提取效果并不总是令人满意。因此，本章介绍了自适应同步压缩变换方法和基于 LMD 的同步压缩变换方法，并将这些方法应用于工程应用中。

(1) 对同步压缩变换方法进行介绍。同步压缩算法作为一种新型的时频分析后处理方法虽然可以起到提高时频分辨率的作用，提高了非平稳信号的检测效果的能力这，但该算法对于突变信号、含噪声较强的信号可操作性较差，给工程实际应用带来不便。

(2) 针对同步压缩变换方法提出自适应短时傅里叶变换的同步压缩变换。深入研究了同步压缩变换及其改进算法的原理与缺陷，并且针对其在转速变化剧烈时时频分辨率不高的缺点，提出了改进方法：针对信号不同的时频变化率，采用不同的时宽，在转速变化剧烈时采用短时窗获得较高的时间分辨率，而在转速变化缓慢时采用宽时窗获得较高的频率分辨率。该方法可以有效地提高突变信号的时频分布分辨率。

(3) 针对同步压缩算法对噪声调节能力不足这一难点，在对噪声与 LMD 方法之间关系分析的基础上，提出基于 LMD 的同步压缩变换方法。该方法利用添加的噪声信号可以改变 LMD 的分解顺序这一特性，通过选择不同的分解层数进行时频分析，从而实现了同步压缩变换方法在强噪声环境下的应用。

参考文献

[1] Flandrin P. Time-frequency/time-scale Analysis. San Diego: Academic Press, 1998: 359—380.

[2] Daubechies I, Lu J, Wu H. Synchrosqueezed wavelet transforms: An empirical mode decomposition like tool. Applied and Computational Harmonic Analysis, 2011, 30 (2): 243—261.

[3] Pei S, Huang S. STFT with adaptive window width based on the chirp rate. Signal Processing, 2012, 60(8): 4065—4080.

[4] 方作为. 风电装备变速运行故障特征提取方法研究[硕士学位论文]. 西安:西安交通大学, 2014.

[5] Guo Y, Fang Z, Chen X. A new improved synchrosqueezing transform based on adaptive short time Fourier transform//Poceedings of 2014 IEEE Far East Forum on Nondestructive Evaluation/Testing: New Technology & Application. Chengdu,China, 2014:329—334.

[6] Chen B,He Z,Chen X,et al. A demodulating approach based on local mean decomposition and its applications in mechanical fault diagnosis. Measurement Science &Technology, 2011,22:055704—055717.

[7] 冯志鹏,褚福磊. 行星齿轮箱齿轮分布式故障振动频谱特征. 中国电机工程学报,2013,33(2):118—125.

第5章　稀疏分解故障诊断方法

稀疏表示理论的诞生为揭示信号的本征或者内在结构在原理和方法上取得了重大的突破。“稀疏”的“疏”是疏而不漏，稀疏表示的目的是既要降低处理信号的成本，又要充分揭示信号的内在结构。

从运行动态信号中提取出故障征兆，是机械故障诊断的必要条件[1]。传统的信号稀疏分解理论是基于正交线性变换，通过将信号展开为一系列同形态基函数线性加权和的形式。在工程实际中，由于机械系统的工作状态复杂，条件多变，影响因素多，故障很难用单一的形态基函数稀疏表示。因此，基于两种或两种以上的不同形态基函数的信号稀疏分解方法应运而生并得到了广泛的应用，其基本思想是用超完备的冗余原子库取代正交的原子库，从而最优地匹配原始信号的结构。从原子库中寻求信号的最佳线性原子组合来表示信号，被称为信号的稀疏分解[2]。

本章首先介绍稀疏表示的基本理论，然后介绍基于逐级正交匹配追踪和形态成分分析的稀疏分解算法，并且和其他的稀疏分解算法进行对比，显示基于逐级正交匹配追踪和形态成分分析的稀疏分解算法对于风电装备多故障耦合的诊断的优越性。最后介绍基于信号振荡属性的稀疏分解算法，通过信号的物理属性构造稀疏分解字典，更能体现信号的本质，并通过数值仿真和试验验证它们的有效性。

5.1　稀疏表示基本理论

从函数逼近的角度来讲，稀疏表示为高度的非线性逼近。信号稀疏表示的一个重要内容就是设计和完善稀疏分解算法。信号稀疏表示中，常用的稀疏分解算法有组合方法、最佳正交基方法、交互投影法、FOCUSS算法、匹配追踪算法和基追踪算法等。信号稀疏表示的另一个重点在于选择何种类型的原子构造原子字典。原子字典的选用和构造应该尽可能地和信号内在结构相匹配，而且过完备字典中的原子应当在时域和频域上同时具有很好的聚集性。

本节首先介绍稀疏表示的基本概念，然后介绍常用的稀疏分解算法，最后介绍常用稀疏字典的构成。

5.1.1　稀疏表示简介

关于稀疏逼近或者稀疏近似的研究甚至可以追溯到 19 世纪 50 年代，统计学家针对子集选择的稀疏近似问题进行了广泛的研究。稀疏表示的思想应用到信号处理领域则是 20 世纪 90 年代的事，Coifman 等[3]、Mallat 等[4]做了重要的工作。1993 年，Mallat 等[4]首次提出了应用过完备原子字典对信号进行分解的思想，并且提出了匹配追踪算法。1998 年，Chen 等[5]系统地阐述了稀疏分解的思想，提出了凸化的稀疏分解框架，并给出了 ℓ_1 范数约束下的基追踪分解(basis pursuit，BP)算法。

由信号的展开理论可知，任意信号 $f \in \mathbf{R}^N$ 都可以表示为字典 $\boldsymbol{\Phi}$ 中一组原子 $(\boldsymbol{\varphi}_\gamma(t))_{\gamma\in\Gamma}$ 的线性组合：

$$f = \sum_{\gamma} \boldsymbol{\alpha}_\gamma \boldsymbol{\varphi}_\gamma \tag{5.1}$$

式中，$\boldsymbol{\alpha}_\gamma \in \mathbf{R}^K$ 为表示系数向量。由于字典 $\boldsymbol{\Phi}$ 是冗余的、过完备的字典，因此信号 f 在字典 $\boldsymbol{\Phi}$ 中有多种可能的表示形式。从稀疏逼近的角度出发，希望在满足式(5.1)的前提下，从各种可能的解中，寻求最稀疏的分解系数，也就等同于求解下面的优化问题：

$$\min \|\boldsymbol{\alpha}\|_0, \quad \text{s.t.} \quad f = \boldsymbol{\Phi}\boldsymbol{\alpha} \tag{5.2}$$

式中，$\|\boldsymbol{\alpha}\|_0 = \{i : \boldsymbol{\alpha}(i) \neq 0\}$ 为表示系数向量 $\boldsymbol{\alpha}$ 中非零项的个数，这是一个非凸函数。然而对于冗余字典 $\boldsymbol{\Phi}$ 来说，这是一个不确定性多项式(nondeterministic polynomial，NP)的非凸优化问题。现实中不存在准确求解此最优化问题的多项式算法，所以我们利用某种稀疏性度量函数 $d(\cdot)$ 来逼近 $\|\cdot\|_0$，这样，式(5.2)的优化问题就变为

$$\min d(\boldsymbol{\alpha}), \quad \text{s.t.} \quad f = \boldsymbol{\Phi}\boldsymbol{\alpha} \tag{5.3}$$

目前使用的稀疏性度量函数主要包括[6,7]：

(1) ℓ_p 范数：

$$d(\boldsymbol{\alpha}) = \sum_{j=1}^{N} |\boldsymbol{\alpha}_j|_p^p, \quad 0 < p \leqslant 1 \tag{5.4}$$

(2) ℓ_2 范数(即欧几里得距离，存在唯一解，不稀疏)：

$$d(\boldsymbol{\alpha}) = \sum_{j=1}^{N} |\boldsymbol{\alpha}_j|_2^2 \tag{5.5}$$

除此之外，对数范数、归一化峰度函数[8]、双曲型函数等[9]也可以用作度量函数。

5.1.2　稀疏分解算法简介

稀疏分解算法是信号稀疏表示的一个非常重要的研究内容。可以看到式(5.3)将求解过完备字典中信号的最优逼近问题转化为按照各自的准则或者代价

函数来求解线性方程组 $\boldsymbol{f}=\boldsymbol{\Phi\alpha}$ 的问题。目前，关于求解方程 $\boldsymbol{f}=\boldsymbol{\Phi\alpha}$ 的方法存在很多种，如框架算法、组合方法、最佳正交基方法、FOCUSS 算法、交互投影法、基追踪算法和匹配追踪算法等。表 5.1 给出了各个算法在稀疏性度量函数、解的稀疏性、速度和精度四方面的比较[10]。

表 5.1 各算法对比[10]

算法	稀疏性度量函数	解的稀疏性	速度	精度
组合方法	ℓ_0	最优	极端慢	非常好
基追踪算法	ℓ_1	非常好	慢	非常好
框架算法	ℓ_2	无稀疏性	最快	差
FOCUSS 算法	ℓ_p	非常好	慢	非常好
最佳正交基方法	次最优或局部最优	好	快	中等
交互投影法	次最优或局部最优	好	快	中等
匹配追踪算法	次最优或局部最优	好	中等	好

下面详细介绍框架算法、匹配追踪算法和基追踪算法。

1. 框架算法

当使用稀疏性度量函数为 ℓ_2 范数时，可以利用框架算法这种整体优化的方法来实现求解[11]。将方程组 $\boldsymbol{f}=\boldsymbol{\Phi\alpha}$ 的解集记为 $\Gamma=\{\boldsymbol{x}\in\mathbf{R}^N \mid \boldsymbol{f}=\boldsymbol{\Phi\alpha}\}$，由于使用稀疏性度量函数为 ℓ_2 范数，可以把优化问题转换为

$$\min\|\boldsymbol{\alpha}\|_2^2,\quad \text{s. t.}\quad \boldsymbol{f}=\boldsymbol{\Phi\alpha} \tag{5.6}$$

通过求解，可以推导出问题的唯一解析解 $\boldsymbol{\alpha}=\boldsymbol{\Phi}^{\mathrm{T}}[\boldsymbol{\Phi\Phi}^{\mathrm{T}}]^{-1}\boldsymbol{f}$。可以发现此唯一的解析解是在解集 Γ 中选择了长度最短的向量，并非是非零解最少的向量，因此唯一的解向量是不稀疏的。

2. 匹配追踪算法

匹配追踪算法实际上是一种典型的贪婪算法，它是一种在局部寻找次最优稀疏解的算法[4,12]。在逼近学领域，它被称为纯贪婪算法；在统计学领域中，它则被称为投影追踪算法[13]。假设过完备字典属于 Hilbert 空间，即 $\boldsymbol{\Phi}\subset H$ 。这样，信号 $\boldsymbol{f}$ 就可以分解为

$$\boldsymbol{f}=\sum_{n=0}^{m-1}\langle R^n\boldsymbol{f},\boldsymbol{\alpha}_{\gamma_n}\rangle\boldsymbol{\alpha}_{\gamma_n}+R^m\boldsymbol{f} \tag{5.7}$$

并且有

$$\|\boldsymbol{f}\|^2=\left\|\sum_{n=0}^{m-1}\langle R^n\boldsymbol{f},\boldsymbol{\alpha}_{\gamma_n}\rangle\boldsymbol{\alpha}_{\gamma_n}\right\|^2+\|R^m\boldsymbol{f}\|^2 \tag{5.8}$$

式中，$R^m f$ 是第 m 次迭代后得到的残差信号；$\boldsymbol{\alpha}_{\gamma_n}$ 为第 n 次迭代后得到的匹配原子，其相互之间满足：

$$|\langle R^n \boldsymbol{f}, \boldsymbol{\alpha}_{\gamma_n} \rangle| \geqslant \boldsymbol{\alpha} \sup_{\gamma \in \Gamma} |\langle R^n \boldsymbol{f}, \boldsymbol{\alpha}_{\gamma_n} \rangle|, \quad 0 < \boldsymbol{\alpha} < 1 \tag{5.9}$$

匹配追踪算法是一个连续迭代的过程，每次迭代的过程都是在过完备字典中寻找与残差信号 $R^m f$ 相关性较大的原子。Mallat 等[4]证明了每步匹配的原子 $\boldsymbol{\alpha}_{\gamma_n}$ 满足式(5.8)时，$\| R^m f \|^2$ 的能量将按指数规律收敛。

如上所述，信号在已选匹配原子集合上的投影是非正交的，所以每次迭代的结果并不是最优的，收敛需要很多次的迭代。正交匹配追踪(orthogonal match pursuit，OMP)算法通过递归地对已匹配的原子集合进行正交化，有效地克服了 MP 算法收敛速度慢的问题。但是正交匹配追踪算法存在不能对所有的信号进行精确重建，正交化过程引入新的计算复杂度和对测量矩阵的要求高于约束等距性等缺点。下面给出正交匹配追踪算法的主要步骤：

(1) 任务：近似求解 (P_0) 问题：$\min_{\boldsymbol{\alpha}} \|\boldsymbol{\alpha}\|_0, \quad \text{s.t.} \quad f = \boldsymbol{\Phi\alpha}$。

(2) 参数：给定字典 $\boldsymbol{\Phi}$，信号 f 和误差阈值 ε_0。

(3) 初始化：初始设置 $k=0$，并设置：

① 初始解：$\boldsymbol{\alpha}^{(0)} = 0$。

② 初始残差：$\boldsymbol{r}^{(0)} = \boldsymbol{f} - \boldsymbol{\Phi\alpha}^{(0)} = \boldsymbol{f}$。

③ 初始解的支撑集：$S^0 = \text{support}\{\boldsymbol{\alpha}^{(0)}\} = \boldsymbol{\Phi}$。

(4) 主要迭代：每次 $k+1$，并执行下列步骤：

① 扫描：对所有的 j，利用优化的参数选择 $z_j^* = \boldsymbol{\Phi}_j^{\mathrm{T}} \boldsymbol{r}^{(k-1)} / \|\boldsymbol{\Phi}_j\|_2^2$ 去计算误差 $\varepsilon(j) = \min_{z_j} \|\boldsymbol{\Phi}_j z_j^* - \boldsymbol{r}^{(k-1)}\|_2^2$。

② 更新支撑集：确定 $\varepsilon(j)$ 取最小值得点 j_0，$\forall j \notin S^{k-1}$，$\varepsilon(j_0) \leqslant \varepsilon(j)$，并更新支撑集 $S^k = S^{k-1} \cup \{j_0\}$。

③ 更新临时解：在支撑集 $\text{support}\{\boldsymbol{\alpha}\} = S^k$ 条件下，计算使得 $\|\boldsymbol{\Phi\alpha} - \boldsymbol{f}\|_2^2$ 最小化的值 $\boldsymbol{\alpha}^k$。

④ 更新残差：计算 $\boldsymbol{r}^k = \boldsymbol{f} - \boldsymbol{\Phi\alpha}^k$。

⑤ 停止条件：如果 $\|\boldsymbol{r}^k\|_2 \leqslant \varepsilon_0$，停止迭代。否则继续迭代。

(5) 输出：在 k 次迭代后获得的最优解 $\boldsymbol{\alpha}^k$。

2006 年，Donoho 等[14]进一步提出了逐级正交匹配追踪算法，将正交匹配追踪算法进行了一定程度的简化，大大提高了计算的精度，在解决大规模信号处理问题时有很大的吸引力。在 5.2 节基于逐级正交匹配追踪和形态成分分析的稀疏分解算法中将详细说明。

3. 基追踪算法

Chen 等[5]提出了采用 ℓ_1 范数作为稀疏性度量函数，把 NP 问题转化为凸规划

问题,提出了基追踪算法来求解稀疏解。利用 ℓ_1 范数的定义,可以把优化问题表示为

$$\min \|\boldsymbol{\alpha}\|_1, \quad \text{s.t.} \quad \boldsymbol{f} = \boldsymbol{\Phi\alpha} \tag{5.10}$$

由于 ℓ_1 范数是凸空间中距离 ℓ_0 范数最近的凸函数,所以式(5.10)的解具有一定的稀疏性。

令 $\boldsymbol{H} = [\boldsymbol{\Phi}, -\boldsymbol{\Phi}]$,$\boldsymbol{W} = [\boldsymbol{\alpha}^+;\boldsymbol{\alpha}^-]$,其中 $\boldsymbol{\alpha}^+ = [\alpha_1^+,\alpha_2^+,\cdots,\alpha_N^+]^{\mathrm{T}}$,$\boldsymbol{\alpha}^- = [\alpha_1^-,\alpha_2^-,\cdots,\alpha_N^-]^{\mathrm{T}}$,$\alpha_i^+,\alpha_i^- \geqslant 0$ 分别表示 $\boldsymbol{\alpha}_i$ 的正部和负部,从而可以有 $\boldsymbol{\alpha} = \boldsymbol{\alpha}^+ + \boldsymbol{\alpha}^-$,$\|\boldsymbol{\alpha}\|_1 = I^{\mathrm{T}}\boldsymbol{W}$,其中 $I = [1,1,\cdots,1]^{\mathrm{T}}$ 表示为全 1 的列向量,通过上述的定义,可以把式(5.10)写成

$$\min \boldsymbol{I}^{\mathrm{T}}\boldsymbol{W}, \quad \text{s.t.} \quad \begin{cases} \boldsymbol{HW} = \boldsymbol{f} \\ \boldsymbol{W} \geqslant 0 \end{cases} \tag{5.11}$$

式(5.11)为标准的线性规划模型。

5.1.3 稀疏字典构成

信号的稀疏表示涉及字典的选取,字典就是一组用于分解信号的基本单元或者说是原子。理论上说每个信号都可以被独一无二地表示为字典中原子的线性组合[15]。

对于 M 维矢量空间 $\boldsymbol{F}$,空间里的任意一个矢量 $\boldsymbol{X} \in \boldsymbol{F}$,都可以通过一组矢量 $\boldsymbol{\Phi} = \{\boldsymbol{\varphi}_i\}_{i=1}^N$,$N \geqslant M$ 的线性组合来表示,其表示形式为

$$\boldsymbol{X} = \boldsymbol{\Phi\alpha} = [\boldsymbol{\varphi}_1, \boldsymbol{\varphi}_2, \cdots, \boldsymbol{\varphi}_N] \begin{bmatrix} \alpha_1 \\ \alpha_2 \\ \vdots \\ \alpha_N \end{bmatrix} = \sum_{i=1}^N \alpha_i \boldsymbol{\varphi}_i \tag{5.12}$$

式中,展开系数 $\alpha_i = \langle \boldsymbol{X}, \boldsymbol{\varphi}_i \rangle$ 是矢量 $\boldsymbol{X}$ 在字典各原子 φ_i 上的投影系数,其中矩阵 $\boldsymbol{\Phi}$ 为合成矩阵,通常对应的合成矢量是完备的正交基,即矢量之间线性无关。

当向量组 $\boldsymbol{\varphi}_i$ 之间不是线性无关的时候,并且合成矩阵 $\boldsymbol{\Phi}$ 的列数远远大于它的行数时,向量组 $\boldsymbol{\varphi}_i$ 组成一个过完备集 $\boldsymbol{\Phi} = \{\boldsymbol{\varphi}_i\}_{i=1}^N$,通常称之为字典。矩阵 $\boldsymbol{\Phi}$ 是一个扁矩阵,所以求解 α 得过程是一个欠定问题,正是因为这种欠定性,使得信号的稀疏表示成为可能。

在最简单的实例中,字典是正交的,并且表示系数可以用信号和原子的内积来计算,这种字典叫做正交基字典,常用的正交基有傅里叶变换基、小波变换基等;在不正交的时候,系数是信号与字典中原子的逆的内积,这种字典也被叫做双正交基字典,常用的双正交基有双正交小波基等。这些字典由于它的简易性一度被广泛使用,但是由于这些字典的表示能力有限,就促进了过完备冗余字典的发展。过完

备字典的原子多于信号的维度,因此能表示更宽范围的信号现象。

选择一个合适的过完备字典对于是否能够进行稀疏分解有着举足轻重的作用。通过基于两种方式选择过完备字典:第一种是预先构造好过完备原子字典,这种字典根据特定信号分析的需要而提出,能够较好的描述非平稳信号的时变特性,如 Gabor 字典、Thirplet 字典以及 Dopperlet 字典等。下面简要介绍 Gabor 原子字典的构成。

Gabor 原子字典是由 Gabor 基、δ 函数和复正弦基构成的,由 Mallat 等[4]提出的过完备原子字典的基本定义为

$$g_\gamma = \frac{1}{\sqrt{s}} g\left(\frac{t-u}{s}\right)\exp(\mathrm{i}\xi t) \tag{5.13}$$

式中,$g(t)=\exp(-\pi t^2)$ 为高斯窗函数;$\gamma=(s,u,\xi)$ 为原子参数;s 为尺度因子;u 为位移因子;ξ 为频率因子。

Gabor 具有最好的时频聚集性,但是它采用的时频原子的频率不随时间变化,原子对时频平面的划分方式属于一种格型的分割。

上述的预先构造好的过完备字典具有固定的结构,一般能通过快速的数学算法得到一定程度上的稀疏表示,但是由于形式的相对固定,其适应性也较差,也就是对于信号的分析局限性比较大。这时,第二种选择过完备冗余字典的方法——基于数据训练学习就应运而生了。数据训练的算法有最优化方向(method of optimal direction,MOD)算法、K-奇异值分解(K-singular value decomposition,K-SVD)算法和广义主成分分析(generalized principal component analysis,GPCA)算法等。下面给出 MOD 字典学习算法[16]的主要步骤:

(1) 任务:通过近似求解式 $\min\limits_{\boldsymbol{\Phi},\{\partial_i\}_{i=1}^M} \sum\limits_{i=1}^M \|\boldsymbol{f}_i - \boldsymbol{\Phi}\boldsymbol{\alpha}_i\|$, s. t. $\|\boldsymbol{\alpha}_i\|_0 \leqslant k_0, 1 \leqslant i \leqslant M$ 问题的解,来训练可以稀疏表示的数据 $\{f_i\}_{i=1}^M$ 的字典 $\boldsymbol{\Phi}$。

(2) 初始化:初始设置 $k=0$,并设置:

① 初始化字典:构造 $\boldsymbol{\Phi}_{(0)} \in \mathbf{R}^{n\times m}$,可以使用随机元素,也可以使用 m 个随机选择的样本。

② 归一化:将 $\boldsymbol{\Phi}_{(0)}$ 的各列归一化。

③ 初始解的支撑集:$S^0=\mathrm{support}\{\boldsymbol{\alpha}^0\} = \boldsymbol{\Phi}$。

(3) 主要迭代:每次 $k+1$,并执行下列步骤:

① 稀疏编码阶段:使用追踪算法近似求解,即

$$\hat{\boldsymbol{\alpha}}_i = \arg\min_{\boldsymbol{\alpha}} \|\boldsymbol{f}_i - \boldsymbol{\Phi}_{(k-1)}\boldsymbol{\alpha}\|_2^2, \quad \text{s. t.} \quad \|\boldsymbol{\alpha}\|_0 \leqslant k_0$$

得到稀疏表示 $\hat{\boldsymbol{\alpha}}_i(1\leqslant i \leqslant M)$,它们构造矩阵 $\boldsymbol{A}_{(k)}$。

② MOD 字典更新阶段:利用公式更新字典,即

$$\boldsymbol{\Phi}_{(k)} = \arg\min_{\boldsymbol{\Phi}} \| \boldsymbol{f} - \boldsymbol{\Phi}\boldsymbol{A}_{(k)} \|_P^2 = \boldsymbol{f}\boldsymbol{A}_{(k)}^{\mathrm{T}}(\boldsymbol{A}_{(k)}\boldsymbol{A}_{(k)}^{\mathrm{T}})^{-1}$$

③ 停止条件：如果 $\| \boldsymbol{f} - \boldsymbol{\Phi}\boldsymbol{A}_{(k)} \|_P^2$ 的改变足够小，停止迭代。否则继续迭代。

(4) 输出：在 k 次迭代后得到结果 $\boldsymbol{\Phi}_{(k)}$ 。

5.2 基于逐级正交匹配追踪和形态成分分析的稀疏分解算法

正如 5.1 节中所述，实现数据稀疏的算法有多种，如框架算法、组合方法、最佳正交基方法、FOCUSS 算法、交互投影法、基追踪算法和匹配追踪算法等，但是由于上述算法所采用的字典比较单一，而风电装备故障振动信号往往存在不同形态的成分的耦合，即所谓的多故障耦合，所以采用上述方法处理振动信号时仅仅能起到降噪效果，并不能将不同形态的成分分离开。本节将介绍一种用于多故障诊断的基于逐级正交匹配追踪和形态成分分析的稀疏分解算法。

5.2.1 基于形态成分分析的稀疏分解原理

形态成分分析是 Starck 等[17]提出的一种基于冗余字典稀疏表示的信号分离方法。所谓“形态”指的是形态上的可分辨，如谐波成分和冲击成分等。最初用于图像的分离，可将图像按照形态学成分的不同分为光滑成分和纹理成分。该方法的核心思想是认为复杂信号中的每一个子成分都能在一个冗余字典中稀疏表示，且这个冗余字典对于其余的信号成分无法稀疏表示。

假设信号 $\boldsymbol{f} \in \mathbf{R}^N$ 由 K 个不同形态的成分线性叠加而成，即 $\boldsymbol{f} = \sum_{k=1}^{K} \boldsymbol{f}_k$ ，那么形态学成分分析的模型是建立在以下两个假设的基础上的：

(1) 对于给定信号 $\boldsymbol{f}$ 中的每一个组成成分 $\boldsymbol{f}_k$，分别存在一个超完备字典 $\boldsymbol{\varphi}_k \in \boldsymbol{M}^{N \times L_k}, L_k \geqslant N$ ，使得式(5.14)可以获得一个稀疏解（即 $\| \boldsymbol{\alpha}_k^{\mathrm{opt}} \|_0$ 很小），实际上是对信号的组分 $\boldsymbol{f}_k$ 进行超完备稀疏分解，得到稀疏系数 $\boldsymbol{\alpha}_k$ 。

$$\boldsymbol{\alpha}_k^{\mathrm{opt}} = \arg\min_{\boldsymbol{\alpha}_k} \| \boldsymbol{\alpha}_k \|_0, \quad \mathrm{s.t.} \quad \boldsymbol{f}_k = \boldsymbol{\varphi}_k \boldsymbol{\alpha}_k \tag{5.14}$$

(2) 对于任意的 $l \neq k$ ，使得式(5.15)的求解不存在很稀疏的解，即成分 $\boldsymbol{f}_l$ 在字典 $\boldsymbol{\varphi}_k$ 下的超完备分解是不稀疏的，也就是说每两个成分之间的相关度是比较低的，这样就保证了不同形态之间的分离度。

$$\boldsymbol{\alpha}_l^{\mathrm{opt}} = \arg\min_{\boldsymbol{\alpha}_k} \| \boldsymbol{\alpha}_l \|_0, \quad \mathrm{s.t.} \quad \boldsymbol{f}_l = \boldsymbol{\varphi}_k \boldsymbol{\alpha}_l \tag{5.15}$$

基于以上的假设，信号的稀疏分解问题可以看作式(5.16)的求解问题：

$$\{\boldsymbol{\alpha}_1^{\text{opt}},\cdots,\boldsymbol{\alpha}_K^{\text{opt}}\}=\arg\min_{\boldsymbol{\alpha}_1,\cdots,\boldsymbol{\alpha}_K}\sum_{k=1}^{K}\|\boldsymbol{\alpha}_k\|_0,\quad \text{s. t.}\quad \boldsymbol{f}=\sum_{k=1}^{K}\boldsymbol{\varphi}_k\boldsymbol{\alpha}_k \tag{5.16}$$

式(5.16)的求解问题属于 NP 问题,根据基追踪思想将其转换为式(5.16)的凸优化问题。进而转化为式(5.18)的无约束优化问题:

$$\{\boldsymbol{\alpha}_1^{\text{opt}},\cdots,\boldsymbol{\alpha}_K^{\text{opt}}\}=\arg\min_{\boldsymbol{\alpha}_1,\cdots,\boldsymbol{\alpha}_K}\sum_{k=1}^{K}\|\boldsymbol{\alpha}_k\|_1,\quad \text{s. t.}\quad \boldsymbol{f}=\sum_{k=1}^{K}\boldsymbol{\varphi}_k\boldsymbol{\alpha}_k \tag{5.17}$$

$$\{\boldsymbol{\alpha}_1^{\text{opt}},\cdots,\boldsymbol{\alpha}_K^{\text{opt}}\}=\arg\min_{\boldsymbol{\alpha}_1,\cdots,\boldsymbol{\alpha}_K}\sum_{k=1}^{K}\|\boldsymbol{\alpha}_k\|_1+\lambda\left\|\boldsymbol{f}-\sum_{k=1}^{K}\boldsymbol{\varphi}_k\boldsymbol{\alpha}_k\right\|_2^2 \tag{5.18}$$

式(5.18)的无约束问题等价于式(5.19):

$$\{\boldsymbol{f}_1^{\text{opt}},\cdots,\boldsymbol{f}_K^{\text{opt}}\}=\arg\min_{f_1,\cdots,f_K}\sum_{k=1}^{K}\|T_k\boldsymbol{f}_k\|_1+\lambda\left\|\boldsymbol{f}-\sum_{k=1}^{K}\boldsymbol{f}_k\right\|_2^2 \tag{5.19}$$

下面给出基于块坐标松弛(block chaotic relaxation,BCR)和形态成分分析的稀疏分解算法的主要步骤[18]:

(1) 任务:信号 $\boldsymbol{f}$ 的分解。

(2) 参数:信号为 $\boldsymbol{f}$,字典为 $\boldsymbol{\Phi}=[\boldsymbol{\Phi}_1,\cdots,\boldsymbol{\Phi}_K]$,迭代的次数 N_{iter},终止的阈值 $\lambda_{\min}$,阈值更新时间表。

(3) 初始化:

① 初始化解:$\boldsymbol{f}_k^{(0)}=0,\forall k$。

② 初始残值:$\boldsymbol{r}^{(0)}=\boldsymbol{f}$。

③ 初始阈值:$k^*=\max_k\|\boldsymbol{\Phi}_k^{\mathrm{T}}\boldsymbol{y}\|_\infty,\lambda^{(0)}=\max_{k\neq k^*}\|\boldsymbol{\Phi}_k^{\mathrm{T}}\boldsymbol{y}\|_\infty$

(4) 主要迭代:每次 $t+1$ 直到 $t=N_{\text{iter}}$,并执行下列步骤:

K 次迭代:每次 $k+1$ 直到 $k=K$,并执行下列步骤:

① 计算边界残值:$\boldsymbol{r}_k^{(t)}=\boldsymbol{r}^{(t-1)}+\boldsymbol{f}_k$。

② 通过阈值更新第 k 个分量系数:$\boldsymbol{\alpha}_k^{(t)}=\text{TH}_{\lambda^{(t-1)}}(\boldsymbol{\Phi}_k^{\mathrm{T}}\boldsymbol{r}_k^t)$

③ 更新第 k 个分量:$\boldsymbol{f}_k^{(t)}=\boldsymbol{\Phi}_k\boldsymbol{\alpha}_k^{(t)}$。

更新残值:$\boldsymbol{r}^{(t+1)}=\boldsymbol{f}-\sum_{k=1}^{K}\boldsymbol{f}_k^{(t)}$。

更新阈值:根据给定的时间表更新阈值 $\lambda^{(t)}$。

终止循环条件:当 $\lambda^{(t)}\leqslant\lambda_{\min}$ 时,终止循环。

(5) 输出:输出形态分量 $(\boldsymbol{f}_k^{N_{\text{iter}}})_{k=1,\cdots,K^*}$。

5.2.2　基于逐级正交匹配追踪的稀疏分解算法

上述给出的实现形态成分分析的算法计算复杂度高,而且对噪声比较敏感。由 Donoho 等提出的逐级正交匹配追踪算法可以有效地解决这些问题,它有以下三方面的优势:通过软阈值迭代,它在每一步迭代可以匹配出多个稀疏系数,只需要固定的迭代级数(可以远小于稀疏度)就已经收敛;逐级正交匹配追踪算法计算速度比上述算法快;逐级正交匹配追踪算法在统计学理论基础之上建立了两种阈值筛选准则,具有很好的降噪效果。逐级正交匹配追踪算法主要步骤如下:

(1) 任务:求解稀疏系数 $\boldsymbol{\alpha}$ 。

(2) 参数:信号为 $\boldsymbol{f}$,字典为 $\boldsymbol{\Phi}=[\boldsymbol{\Phi}_1,\cdots,\boldsymbol{\Phi}_K]$,迭代的次数 S ,终止的阈值 $r_{\min}$。

(3) 初始化:

① 初始化解:$\boldsymbol{x}_0=0$ 。

② 初始残值:$\boldsymbol{r}^{(0)}=\boldsymbol{f}$ 。

(4) 主要迭代:每次 $s+1$ 直到 $s=S$,并执行下列步骤:

① 残量匹配滤波:得到滤波系数 $\boldsymbol{\alpha}_s=\boldsymbol{\Phi}^{\mathrm{T}}\boldsymbol{r}_{s-1}$,$\boldsymbol{\alpha}_s$ 包含少数系数较大的非零元和高斯噪声。

② 阈值处理:$J_s=\{j:|\boldsymbol{\alpha}_s(j)>t_s\sigma_s|\}$,其中 σ_s 为噪声水平,t_s 为阈值参数。

③ 支撑集合并:$I_s=I_{s-1}\cup J_s$ 。

④ 最小二乘处理:在支撑集 I_s 上对信号 f 做最小二乘处理,$(\boldsymbol{x}_s)_{I_s}=(\boldsymbol{\Phi}_{I_s}^{\mathrm{T}}\boldsymbol{\Phi}_{I_s})^{-1}\boldsymbol{\Phi}_{I_s}^{\mathrm{T}}f$。

⑤ 更新残量:$\boldsymbol{r}_s=\boldsymbol{f}-\boldsymbol{\Phi}\boldsymbol{x}_s$。

⑥ 终止循环条件:当 $\boldsymbol{r}_s\leqslant\boldsymbol{r}_{\min}$ 时,终止循环。

(5) 输出:输出稀疏系数 $\boldsymbol{\alpha}$ 。

逐级正交匹配追踪算法的简要流程图如图 5.1 所示。

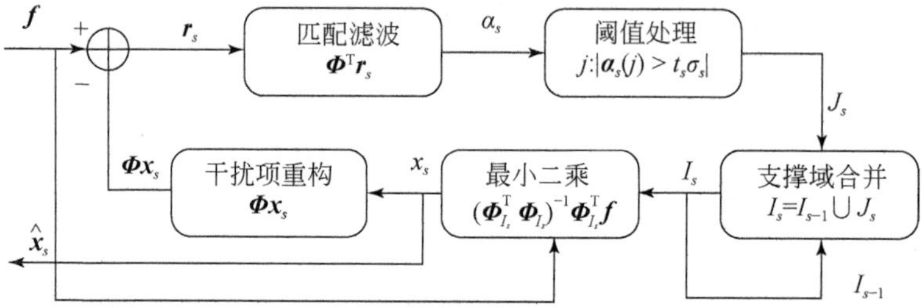

图 5.1 逐级正交匹配追踪算法简图

5.2.3 基于逐级正交匹配追踪和形态成分分析的稀疏分解算法

从现场采集得到的风力发电机齿轮箱振动信号往往噪声干扰严重,5.2.1 节阐述的信号的形态成分分析算法在强噪声干扰下对信号的恢复能力比较差,基于逐级正交匹配追踪的形态成分分析法有效地解决了这个问题,用逐级正交匹配追踪算法直接求解形态成分分析算法中 ℓ_0 范数下的优化问题,消除了由于 ℓ_1 范数松弛导致的误差。同时，该算法利用了基于统计学原理提出了两种阈值筛选准则，抗噪能力较强，因此对强噪声干扰下的信号具有更好的恢复能力。该方法流程如图 5.2 所示，可以归纳为以下步骤：

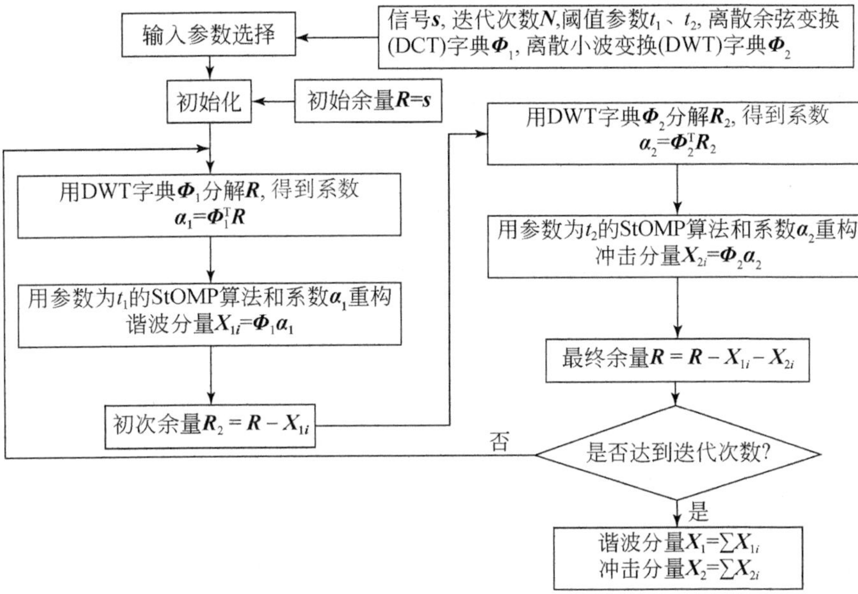

图 5.2　基于逐级正交匹配追踪和形态成分分析的稀疏分解算法流程图

(1) 任务：求解信号分解和稀疏系数 α 。

(2) 参数：信号为 $\boldsymbol{f}$，字典为 $\boldsymbol{\Phi}=[\boldsymbol{\Phi}_1,\cdots,\boldsymbol{\Phi}_K]$，迭代的次数 S，终止的阈值 $r_{\min}$。

(3) 初始化：

① 初始化解：$\boldsymbol{f}_k^{(0)}=0,\forall k$ 。

② 初始残值：$\boldsymbol{r}^{(0)}=\boldsymbol{f}$ 。

(4) 主要迭代：每次 $t+1$ 直到 $t=S$，并执行下列步骤：

K 次迭代：每次 $k+1$ 直到 $k=K$，并执行下列步骤：

① 计算残值：$\boldsymbol{r}_k^{(t)}=\boldsymbol{r}^{(t)}+\boldsymbol{f}_{k-1}^{(t)}$ 。

② 计算稀疏系数系数：$\boldsymbol{r}_k^{(t)}$ 在 $\boldsymbol{\Phi}_k$ 字典分解得到稀疏系数 $\boldsymbol{\alpha}_k^{(t)}=\boldsymbol{\Phi}_k^{\mathrm{T}}\boldsymbol{r}_k^{(t)}$ 。

③ 更新第 k 个分量：用参数为 t_k 的逐级正交匹配追踪算法重构 $\boldsymbol{f}_k^{(t)}=\boldsymbol{\Phi}_k\boldsymbol{\alpha}_k^{(t)}$ 。

更新残值：$\boldsymbol{r}^{(t+1)}=\boldsymbol{f}-\sum_{k=1}^{K}\boldsymbol{f}_k^{(t)}$ 。

终止循环条件：当 $\boldsymbol{r}^{(t+1)}\leqslant r_{\min}$ 时，终止循环。

(5) 输出：输出稀疏系数 $\boldsymbol{\alpha}$, $\boldsymbol{f}_1 = \sum_{t=1}^{L} \boldsymbol{f}_1^{(t)}, \cdots, \boldsymbol{f}_k = \sum_{t=1}^{L} \boldsymbol{f}_k^{(t)}$ 。

一般故障信号往往以冲击衰减的形态存在，而齿轮箱中的轮齿啮合，轴转动等信息以谐波成分存在。因此信号一般含有谐波成分和冲击成分两种不同的形态，可以选取离散余弦变换(discrete cosine transform，DCT)字典和离散小波变换(discrete wavelet transform，DWT)字典来分别稀疏表示。离散余弦变换只能对谐波成分稀疏表示，而对冲击成分不能得到很稀疏的表示；同时在合适的小波基下，离散小波变换也只能对冲击成分稀疏表示而对谐波成分得不到很稀疏的表示。上述特性满足了形态成分分析方法的两条假设。这就为形态成分分析方法提取风电装备中的复杂耦合故障特征奠定了基础。

5.2.4 基于逐级正交匹配追踪的稀疏分解算法仿真分析

对于给定如下的由谐波和冲击两部分构成的信号 $x(t)$ ，$x(t)$ 由式(5.20)中的两部分叠加而来，式中，$g = 0.1, f_n = 3000, t_0 = 0 : \frac{1}{1024} : \frac{200}{1024}, t = 0 : \frac{1}{1024} : \frac{1023}{1024}$ 。将第一部分重复5次叠加至第二部分，获得无噪的仿真信号 $x(t)$ ，而含噪信号则是在 $x(t)$ 的基础上叠加幅值为0.6的随机噪声。采用5.2.1节阐述的基于块坐标松弛重构形态成分分析的稀疏分解算法和5.2.2节阐述的基于逐级正交匹配追踪和形态成分分析的稀疏分解算法处理之后进行对比，两种方法均采用离散余弦变换字典提取谐波成分，离散小波变换字典提取冲击成分，迭代次数均为20次。

$$\begin{cases} part1 = 3\exp(-2\pi g f_n t)\sin(2\pi f_n t_0 \sqrt{1-g^2}) \\ part2 = 3\cos(200\pi t + 1.5\pi) \end{cases} \tag{5.20}$$

通过图5.3和图5.4无噪条件下的对比可以看出，利用基于块坐标松弛和形态成分分析的稀疏分解算法在迭代20次时分解效果不甚理想，在提取出来的谐波成分里面仍然存在冲击成分，没有完全分解开，提取出来的冲击成分也仍然存在谐波调制；而基于逐级正交匹配追踪的稀疏分解算法在同样的迭代次数之后，效果相对较为理想。在图5.5和图5.6的含噪条件下，基于块坐标松弛和形态成分分析的稀疏分解算法基本无法提取冲击，而基于逐级正交匹配追踪的稀疏分解算法却能较好地提取冲击。

5.2.5 基于逐级正交匹配追踪的稀疏分解算法试验验证

为了验证5.2.2节和5.2.3节中提出的基于逐级正交匹配追踪的稀疏分解算法，在自行搭建的风电装备增速传动系统故障模拟试验台上预置齿轮点蚀故障，该试验台参数如表5.2所示。

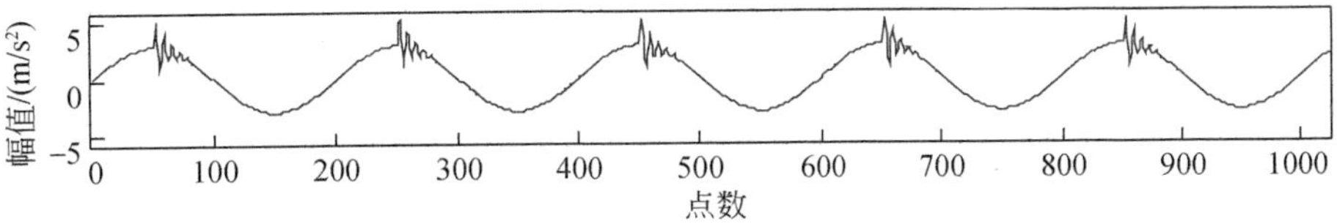

(a)原始信号

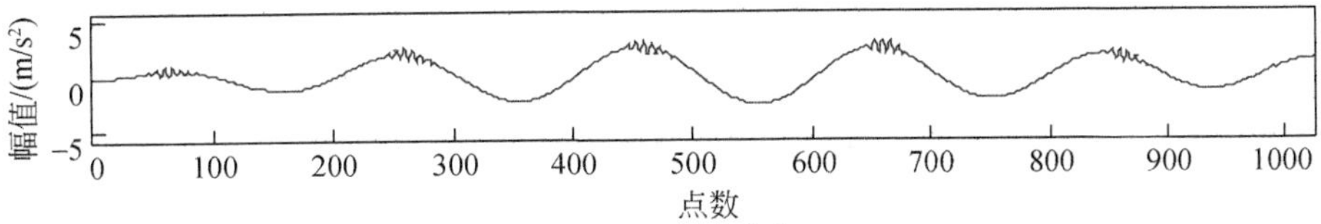

(b)谐波成分

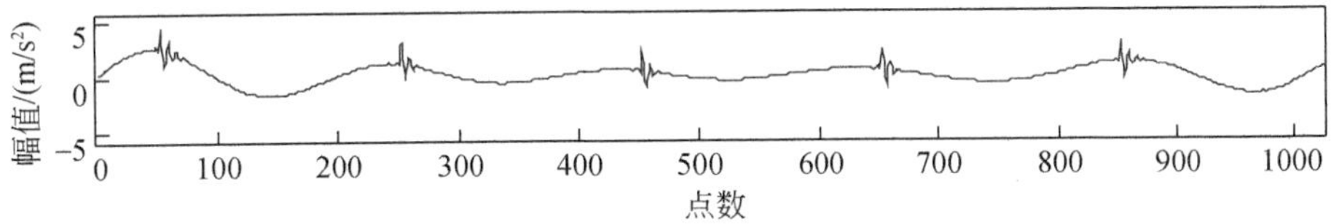

(c)冲击成分

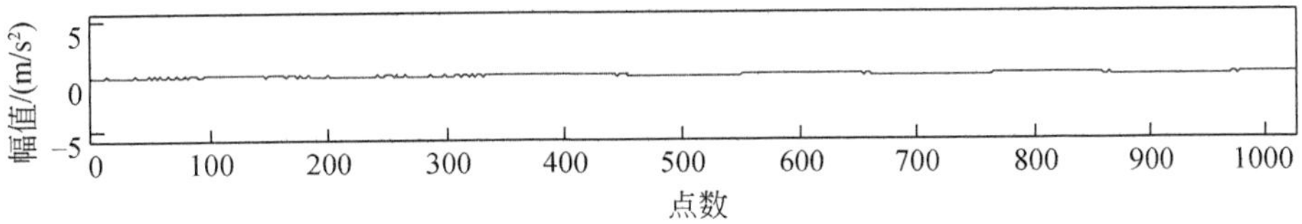

(d)余量

图 5.3　无噪条件下基于块坐标松弛重构形态成分分析的稀疏分解算法仿真

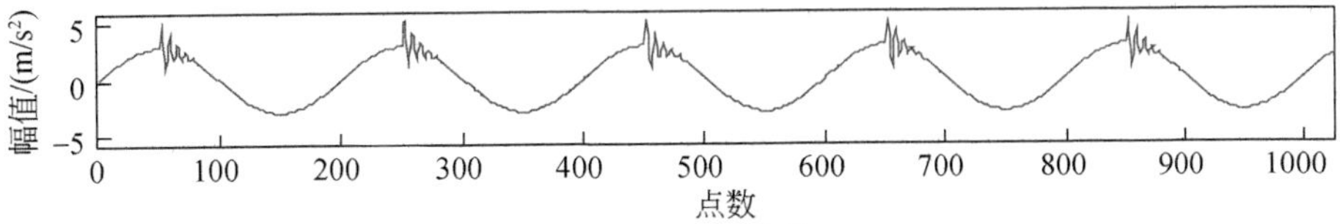

(a)原始信号

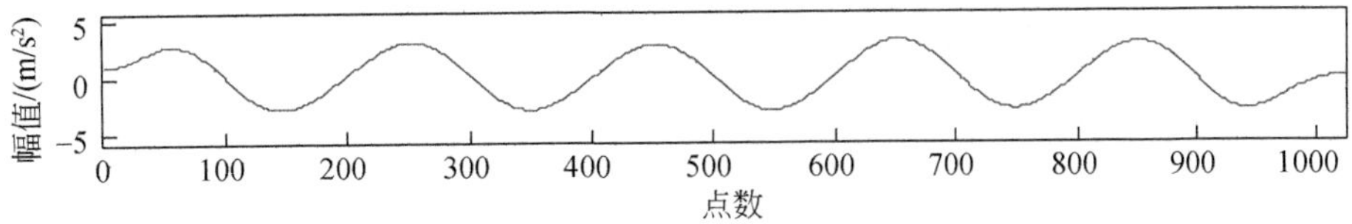

(b)谐波成分

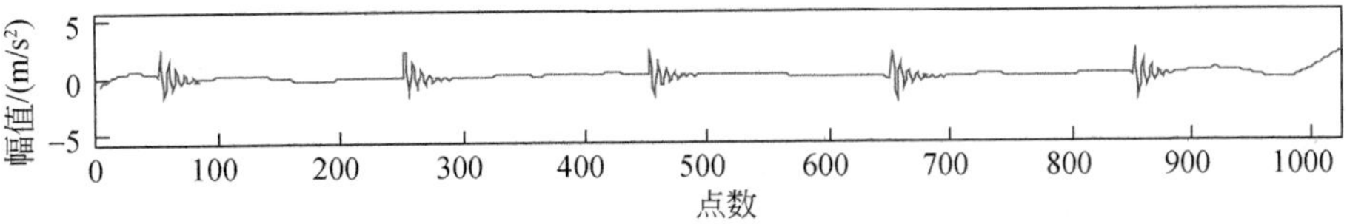

(c)冲击成分

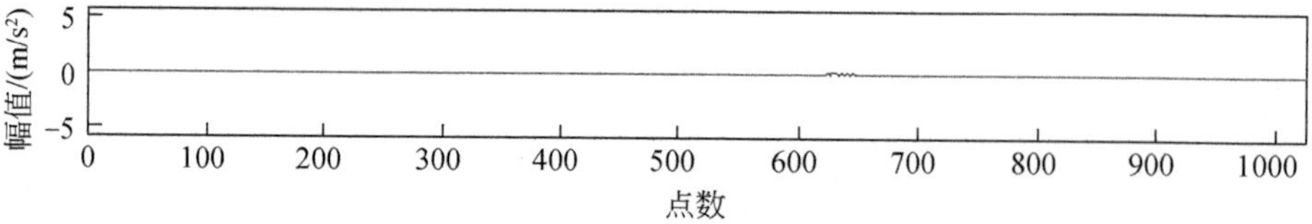

(d) 余量

图 5.4 无噪条件下基于逐级正交匹配追踪的稀疏分解算法仿真

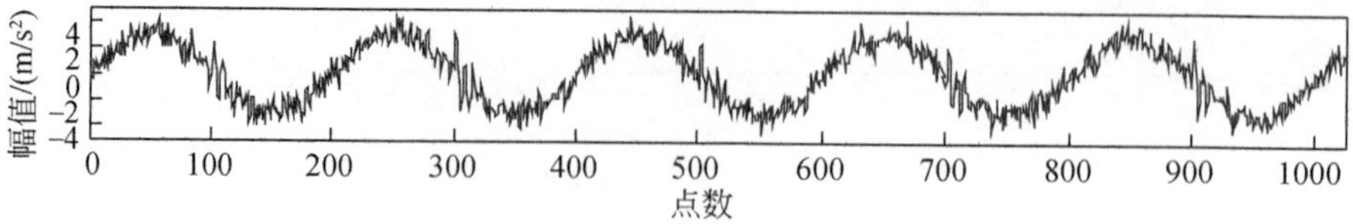

(a) 原始信号

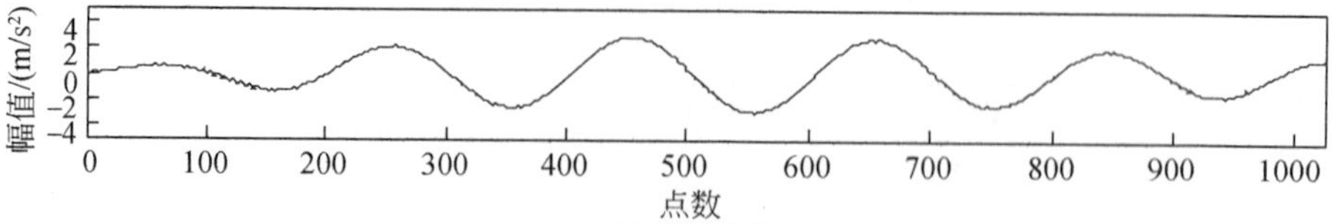

(b) 谐波成分

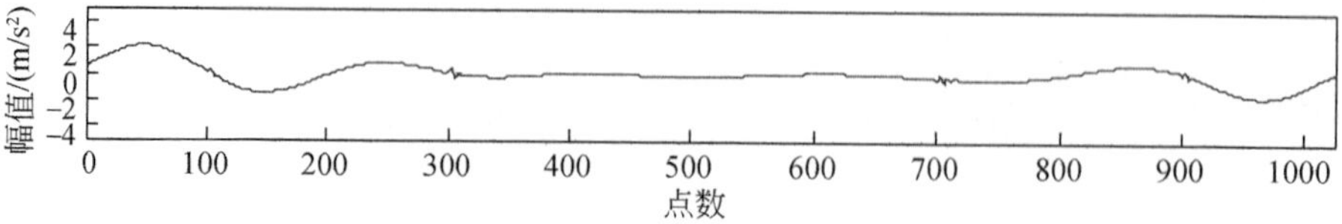

(c) 冲击成分

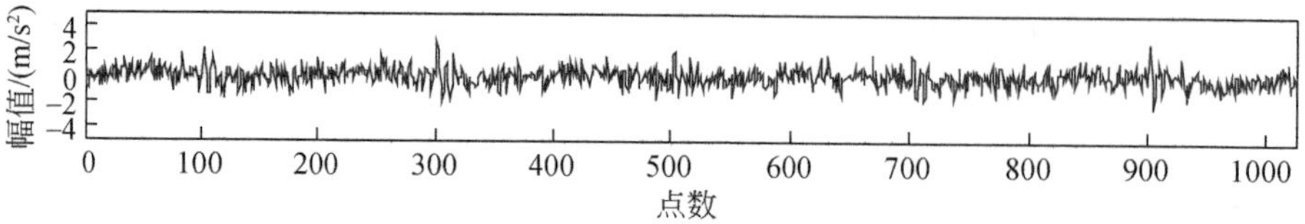

(d) 余量

图 5.5 含噪条件下基于块坐标松弛重构形态成分分析的稀疏分解算法仿真

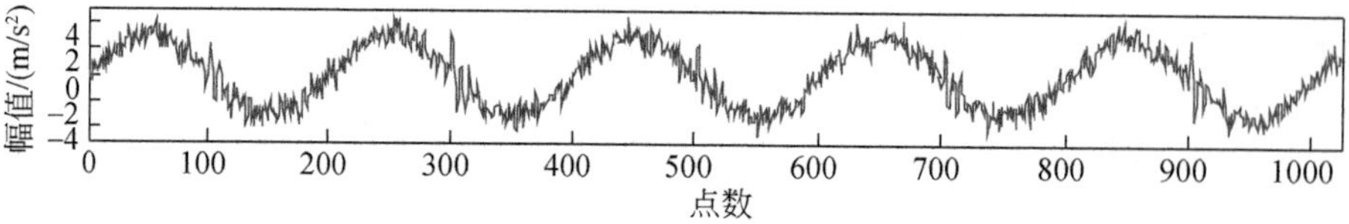

(a) 原始信号

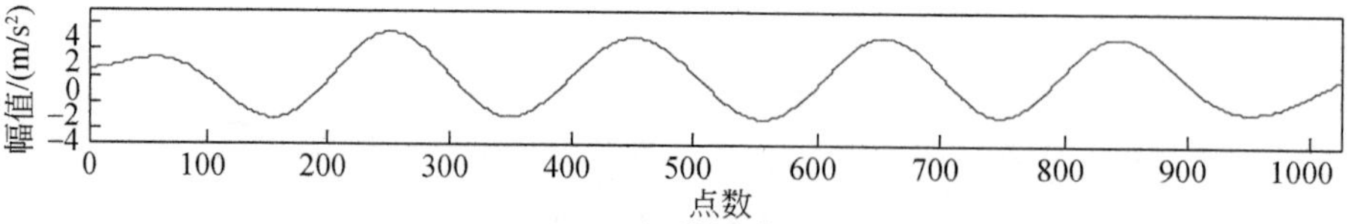

(b) 谐波成分

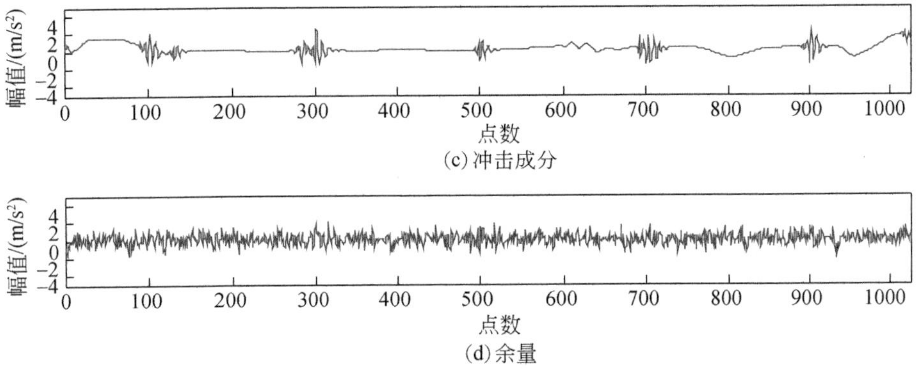

图 5.6　含噪条件下基于逐级正交匹配追踪的稀疏分解算法仿真

表 5.2　输出转频 23.6Hz 时齿轮箱各个特征频率

输入轴转频	高速端啮合频率	中间轴转频	低速端啮合频率	输出轴转频
23.6Hz	542.8Hz	6.5Hz	84.5Hz	1.2Hz

如图 5.7 所示的稀疏分解之后的时域波形冲击成分看不出明显的周期性，对分解之后的波形再一次求得其包络谱，得到图 5.8，发现在原始时域波形的包络谱上可以看见在啮合频率两侧出现 6.25Hz 左右的边带，而在分解出来的冲击成分的包络谱上明显可以看到有 6.25Hz 的谱峰，而频率分辨率为 0.78Hz，所以可以认为 6.25Hz 为中间轴的转频。综合齿轮点蚀故障特征与以上包络谱分析，可以确定中间轴上大齿轮点蚀故障的存在。模拟的齿轮点蚀故障如图 5.9 所示。

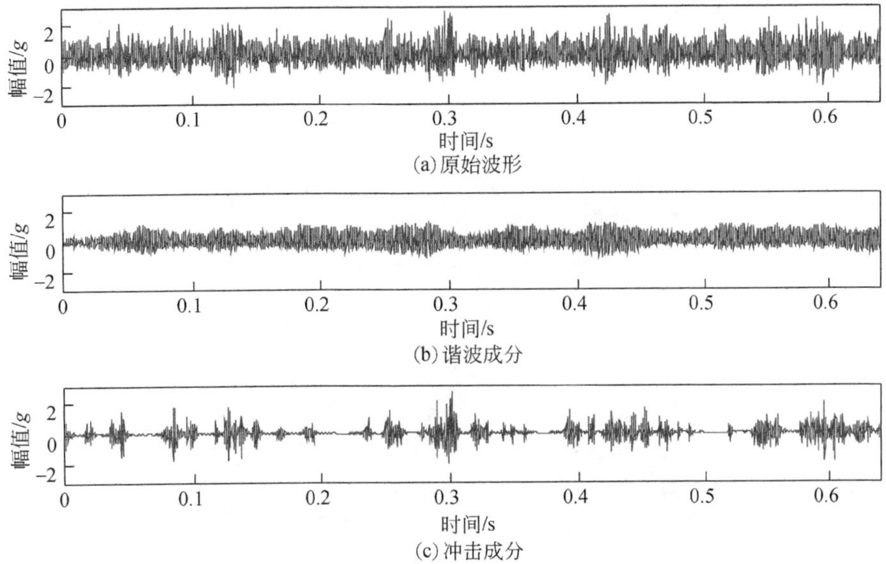

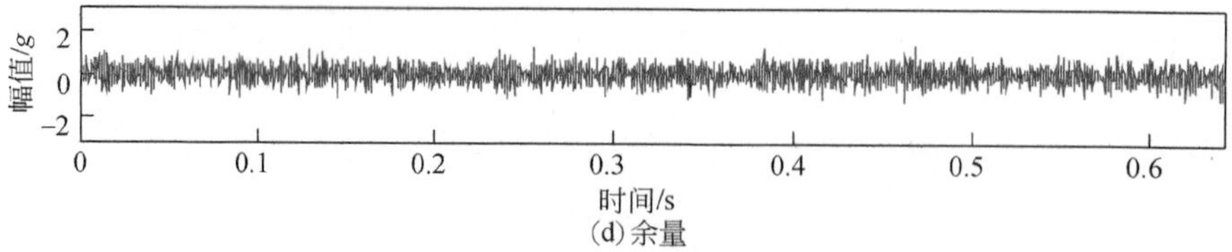

图 5.7　时域波形稀疏分解

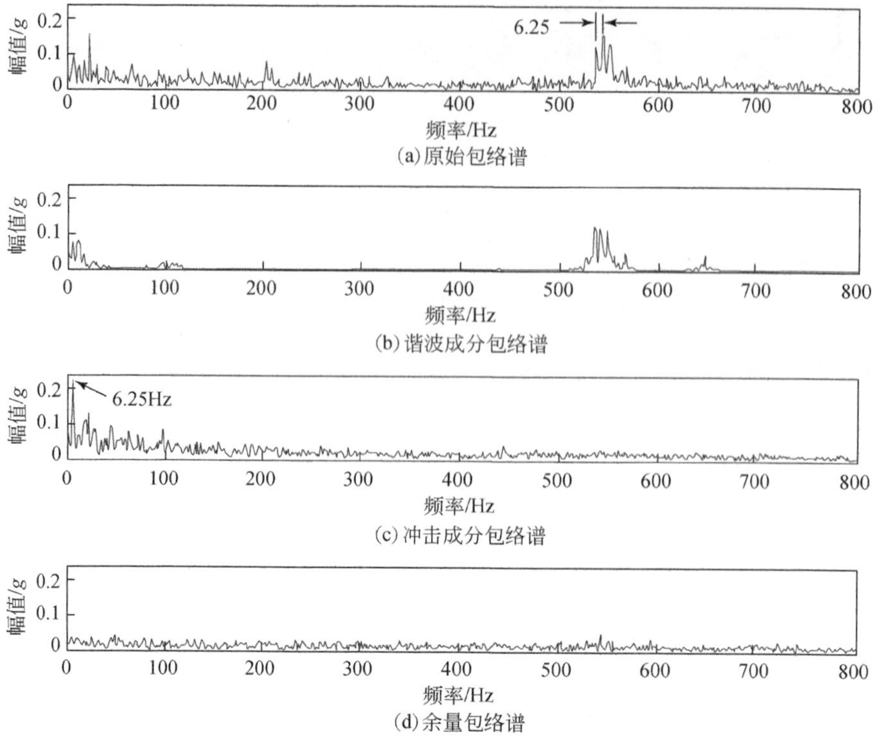

图 5.8　稀疏分解各个成分包络谱图

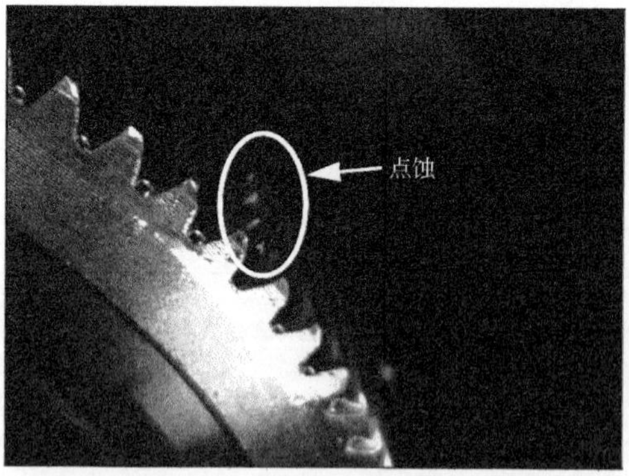

图 5.9　预先加工的直齿轮单齿点蚀

5.3　基于信号振荡属性的稀疏分解算法

基于信号振荡属性的稀疏分解方法首先是建立在稀疏的框架下,采用冗余的小波字典代替传统的正交字典,从而为信号表示提供了灵活性,采用少数的特征系数就可以表示振荡信号,因此才有可能实现振荡信号的准确识别。不仅如此,基于信号振荡属性的稀疏分解方法同时采用两个冗余字典,它们能实现两种不同的稀疏表示(对各自要表示的成分是稀疏的,却对另一种是非稀疏的),从而实现振动信号中不同振荡属性成分的非线性分离。

基于信号振荡属性的稀疏分解方法采用两个字典、两种稀疏的方式,不仅克服了传统方法不能分离时频耦合信号成分的缺点,而且实现了信号成分的精确识别。本节首先介绍了该方法的基础——信号振荡属性,然后重点说明基于信号振荡属性的稀疏分解方法的原理。

5.3.1　信号的振荡属性

滤波器的品质因数 Q 定义为滤波器的中心频率与带宽的比值,即

$$Q=\frac{f_c}{\mathrm{BW}} \tag{5.21}$$

式中,Q 为品质因数; f_c 为中心频率;BW 为带宽。

品质因数在一定程度上衡量了滤波器响应振荡衰减形态的振荡次数。在此,借用滤波器的品质因数 Q 来衡量信号的振荡属性。如图 5.10(a)和(b)所示,品质因数较大的信号振荡次数较多,即该信号具有持续振荡特性,与高品质因数的滤波器响应波形类似,称这类信号为高振荡信号。与此相反,品质因数较小的信号则具有较少的振荡次数,信号不具有持续振荡属性,与低品质因数的滤波器响应波形类似,称这类信号为低振荡信号,如图 5.10(c)和(d)所示。观察可以发现,信号 1 和信号 2 可以在时间尺度上相互转化,信号 3 和信号 4 同样也可以在时间尺度上相互转化。由此可知,在时间尺度上对信号进行伸缩和平移并不会影响信号的振荡属性。

同时由图 5.10 还可以发现,具有相同振荡属性的信号既可以是高频信号也可以是低频信号,处于同一频带中的信号即可以是高振荡信号也可以是低振荡信号,如图 5.10 中信号 1 和信号 3、信号 2 和信号 4,它们中心频率相近,频带重叠。传统的线性滤波方法利用低通、带通和高通滤波器将信号分为低频、中频和高频成分,然而,对于图 5.10 所示的信号 1 和信号 3、信号 2 和信号 4 等频带重叠的信号,传统的线性滤波的方法通常难以将其区分开来。也就是说,当这种在时间和频率上同时重叠在一起的两个信号成分混合在一起的时候,传统的基于正交线性变换

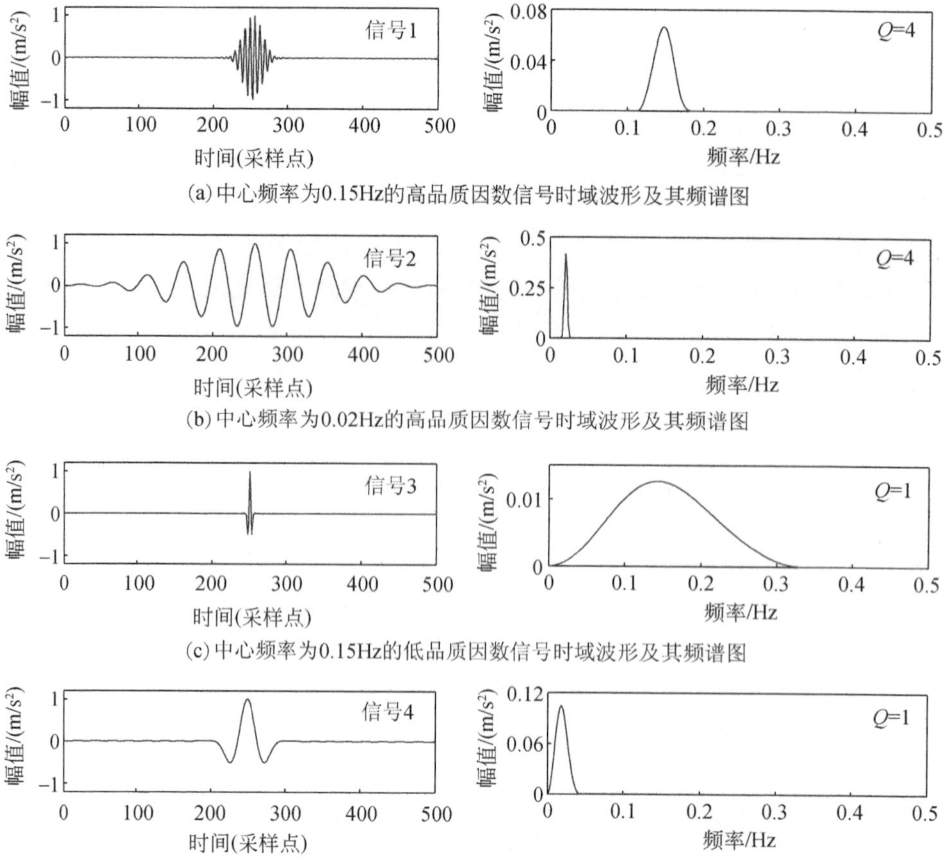

(a) 中心频率为0.15Hz的高品质因数信号时域波形及其频谱图

(b) 中心频率为0.02Hz的高品质因数信号时域波形及其频谱图

(c) 中心频率为0.15Hz的低品质因数信号时域波形及其频谱图

(d) 中心频率为0.02Hz的低品质因数信号时域波形及其频谱图

图 5.10　不同品质因数信号的时域波形及其频谱图

的信号表示理论难以有效地从混合信号中将两个成分分离出来。

为实现图 5.10 中信号 1 和信号 3、信号 2 和信号 4 的分离，提出基于信号振荡属性的稀疏分解方法。首先是建立在稀疏的框架下，采用冗余小波字典为信号表示提供灵活性，采用少数的特征系数就可以表示振荡信号，实现振荡信号的准确识别，因此能够将图 5.10 中信号 1 和信号 3、信号 2 和信号 4 这样的成分从混合信号中分离。

5.3.2　调 Q 小波变换

机械设备故障诊断的关键是提取信号中的瞬态冲击成分。连续小波变换和离散小波变换是目前广泛应用的两种小波分析技术。连续小波变换能够在一定程度上调节小波的品质因数，但是连续小波变换存在计算量大，计算效率低等缺点，目前尚无有效的快速算法。传统离散小波变换基于 Mallat 的“塔形快速算法”，大大降低了计算量。然而传统离散小波变换小波基函数的品质因数是固定的，且其品质因数很低，因此传统离散小波变换能够实现分段光滑信号，如非振荡瞬态成分等的相对稀疏表示，然而传统离散小波变换难以实现高振荡成分的稀疏表示，限制了其应用。调 Q 小波变换通过冗余变换并指定小波滤波器的品质因数将非平稳信号分解到不同的子频带中。调 Q 小波变换通过调节小波滤波器的品质因数匹配不同振荡属性的信号特征，实现其稀疏表示[19]。

调 Q 小波变换的基本原理：为克服传统离散小波变换的不足，Bayram 等[20]提出了过完备分数尺度小波变换（overcomplete rational dilation wavelet, ORD-WT），过完备分数尺度小波变换的分辨率随尺度的增加逐渐增高，此后 Selesnick[19]又提出调 Q 小波变换。与过完备分数尺度小波变换相比，调 Q 小波变换概念上相对简单，更重要的是，调 Q 小波变换能够通过基 2 快速傅里叶变换实现，其变换参数与变换的品质因数大小有关。调 Q 小波变换的品质因数 Q 和冗余度能够直接指定，无需依赖小波基函数[21,22]。

与传统离散小波变换相似，调 Q 小波变换是基于迭代滤波器组的恒 Q 离散小波变换。调 Q 小波变换所用的低通和高通滤波器分别如图 5.11(a)和(b)所示。

(a) 低通滤波器

(b) 高通滤波器

图 5.11　调 Q 小波变换滤波器

若原始输入信号的采样率为 f_s，在调 Q 小波变换中，当信号经过如图 5.11(a)所示的尺度参数为 α 的低通滤波操作时，输出信号的采样率为 αf_s。α 的大小决定了经低通滤波后输出信号的采样率。

当 $0<\alpha\leqslant 1$ 时，信号经参数为 α 的低通滤波操作为

$$Y(\omega)=X(\alpha\omega),\quad |\omega|\leqslant\pi \tag{5.22}$$

当 $\alpha\geqslant 1$ 时，信号经参数为 α 的低通滤波操作为

$$Y(\omega)=\begin{cases}X(\alpha\omega), & |\omega|\leqslant\dfrac{\pi}{\alpha}\\[2ex] 0, & \dfrac{\pi}{\alpha}<|\omega|\leqslant\pi\end{cases} \tag{5.23}$$

类似地，当信号经过如图 5.11(b)所示的尺度参数为 β 的高通滤波操作时，输出信号的采样率为 βf_s。β 的大小则决定了经高通滤波后输出信号的采样率。

当 $0<\beta\leqslant 1$ 时，信号经过参数为 β 的高通滤波操作定义为

$$Y(\omega)=\begin{cases}X(\beta\omega+(1-\beta)\pi), & 0<\omega<\pi\\ X(\beta\omega-(1-\beta)\pi), & -\pi<\omega<0\end{cases} \tag{5.24}$$

当$\beta \geqslant 1$时，信号经过参数为β的高通滤波操作定义为

$$Y(\omega)=\begin{cases}0, & |\omega|<\left(1-\dfrac{1}{\beta}\right)\pi \\ X(\beta\omega+(1-\beta\pi)), & \left(1-\dfrac{1}{\beta}\right)\pi<\omega<\pi \\ X(\beta\omega-(1-\beta\pi)), & -\pi<\omega<-\left(1-\dfrac{1}{\beta}\right)\pi\end{cases} \tag{5.25}$$

图 5.12 所示为 J 层调 Q 小波变换的分解与重构迭代滤波器组示意图。由图 5.12 可知，调 Q 小波变换是通过对滤波得到的低频成分反复执行尺度因子为 α 的低通滤波和尺度因子为β的高通滤波实现的。尺度因子 α 和β与调 Q 小波变换的品质因数 Q 和冗余度 r 之间的关系为

$$\begin{cases}\beta=\dfrac{2}{Q+1} \\ \alpha=1-\dfrac{\beta}{r}\end{cases} \tag{5.26}$$

用 $\boldsymbol{\Phi}$ 表示调 Q 小波变换构造的字典，则信号 $\boldsymbol{x}$ 的小波系数由 $\boldsymbol{w}=\boldsymbol{\Phi x}$ 计算得到。调 Q 小波变换的系数表示为

$$\boldsymbol{w}=\{\boldsymbol{w}^{(1)},\boldsymbol{w}^{(2)},\cdots,\boldsymbol{w}^{(J+1)}\}$$

式中，$\boldsymbol{w}^{\{j\}}$ 为小波系数$[d_j(1),d_j(2),\cdots,d_j(n)]$ $(j=1,2,\cdots,J)$；$\boldsymbol{w}^{(J+1)}$ 为尺度系数$[a_{J+1}(1),a_{J+1}(2),\cdots,a_{J+1}(n)]$。

5.3.3 基于信号振荡属性的稀疏分解方法的原理

对于一个由高振荡成分 $\boldsymbol{x}_{\mathrm{H}}$ 和低振荡成分 $\boldsymbol{x}_{\mathrm{L}}$ 组成的待分析信号 $\boldsymbol{x}$：

$$\boldsymbol{x}=\boldsymbol{x}_{\mathrm{H}}+\boldsymbol{x}_{\mathrm{L}} \tag{5.27}$$

基于信号振荡属性的稀疏分解方法的目的是实现 $\boldsymbol{x}_{\mathrm{H}}$ 和 $\boldsymbol{x}_{\mathrm{L}}$ 的分离。借助于形态学成分分析的思想，假设 $\boldsymbol{x}_{\mathrm{H}}$ 和 $\boldsymbol{x}_{\mathrm{L}}$ 分别能够由冗余字典 $\boldsymbol{\Phi}_{\mathrm{H}}$ 和 $\boldsymbol{\Phi}_{\mathrm{L}}$ 稀疏表示，基于信号振荡属性的稀疏分解方法就是找出一组稀疏系数 $\boldsymbol{w}_{\mathrm{H}}$ 和 $\boldsymbol{w}_{\mathrm{L}}$ 使其满足 $\boldsymbol{x}=\boldsymbol{\Phi}_{\mathrm{H}}^{*}\boldsymbol{w}_{\mathrm{H}}+\boldsymbol{\Phi}_{\mathrm{L}}^{*}\boldsymbol{w}_{\mathrm{L}}$。利用匹配追踪算法，稀疏矩阵 $\boldsymbol{w}_{\mathrm{H}}$ 和 $\boldsymbol{w}_{\mathrm{L}}$ 可利用 ℓ_1 范数最小化问题求解，表示如下：

$$\{\boldsymbol{w}_{\mathrm{H}}^{\mathrm{opt}},\boldsymbol{w}_{\mathrm{L}}^{\mathrm{opt}}\}=\underset{\boldsymbol{w}_{\mathrm{H}},\boldsymbol{w}_{\mathrm{L}}}{\arg\min}\{\|\boldsymbol{w}_{\mathrm{H}}\|_1+\|\boldsymbol{w}_{\mathrm{L}}\|_1\},\quad \text{s. t.}\quad \boldsymbol{x}=\boldsymbol{\Phi}_{\mathrm{H}}^{*}\boldsymbol{w}_{\mathrm{H}}+\boldsymbol{\Phi}_{\mathrm{L}}^{*}\boldsymbol{w}_{\mathrm{L}} \tag{5.28}$$

也就是说，稀疏矩阵 $\boldsymbol{w}_{\mathrm{H}}$ 和 $\boldsymbol{w}_{\mathrm{L}}$ 在满足 $\boldsymbol{x}=\boldsymbol{\Phi}_{\mathrm{H}}^{*}\boldsymbol{w}_{\mathrm{H}}+\boldsymbol{\Phi}_{\mathrm{L}}^{*}\boldsymbol{w}_{\mathrm{L}}$ 的约束下，使得 ℓ_1 范数 $\|\boldsymbol{w}_{\mathrm{H}}\|_1+\|\boldsymbol{w}_{\mathrm{L}}\|_1$ 最小对应的两个稀疏矩阵 $\boldsymbol{w}_{\mathrm{H}}^{\mathrm{opt}}$ 和 $\boldsymbol{w}_{\mathrm{L}}^{\mathrm{opt}}$ 为最优解，而成分 $\boldsymbol{X}_{\mathrm{H}}$ 和 $\boldsymbol{X}_{\mathrm{L}}$ 的估计分别为 $\hat{\boldsymbol{x}}_{\mathrm{H}}=\boldsymbol{\Phi}_{\mathrm{H}}^{*}\boldsymbol{w}_{\mathrm{H}}^{\mathrm{opt}}$，$\hat{\boldsymbol{x}}_{\mathrm{L}}=\boldsymbol{\Phi}_{\mathrm{L}}^{*}\boldsymbol{w}_{\mathrm{L}}^{\mathrm{opt}}$。如果信号为含噪信号，则该信号不

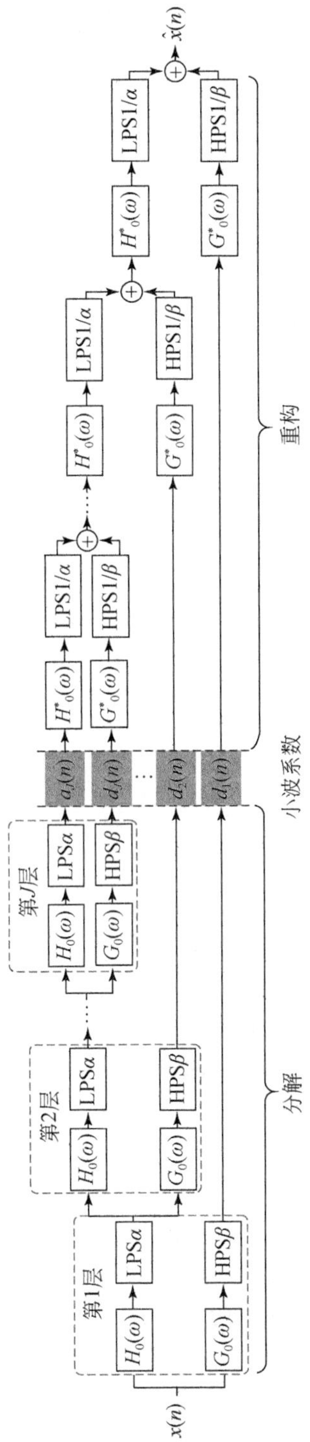

图5.12　调Q小波变换分解与重构示意图

能被简单地分解成高振荡成分和低振荡成分。因此，在含噪情况下，对式(5.28)进行扩展，有

$$\{w_{\mathrm{H}}^{\mathrm{opt}}, w_{\mathrm{L}}^{\mathrm{opt}}\} = \underset{w_{\mathrm{H}}, w_{\mathrm{L}}}{\arg\min}\{\|w_{\mathrm{H}}\|_1 + \|w_{\mathrm{L}}\|_1\}, \quad \text{s. t.} \quad \|x - \boldsymbol{\Phi}_{\mathrm{H}}^* w_{\mathrm{H}} - \boldsymbol{\Phi}_{\mathrm{L}}^* w_{\mathrm{L}}\|_2 \leqslant \varepsilon \tag{5.29}$$

在此情况下，对信号的分解只是一种近似逼近，信号中存在既不能被变换 $\boldsymbol{\Phi}_{\mathrm{H}}$ 也不能被变换 $\boldsymbol{\Phi}_{\mathrm{L}}$ 稀疏表示的误差项。参数 ε 表征信号 x 中的噪声水平。为实现对式(5.29)的优化求解，利用拉格朗日乘数法，给定一个合适的拉格朗日算子，将式(5.29)所示的约束优化问题转换为下式所示的无约束的优化问题，即

$$\{w_{\mathrm{H}}^{\mathrm{opt}}, w_{\mathrm{L}}^{\mathrm{opt}}\} = \underset{w_{\mathrm{H}}, w_{\mathrm{L}}}{\arg\min}\left\{\frac{1}{2}\|x - \boldsymbol{\Phi}_{\mathrm{H}}^* w_{\mathrm{H}} - \boldsymbol{\Phi}_{\mathrm{L}}^* w_{\mathrm{L}}\|_2 + \lambda_{\mathrm{H}}\|w_{\mathrm{H}}\|_1 + \lambda_{\mathrm{L}}\|w_{\mathrm{L}}\|_1\right\} \tag{5.30}$$

式中，$\boldsymbol{\lambda} = [\lambda_{\mathrm{H}}, \lambda_{\mathrm{L}}]^{\mathrm{T}}$ 为拉格朗日算子，且 λ 为信号 x 、$\boldsymbol{\Phi}^* = [\boldsymbol{\Phi}_{\mathrm{H}}^*, \boldsymbol{\Phi}_{\mathrm{L}}^*]$ 及 ε 的函数。

则此时形态学成分分析的目标函数为

$$J(w_{\mathrm{H}}, w_{\mathrm{L}}) = \frac{1}{2}\|x - \boldsymbol{\Phi}_{\mathrm{H}}^* w_{\mathrm{H}} - \boldsymbol{\Phi}_{\mathrm{L}}^* w_{\mathrm{L}}\|_2 + \lambda_{\mathrm{H}}\|w_{\mathrm{H}}\|_1 + \lambda_{\mathrm{L}}\|w_{\mathrm{L}}\|_1 \tag{5.31}$$

目标函数确定之后，基于信号振荡属性的稀疏分解方法的关键在于字典的构造和目标函数的求解。考虑到调 Q 小波变换[18]的品质因数和冗余度易于调节，能够满足稀疏表示不同振荡属性成分对冗余字典提出的要求，因此采用调 Q 小波变换构造冗余字典。另一方面，对于式(5.30)这类目标函数的最小化问题，众多学者开展了大量的研究，分裂增广拉格朗日收缩算法(split augmented Lagrangian shrinkage algorithm, SALSA)已经被证明是进行信号稀疏分解的有效算法[21,22]，所以采用 SALSA 求解式(5.30)的优化问题。

图 5.13 为基于信号振荡属性的稀疏分解方法的核心算法及其在齿轮箱故障特征提取中应用的流程图。基于信号振荡属性的稀疏分解方法提取齿轮箱故障特征主要分为以下三个步骤[23]：

(1) 根据振动信号特点，首先选定两个具有不同品质因数的调 Q 小波变换(分别称为高 Q 小波变换和低 Q 小波变换)构造稀疏字典，分别用于稀疏地表示信号中的高振荡属性成分和低振荡属性成分。

(2) 建立信号稀疏分解的目标函数，以实现振动信号中具有不同振荡属性成分的分离。

(3) 利用分裂增广拉格朗日收缩算法求解基于信号振荡属性的稀疏分解方法的目标函数，之后将齿轮故障振动信号分解成高振荡分量成分和低振荡分量成分。最终，表征齿轮箱故障特征的瞬态冲击成分可从低振荡分量成分中获取，实现齿轮故障诊断。

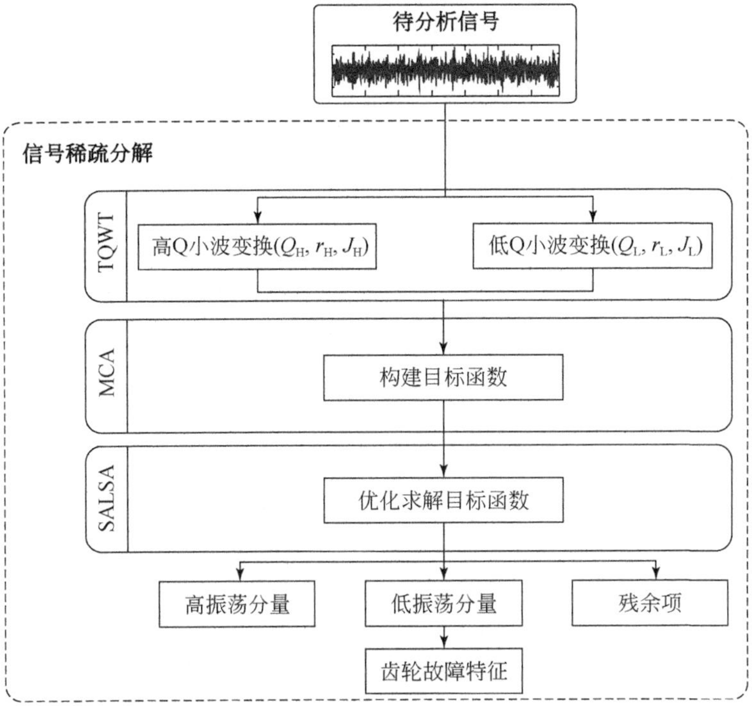

图 5.13　基于信号稀疏分解的齿轮箱故障特征提取方法

5.3.4　基于信号振荡属性的稀疏分解方法仿真分析

构建仿真信号，表达式为

$$\begin{aligned} x(t) &= x_1(t) + x_2(t) + n(t) \\ &= [1 + 0.05\cos(2\pi f_m t)]\cos(2\pi f_c t) + \sum_k h(t - T_0 - kT) + A_n n_0(t) \end{aligned} \tag{5.32}$$

式中，$x_1(t)$ 为一个幅值调制谐波信号；$f_m=10\text{Hz}$；$f_c=100\text{Hz}$；$x_2(t)$ 为周期性的双边不对称冲击成分；$h(t)$ 为单个瞬态成分；$kT+T_0$ 为第 k 个瞬态成分时间中心；时间参数 $T_0=0.05\text{s}$；周期 $T=0.1\text{s}$。

$h(t)$的表达式为

$$h(t) = \begin{cases} \exp\left[-\dfrac{\sigma_l}{\sqrt{1-\sigma_l^2}}(2\pi f_0 t)^2\right]\cos(2\pi f_0 t), & t \leqslant 0 \\ \exp\left[-\dfrac{\sigma_r}{\sqrt{1-\sigma_r^2}}(2\pi f_0 t)^2\right]\cos(2\pi f_0 t), & t > 0 \end{cases} \tag{5.33}$$

式中，$f_0=100\text{Hz}$；瞬态成分中左阻尼系数 σ_l 为 0.02；右阻尼系数 σ_r 为 0.01。

仿真信号中 $n(t)$ 为权重为 0.4 的白噪声信号。仿真信号采样频率为 4096Hz，仿真信号数据长度为 4096。仿真信号的原始波形如图 5.14 所示，该信号中的高振荡成分、低振荡成分、噪声以及最终的含噪仿真信号分别如图 5.14(a)～(d)所示，其中高振荡成分与低振荡成分的中心频率相同，均为 100Hz。

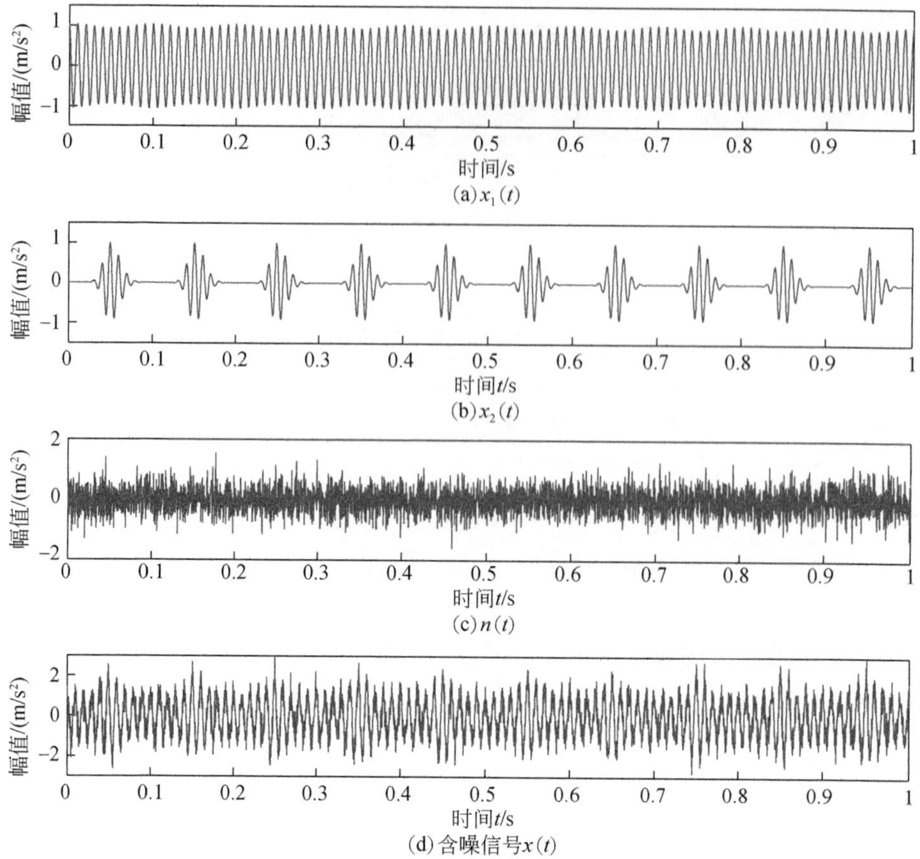

图 5.14　仿真信号

接下来从原始信号中提取周期性的冲击成分。稀疏分解步骤如图 5.14 所示，第一步是设定冗余调 Q 小波字典的参数 (Q,r,J)。结合信号中两种成分的振荡属性，考虑到基于信号振荡属性的稀疏分解方法对冗余字典的要求——与之对应的成分能够稀疏表示却对另一个成分非稀疏，高 Q 小波变换和低 Q 小波变换的 Q 值分别为 $Q_H = 8$ 、$Q_L = 2$ 。为了提高小波变换相邻频带的重叠范围进而获得一组精细划分的频带，即增强两个字典的冗余性，两组小波变换的冗余度均设定为 12。此外，两组小波变换的分解层数应小于其小波变换对应的最大分解层数 J_{max} ，J_{max} 是由调 Q 小波变换的 Q 值和冗余度决定的，两个调 Q 小波变换的分解层数分

别为 $J_H = 127$、$J_L = 67$。

稀疏分解的第二步是确定基于信号振荡属性的稀疏分解方法的参数以及分裂增广拉格朗日收缩算法的参数。稀疏分解方法的目标函数即式(5.31)的最小化求解依赖于拉格朗日算子 λ_H 和 λ_L。在该仿真信号分析过程中，θ_H 和 θ_L 的值分别为 1.95 和 2.55，分裂增广拉格朗日收缩算法的惩罚参数 μ 为 2。图 5.15(a)和(b)是利用基于振荡属性的稀疏分解对仿真信号进行分解后得到的高振荡成分和低振荡成分。从图 5.15(b)中可观察到周期性的瞬态冲击成分。

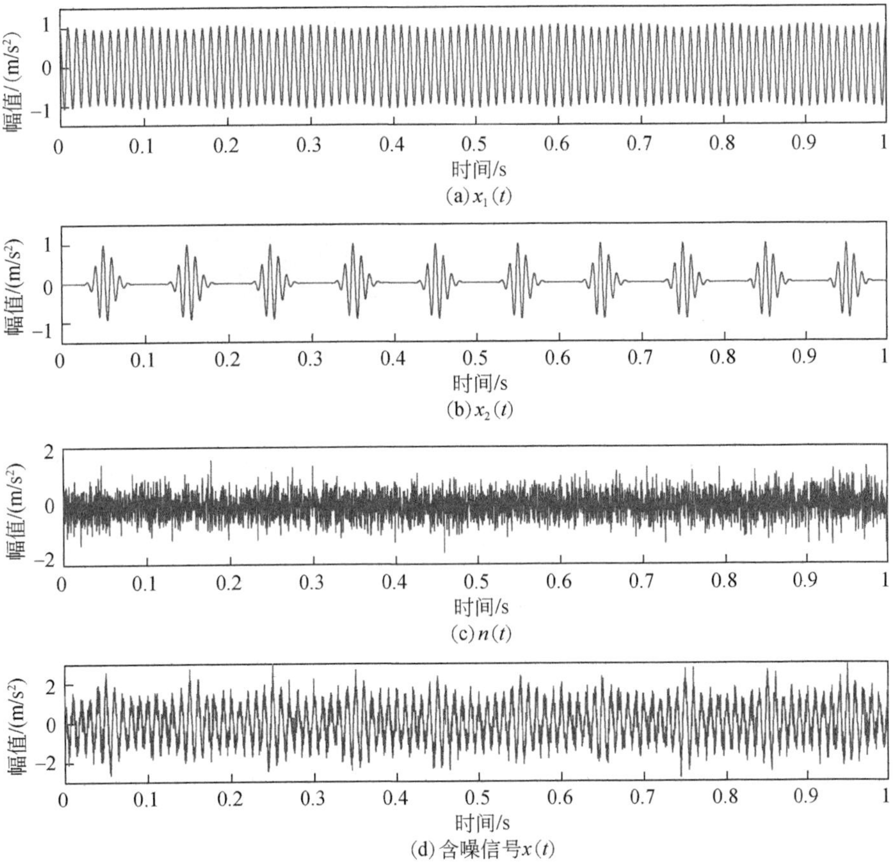

图 5.15　仿真信号的稀疏分解结果

5.3.5　基于信号振荡属性的稀疏分解方法的试验验证

某齿轮箱的内部结构和外观分别如图 5.16 (a)和(b)所示[21]。试验过程中将加速度传感器安装在输出端的外壳上，获取齿轮箱的振动信号，加速度传感器的安装位置如图 5.17(b)所示。齿轮箱的工作参数如表 5.3 所示。第一级齿轮的啮合频率经计算为 500Hz。在信号采集过程中，信号采样频率为 3000Hz。

表 5.3　某齿轮箱工作参数

参数	第一级平行齿轮		第二级平行齿轮	
	主动齿轮	从动齿轮	主动齿轮	从动齿轮
齿数	24	32	25	27
旋转频率/Hz	26.7	20	20	18.5
啮合频率/Hz	640	640	500	500

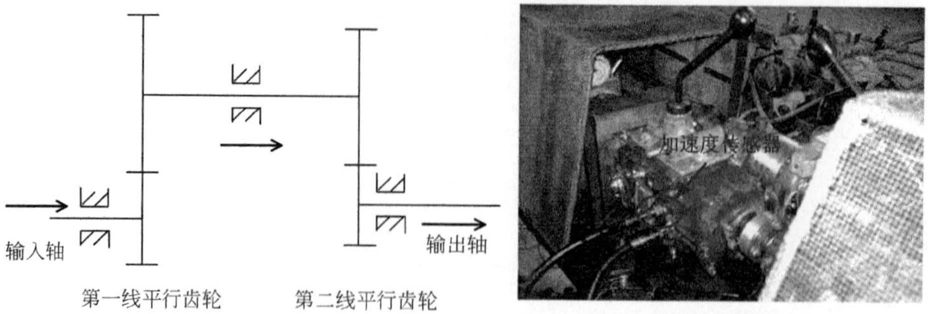

(a) 齿轮箱内部结构　　(b) 齿轮箱外观

图 5.16　变速齿轮箱试验台

图 5.17 为采集到的振动信号的时域波形及其频谱图。从振动信号的时域波形中难以发现有用的故障信息，其频谱图则显示振动信号中存在 500Hz 的频率分量，该频率对应齿轮箱第三挡齿轮的啮合频率。从振动信号的时域波形图及频谱图中无法获取完整的表征齿轮箱状态的特征。

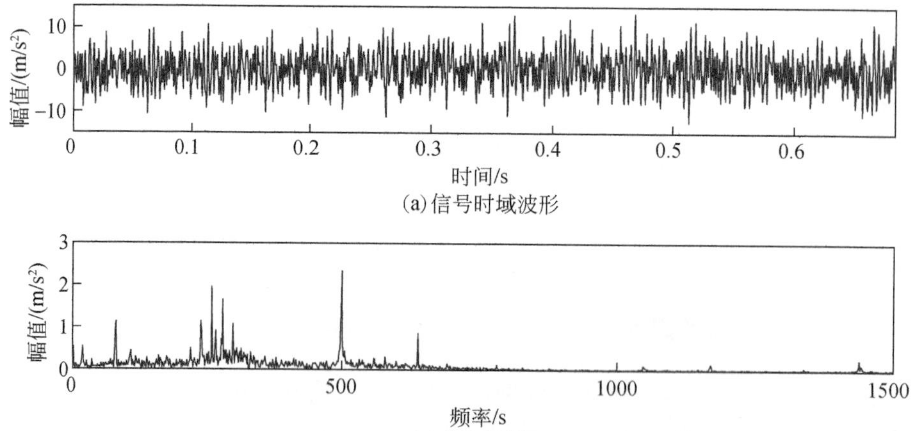

(a) 信号时域波形

(b) 信号频谱图

图 5.17　齿轮箱局部故障振动信号

利用基于信号振荡属性的稀疏分解方法对该振动信号进行分解。在分解过程中，高 Q 小波变换的参数：$Q_H = 10$，$r_H = 4$，$J_H = 49$；低 Q 小波变换的参数：$Q_L = 2$，$r_L = 20$，$J_L = 49$。在该信号的分解过程中，稀疏分解方法中参数 θ_H 和 θ_L 的取值分别为 0.2 和 0.75。利用分裂增广拉格朗日迭代算法迭代 200 步优化求解得到的分解结果如图 5.18 所示。图 5.18(b)为分解得到的低振荡分量，从图中可以观察得到一组连续的周期性的瞬态冲击成分。此外，该瞬态冲击成分的周期为 0.05s，这刚好与第三挡齿轮旋转频率对应的旋转周期一致。因此，根据图 5.18 所示的分解结果可以看出，在齿轮箱的第三挡齿轮上存在局部故障。在试验结束时，对该变速齿轮箱进行拆机检验发现，该变速齿轮箱第三挡齿轮的主动轮存在断齿故障。

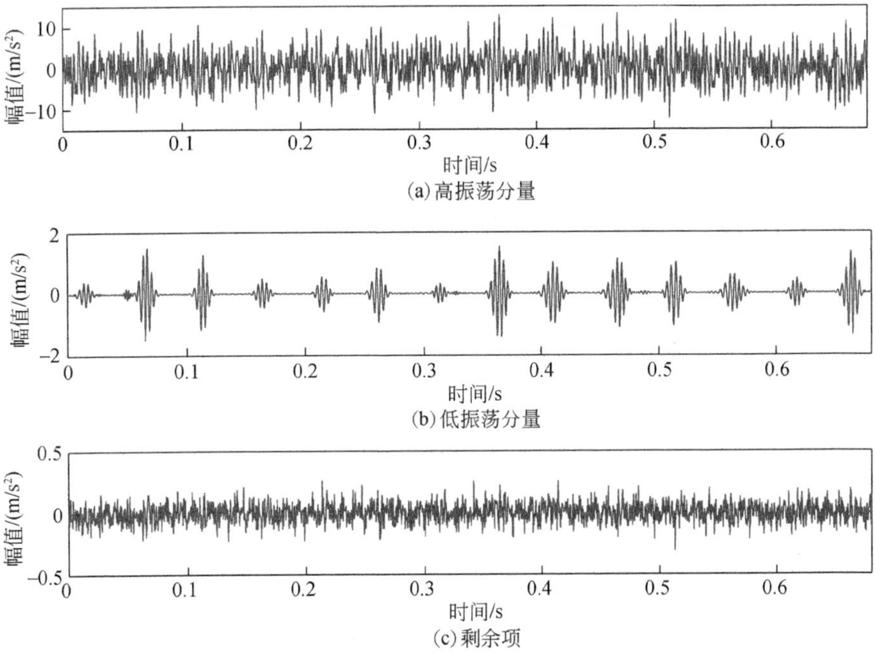

图 5.18　齿轮箱局部故障振动信号的稀疏分解结果

5.4　小　　结

由于风电装备复杂的传动系统结构，所获得的动态信号成分复杂、故障特征耦合，本文分别提出了基于逐级正交匹配追踪的稀疏分解算法和基于信号振荡属性的稀疏分解方法，最后将所提出的方法应用到实际工程案例中，验证了其有效性。研究获得的主要结论与成果如下：

(1) 简要介绍稀疏分解算法的发展历程。回顾了目前常见的几种稀疏分解算法,如框架算法、匹配追踪算法和基追踪算法,简要归纳总结了这些方法的优势。随后,介绍了稀疏字典的构造,一般分为预先构造好的过完备字典和基于数据训练学习的字典。这些稀疏分解算法及字典虽然具有改善故障检测效果的能力,但是由于上述算法所采用字典比较单一,而风电装备故障振动信号往往存在不同形态的成分的耦合,即所谓的多故障耦合,所以采用上述方法处理振动信号时仅仅能起到降噪效果,并不能将不同形态的成分分离开。

(2) 为分解不同形态的故障成分,提出基于逐级正交匹配追踪的形态成分分析算法。信号一般含有谐波成分和冲击成分两种不同的形态,根据形态学成分分析的原理,采用离散余弦变换字典提取信号的谐波成分,采用离散小波变换字典提取信号的冲击成分,余量则为噪声,将信号采用分解为谐波、冲击、噪声等成分,从而实现信号的解耦和降噪。通过数值仿真对比,证明提出的方法相比原始方法能更加有效地分解不同的形态成分。

(3) 针对齿轮故障振动信号中出现的啮合成分与周期性冲击成分耦合的特点,利用信号中啮合成分与冲击成分振荡属性不同的特点,提出了基于信号振荡属性的稀疏分解方法,实现信号中不同成分的分离与齿轮箱故障特征提取。而调 Q 小波变换是由品质因数可调的数字滤波器组实现,并且具有冗余性,为实现信号稀疏表示提供了基础。因此,本章提出了基于调 Q 小波变换的不同振荡属性振动信号的稀疏表示方法。针对齿轮故障信号中不同振荡属性成分分离的要求,通过调节调 Q 小波品质因数的大小可以分别实现高振荡分量和低振荡分量的稀疏表示,并最终实现高振荡分量和低振荡分量的非线性分离。该方法能够精确识别混合信号中不同振荡属性的信号成分。

参 考 文 献

[1] 王国彪,何正嘉,陈雪峰,等. 机械故障诊断基础研究"何去何从". 机械工程学报,2013,49(1):63－72.

[2] 张晗,杜朝辉,方作为,等. 基于稀疏分解理论的航空发动机轴承故障诊断. 机械工程学报,2015,51(1):97－105.

[3] Coifman R R, Wickerhauser M V. Entropy-based algorithms for best basis selection. IEEE Transactions on Information Theory, 1992, 38(2): 713－718.

[4] Mallat S G, Zhang Z. Matching pursuits with time-frequency dictionaries. IEEE Transactions on Signal Processing, 1993, 41(12): 3397－3415.

[5] Chen S S, Donoho D L, Saunders M A. Atomic decomposition by basis pursuit. SIAM Journal on Scientific Computing, 1998, 20(1): 33－61.

[6] Olshausen B A, Field D J. Sparse coding with an overcomplete basis set: A strategy em-

ployed by V1. Vision Research, 1997, 37(23): 3311—3325.

[7] Donoho D L. Sparse components of images and optimal atomic decompostions. Constructive Approximation,2001,17(3):353—382.

[8] Lambert R H. Multichannel blind deconvolution: Fir matrix algebra and separation of multipath mixtures. Signal Processing, 1996, 50(3): 241.

[9] Hyvarinen A, Hoyer P O. A two-layer sparse coding model learns simple and complex cell receptive fields and topography from natural images. Vision Research, 2001, 41(18): 2413—2423.

[10] Donoho D L, Huo X. Uncertainty principles and ideal atomic decomposition. IEEE Transactions on Information Theory,2001,47(7): 2845—2862.

[11] Daubechies I. Time-frequency localization operators: A geometric phase space approach. IEEE Transactions on Information Theory, 1988, 34(4): 605—612.

[12] Temlyakov V N. Weak greedy algorithms. Advances in Computational Mathematics, 2000, 12(2-3):213—227.

[13] 王建英,尹忠科,张春梅. 信号与图像的稀疏分解及其初步应用. 成都: 西南交通大学出版社, 2006.

[14] Donoho D L, Starck J L, et al. Sparse solution of underdetermined systems of linear equations by stagewise orthogonal matching pursuit. IEEE Information Theory,2006, 58(2): 1094—1121.

[15] Rubinstein R, Bruckstein A M, Elad M. Dictionaries for sparse representation modeling. Proceedings of the IEEE, 2010, 98(6): 1045—1057.

[16] Engan K, Aase S O, Hakon H J. Method of optimal directions for frame design// 1999 IEEE International Conference on Acoustics, Speech, and Signal Processing. Phoenix, USA, 1999: 2443—2446.

[17] Bobin J M, Starck J L, Fadili J M, et al. Morphological component analysis: An adaptive thresholding strategy. IEEE Transactions on Image Processing, 2007, 16(11): 2675—2681.

[18] Fadili M J, Starck J L, Bobin J M, et al. Image decomposition and separation using sparse representations: An overview. Proceedings of the IEEE, 2010, 98(6): 983—994.

[19] Selesnick I W. Wavelet transform with tunable *Q*-factor. IEEE Transactions on Signal Processing, 2011, 59(8): 3560—3575.

[20] Bayram I, Selesnick I W. Overcomplete discrete wavelet transforms with rational dilation factors. IEEE Transactions on Signal Processing,2009,57(1):131—145.

[21] Figueiredo M, Bioucas-Dias J M, Afonso M V. Fast frame-based image deconvolution using variable splitting and constrained optimization// IEEE/SP of the 15th Workshop on Statistical Signal Processing. Cardiff,UK, 2009: 109-112.

[22] Afonso M V, Bioucas-Dias J M, Figueiredo M. Fast image recovery using variable splitting and constrained optimization. IEEE Transactions on Image Processing, 2010, 19(9): 2345—2356.

[23] 蔡改改. 机械设备故障特征提取与运行状态评估方法及其应用研究[博士学位论文]. 西安: 西安交通大学,2013.

第 6 章　风电复合材料叶片损伤诊断方法

作为风电叶片主要组成部分的复合材料包含两种或两种以上的不同组分材料，是多相非匀质的，其力学性能与单独组分性能截然不同，组分的相互作用复杂，沿不同方向差异较大且各向异性显著，损伤的萌生和发展受到组分性能和组成结构即细观结构的巨大影响。复合材料结构复杂，力学性能具有各向异性及分散性使风电叶片的损伤诊断开展带来了极大困难。为了能够实现大型风电复合材料叶片损伤的在线监测和精确识别诊断，本章从正问题的损伤建模与反问题的损伤识别方法两方面出发，将建模与损伤辨识有机结合，完成风电复合材料叶片结构的故障诊断，提高复合材料叶片在风电装备中安全服役的可靠性。

6.1　复合材料叶片多尺度建模

风电叶片结构在宏观、细观等多个尺度上都存在极大的复杂性，导致使用单一传统力学方法难以实现准确的风电叶片损伤机理分析。多尺度建模方法能在深入分析复杂细观结构对复合材料损伤影响的同时，将不同尺度信息融合，建立起从细观层次到宏观层次上物理和力学性能的有效关联表述，直观给出复合材料等效各向异性本构方程，用以表述结构中任一点的宏观非弹性、黏弹/塑性或有限应变性能，利用更高层次尺度方法进行宏观结构性能分析，将细观尺度下无论是由材料非弹性变形还是由损伤引起的组分材料性能非线性，都不同程度地反映到宏观性能改变和结构响应中。因此，复合材料损伤与变形的物理现象都能通过多尺度分析在更本质(微细观)尺度下精确描述。以此为基础，开展了以风电叶片损伤机理分析为目的的多尺度宏细观耦合损伤机理分析方法，将通用单胞模型方法[1](generalized method of cells，GMC)通过多尺度框架有效地融合入风电叶片损伤机理分析中，如图 6.1 所示。

6.1.1　通用单胞模型

为了实现对风电叶片细观局部损伤对整体性能影响的精细化分析，需要从细观尺度因素入手，应用细观力学方法建立宏观性能与细观因素间的定量关系，揭示复合材料在一定工况下响应规律及其本质特性。

通用单胞模型方法是一种极具影响力与发展潜力的细观力学方法，它将复合

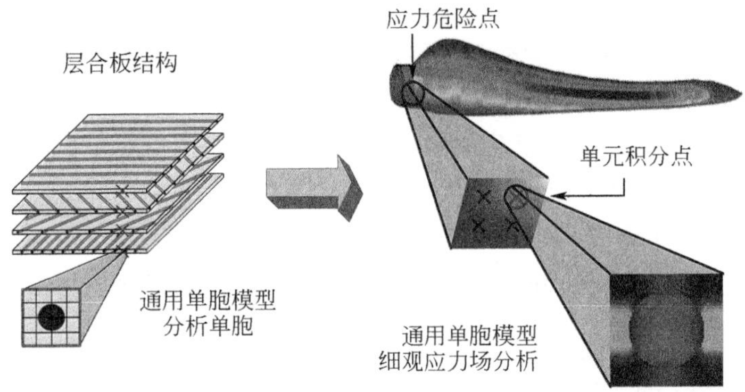

(a) 层合板结构细观分析　　(b) 复合材料风机叶片结构有限元分析

图 6.1　风电叶片多尺度损伤机理分析

材料看做是纤维增强体按照双重周期规律排列于基体材料中的结构体来研究，其分析思路如图 6.2 所示：通过选取代表复合材料宏观性能重复单胞（repeating unit cell，RUC）作为基本分析体，将复合材料细观单胞划分为若干子胞，并假设每个子胞的位移场函数，然后通过子胞边界上的位移和应力连续条件构建复合材料封闭形式的本构方程，求解方程可以获得宏细观量场之间的关系。

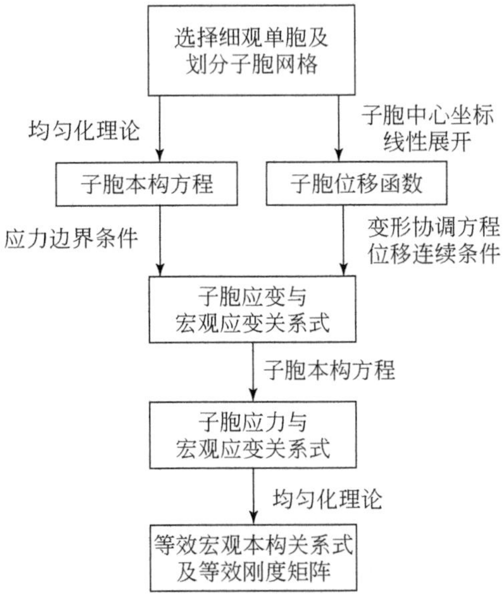

图 6.2　通用单胞模型分析思路

1. 选择单胞及子胞划分

实际纤维增强复合材料的断面如图 6.3(a)所示，具有准周期排列的微观结构。本节通过选取复合材料最小重复性单胞作为基本单元进行分析，施加周期性边界条件，最终建立复合材料性能和组分材料性能及细观几何信息的联系。假设连续纤维增强复合材料的纤维方向为 x_1，而周期排列的纤维横截面在 x_2-x_3 坐标平面内，如图 6.3(b)所示，将单胞划分为若干子胞，在子胞中心建立局部坐标系 $\bar{x}_2^{(\beta)}$ - $\bar{x}_3^{(\gamma)}$，如图 6.3(c)所示。重复单胞的高度为 h 和宽度 l，总共包含 $N_\beta \times N_\gamma$ 个子胞。

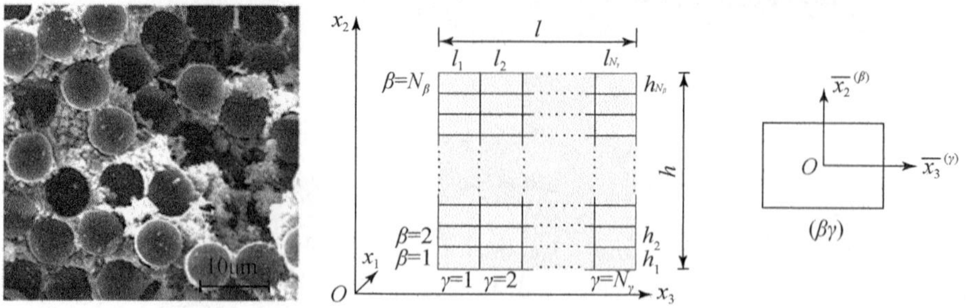

(a)实际纤维增强复合材料断面　　(b)重复单胞网格划分　　(c)子胞

图 6.3　实际复合材料细观结构和重复单胞网格划分

利用均匀化思想，子胞（$\beta\gamma$）内体积平均应力 $\bar{\sigma}^{(\beta\gamma)}$ 定义如下：

$$\bar{\sigma}^{(\beta\gamma)} = \frac{1}{V_{\beta\gamma}} \int_{-h_\beta/2}^{+h_\beta/2} \int_{-l_\gamma/2}^{-l_\gamma/2} \sigma^{(\beta\gamma)} \mathrm{d}\bar{x}_2^{(\beta)} \mathrm{d}\bar{x}_3^{(\gamma)} \tag{6.1}$$

式中，β 为 x_2 方向子胞编号；γ 为 x_3 方向子胞编号；h_β 为 x_2 方向子胞尺寸；l_γ 为 x_3 方向子胞尺寸；$V_{\beta\gamma}$ 表示子胞（$\beta\gamma$）的体积，$V_{\beta\gamma} = h_\beta l_\gamma$；$\sigma^{(\beta\gamma)}$ 为某一点处子胞应力。

宏观应力 $\bar{\sigma}$ 可通过在所有子胞上加权平均子胞应力 $\bar{\sigma}^{(\beta\gamma)}$ 得到，其表达式为

$$\bar{\sigma} = \frac{1}{hl} \sum_{\beta=1}^{N_\beta} \sum_{\gamma=1}^{N_\gamma} h_\beta l_\gamma \bar{\sigma}^{(\beta\gamma)} \tag{6.2}$$

同样的，子胞（$\beta\gamma$）的体积平均应变 $\bar{\varepsilon}^{(\beta\gamma)}$ 定义为

$$\bar{\varepsilon}^{(\beta\gamma)} = \frac{1}{V_{\beta\gamma}} \int_{-h_\beta/2}^{+h_\beta/2} \int_{-l_\gamma/2}^{-l_\gamma/2} \varepsilon^{(\beta\gamma)} \mathrm{d}\bar{x}_2^{(\beta)} \mathrm{d}\bar{x}_3^{(\gamma)} \tag{6.3}$$

式中，$\varepsilon^{(\beta\gamma)}$ 为某一点处子胞应变。

利用在所有子胞上的子胞平均应变 $\bar{\varepsilon}^{(\beta\gamma)}$ 加权求和得到宏观应变 $\bar{\varepsilon}$，其表达式为

$$\bar{\varepsilon} = \frac{1}{hl} \sum_{\beta=1}^{N_\beta} \sum_{\gamma=1}^{N_\gamma} h_\beta l_\gamma \bar{\varepsilon}^{(\beta\gamma)} \tag{6.4}$$

2. 子胞本构方程与子胞位移场

通过对子胞($\beta\gamma$)的本构方程进行体积平均，得到子胞应力应变关系，在计算中

认为材料总应变由弹性应变、非弹性应变和温度应变三部分构成：

$$\bar{\boldsymbol{\sigma}}^{(\beta\gamma)}=\boldsymbol{C}^{(\beta\gamma)}\left[\bar{\boldsymbol{\varepsilon}}^{(\beta\gamma)}-\bar{\boldsymbol{\varepsilon}}^{\mathrm{I}(\beta\gamma)}-\bar{\boldsymbol{\varepsilon}}^{\mathrm{T}(\beta\gamma)}\right] \tag{6.5}$$

式中，$\boldsymbol{C}^{(\beta\gamma)}$ 为子胞弹性刚度矩阵；$\bar{\boldsymbol{\varepsilon}}^{\mathrm{I}(\beta\gamma)}$ 为子胞非弹性应变；$\bar{\boldsymbol{\varepsilon}}^{\mathrm{T}(\beta\gamma)}$ 为子胞温度应变。

需要对重复单胞中每个子胞的变形做近似分析，复合材料的子胞位移场可以通过子胞中心局部坐标 $\bar{x}_2^{(\beta)}$、$\bar{x}_3^{(\gamma)}$ 的线性展开近似模拟：

$$u_i^{(\beta\gamma)}=\omega_i^{(\beta\gamma)}+\bar{x}_2^{(\beta)}\phi_i^{(\beta\gamma)}+\bar{x}_3^{(\gamma)}\psi_i^{(\beta\gamma)} \tag{6.6}$$

式中，$\omega_i^{(\beta\gamma)}$ 代表子胞中心位移分量；$\phi_i^{(\beta\gamma)}$ 和 $\psi_i^{(\beta\gamma)}$ 均表示细观函数；$i=1,2,3$；$\beta=1,2,\cdots,N_\beta$；$\gamma=1,2,\cdots,N_\gamma$。

由于在单胞上子胞应变和子胞应力分段均匀，细观函数 $\phi_i^{(\beta\gamma)}$ 和 $\psi_i^{(\beta\gamma)}$ 与子胞体积平均应变 $\varepsilon_{ij}^{(\beta\gamma)}$ 关系：

$$\begin{cases}\bar{\varepsilon}_{11}^{(\beta\gamma)}=\dfrac{\partial\omega_1^{(\beta\gamma)}}{\partial x_1}\\ \bar{\varepsilon}_{22}^{(\beta\gamma)}=\phi_2^{(\beta\gamma)}\\ \bar{\varepsilon}_{33}^{(\beta\gamma)}=\psi_3^{(\beta\gamma)}\end{cases} \tag{6.7}$$

$$\begin{cases}\bar{\varepsilon}_{12}^{(\beta\gamma)}=\dfrac{1}{2}\left(\phi_1^{(\beta\gamma)}+\dfrac{\partial\omega_2^{(\beta\gamma)}}{\partial x_1}\right)\\ \bar{\varepsilon}_{13}^{(\beta\gamma)}=\dfrac{1}{2}\left(\psi_1^{(\beta\gamma)}+\dfrac{\partial\omega_3^{(\beta\gamma)}}{\partial x_1}\right)\\ \bar{\varepsilon}_{23}^{(\beta\gamma)}=\dfrac{1}{2}\left(\phi_3^{(\beta\gamma)}+\psi_2^{(\beta\gamma)}\right)\end{cases} \tag{6.8}$$

3. 子胞应变与宏观应变关系

由于应力场和应变场分段均匀性要求，需要在重复单胞的子胞之间及所给单胞与周围单胞之间施加应力和位移连续条件，保证所给单胞与其相邻的单胞是以相同形式发生变形，由此得到子胞应变与宏观应变关系，即

$$\bar{\boldsymbol{\varepsilon}}^{(\beta\gamma)}=\boldsymbol{U}\bar{\varepsilon}+\boldsymbol{V}(\bar{\boldsymbol{\varepsilon}}_{\mathrm{s}}^{\mathrm{I}}+\bar{\boldsymbol{\varepsilon}}_{\mathrm{s}}^{\mathrm{T}}) \tag{6.9}$$

式中，$\bar{\boldsymbol{\varepsilon}}_{\mathrm{s}}$ 为子胞应变向量，具体分量表述 $\bar{\boldsymbol{\varepsilon}}_{\mathrm{s}}=(\bar{\boldsymbol{\varepsilon}}^{(11)},\cdots,\bar{\boldsymbol{\varepsilon}}^{(N_\beta N_\gamma)})^T$；$\bar{\boldsymbol{\varepsilon}}_{\mathrm{s}}^{\mathrm{I}}$ 为子胞的非弹性应变向量；$\bar{\varepsilon}_{\mathrm{s}}^{\mathrm{T}}$ 为子胞的热应变向量；$\boldsymbol{U}$ 为联系矩阵，包含单胞及子胞的几何尺寸及对应子胞材料参数的矩阵；$\boldsymbol{V}$ 为包含子胞非弹性应变和热应变的矩阵。

4. 子胞应力与宏观应变关系

将式(6.9)代入式(6.5)，得到子胞平均应力为

$$\bar{\boldsymbol{\sigma}}^{(\beta\gamma)}=\boldsymbol{C}^{(\beta\gamma)}\left[\boldsymbol{U}^{(\beta\gamma)}\bar{\boldsymbol{\varepsilon}}+\boldsymbol{V}^{(\beta\gamma)}(\bar{\boldsymbol{\varepsilon}}_{\mathrm{s}}^{\mathrm{I}}+\bar{\boldsymbol{\varepsilon}}_{\mathrm{s}}^{\mathrm{T}})-(\bar{\boldsymbol{\varepsilon}}^{\mathrm{I}(\beta\gamma)}+\bar{\boldsymbol{\varepsilon}}^{\mathrm{T}(\beta\gamma)})\right] \tag{6.10}$$

将式(6.10)代入式(6.2)，得到应变形式表达的复合材料本构方程：

$$\bar{\boldsymbol{\sigma}}=\frac{1}{hl}\sum_{\beta=1}^{N_\beta}\sum_{\gamma=1}^{N_\gamma}\boldsymbol{C}^{(\beta\gamma)}\left[\boldsymbol{U}^{(\beta\gamma)}\bar{\boldsymbol{\varepsilon}}+V^{(\beta\gamma)}(\bar{\boldsymbol{\varepsilon}}_{\mathrm{s}}^{\mathrm{I}}+\bar{\boldsymbol{\varepsilon}}_{\mathrm{s}}^{\mathrm{T}})-(\bar{\boldsymbol{\varepsilon}}^{\mathrm{I}^{(\beta\gamma)}}+\bar{\boldsymbol{\varepsilon}}^{\mathrm{T}^{(\beta\gamma)}})\right] \tag{6.11}$$

5. 宏观等效本构方程与等效刚度矩阵

将子胞本构式(6.5)代入到复合材料宏观应力的定义式(6.2)中,推导出的复合材料宏观本构方程为

$$\overline{\boldsymbol{\sigma}} = \boldsymbol{C}^* (\overline{\boldsymbol{\varepsilon}} - \overline{\boldsymbol{\varepsilon}}^{\mathrm{I}} - \overline{\boldsymbol{\varepsilon}}^{\mathrm{T}}) \tag{6.12}$$

式中,$\overline{\boldsymbol{\varepsilon}}^{\mathrm{I}}$ 为宏观非弹性应变;$\overline{\boldsymbol{\varepsilon}}^{\mathrm{T}}$ 为宏观热应变;$\boldsymbol{C}^*$ 为宏观等效弹性刚度矩阵。

将式(6.11)与式(6.12)结合,得到宏观刚度矩阵$\boldsymbol{C}^*$,即

$$\boldsymbol{C}^* = \frac{1}{hl}\sum_{\beta=1}^{N_\beta}\sum_{\gamma=1}^{N_\gamma} h_\beta l_\gamma \boldsymbol{C}^{(\beta\gamma)} \boldsymbol{U}^{(\beta\gamma)} \tag{6.13}$$

宏观的非弹性应变 $\overline{\boldsymbol{\varepsilon}}^{\mathrm{I}}$ 与宏观的热应变 $\overline{\varepsilon}^{\mathrm{T}}$ 为

$$\overline{\boldsymbol{\varepsilon}}^{\mathrm{I}} = -\frac{1}{hl}(\boldsymbol{C}^*)^{-1}\sum_{\beta=1}^{N_\beta}\sum_{\gamma=1}^{N_\gamma} h_\beta l_\gamma \boldsymbol{C}^{(\beta\gamma)} (\boldsymbol{V}^{(\beta\gamma)} \overline{\boldsymbol{\varepsilon}}_{\mathrm{S}}^{\mathrm{I}} - \overline{\boldsymbol{\varepsilon}}^{\mathrm{I}(\beta\gamma)}) \tag{6.14}$$

$$\overline{\boldsymbol{\varepsilon}}^{\mathrm{T}} = -\frac{1}{hl}(\boldsymbol{C}^*)^{-1}\sum_{\beta=1}^{N_\beta}\sum_{\gamma=1}^{N_\gamma} h_\beta l_\gamma \boldsymbol{C}^{(\beta\gamma)} (\boldsymbol{V}^{(\beta\gamma)} \overline{\boldsymbol{\varepsilon}}_{\mathrm{S}}^{\mathrm{T}} - \overline{\boldsymbol{\varepsilon}}^{\mathrm{T}(\beta\gamma)}) \tag{6.15}$$

6. 细观结构对弹性性能影响

研究了包含不同纤维形状包含方形、菱形、正六边形、圆形、椭圆形(a 和 b 分别是椭圆在坐标 x_3 和 x_2 两个方向轴长,轴比值为 a/b,圆形 $a/b=1$)单胞的复合材料弹性性能,计算所采用的单胞形状如图 6.4 所示,对应子胞数目分别为:4×4、20×20、18×20、20×20、20×20 和 20×20,计算所采用的碳纤维/环氧树脂。

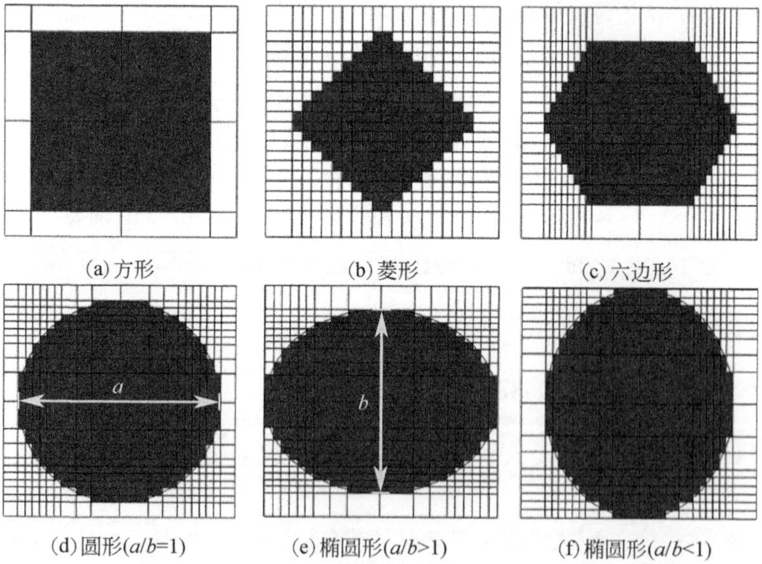

(a) 方形　(b) 菱形　(c) 六边形

(d) 圆形(a/b=1)　(e) 椭圆形(a/b>1)　(f) 椭圆形(a/b<1)

图 6.4　不同的纤维形状的单胞

不同单胞形状计算的弹性性能随纤维体积含量的变化如图 6.5 所示，给出了等效纵向弹性模量 E_{11}^*、等效横向弹性模量 E_{22}^*、等效纵向剪切模量 G_{12}^*、等效纵向和横向泊松比 ν_{12}^*、ν_{21}^* 和 ν_{23}^* 在不同纤维形状下的计算结果，其中椭圆形仅给出了 $a/b=0.7$ 和 $a/b=1.4$ 的两种极端情况。

由图 6.5(a)和(b)可以看出，纵向弹性模量和纵向泊松比 ν_{12} 不随纤维形状的改变而变化，说明纵向弹性模量和纵向泊松比 ν_{12} 不受纤维形状变化的影响。由图 6.5(c)～(f)发现，横向弹性模量和纵向泊松比 ν_{21} 受纤维形状影响改变不大，除了椭圆形外，其余所有形状的曲线基本重合；而纤维形状对纵向剪切模量和横向泊松比相对前面的几种弹性常数来说影响大很多。综合对比发现，除了纵向弹性模量和纵向泊松比 ν_{21} 外，其余 4 种弹性性能随椭圆形 a/b 比值变化的影响都比较大，

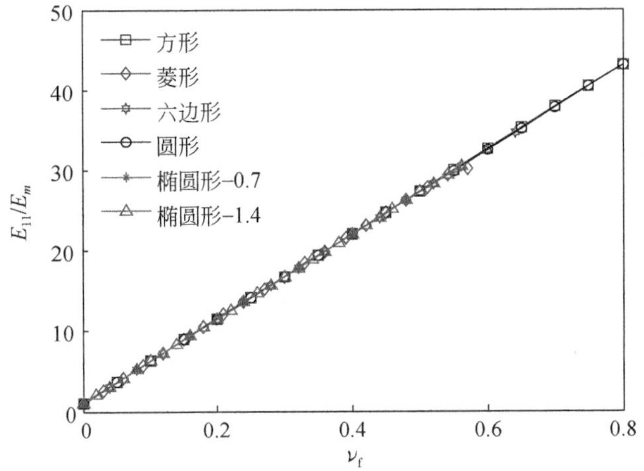

(a) 等效纵向弹性模量

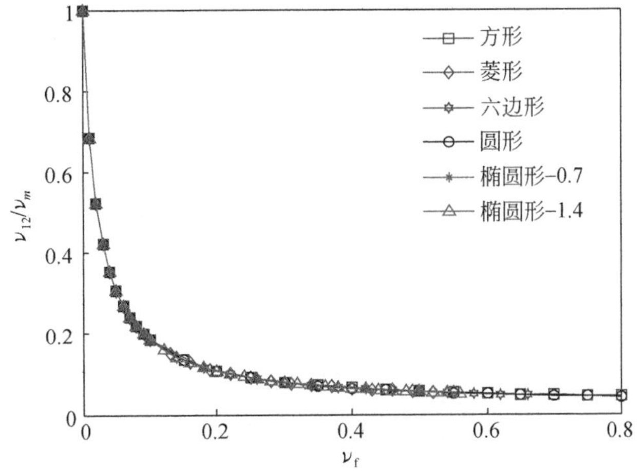

(b) 等效纵向泊松比

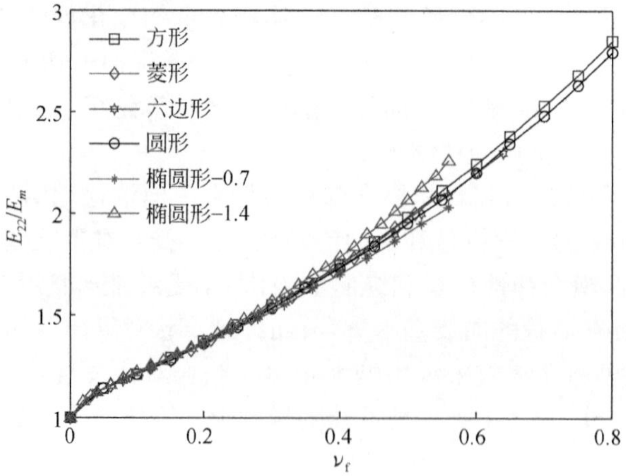

(c) 等效横向弹性模量

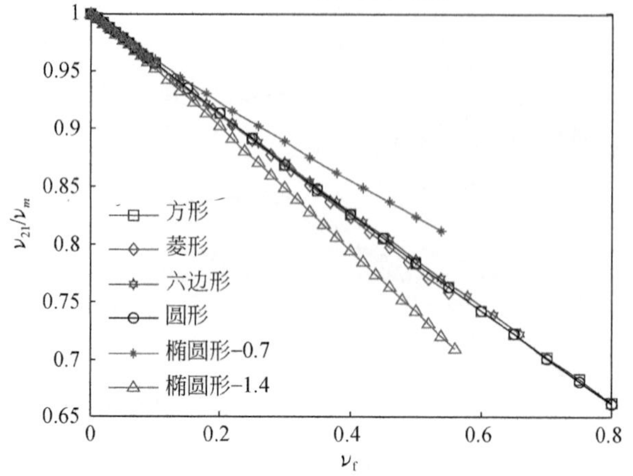

(d) 等效纵向泊松比

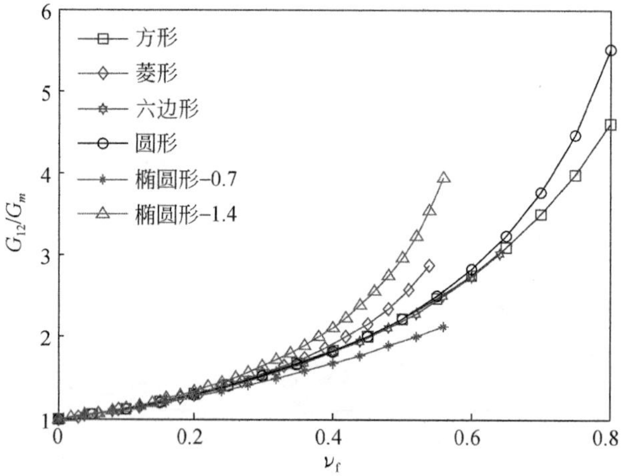

(e)等效纵向剪切模量

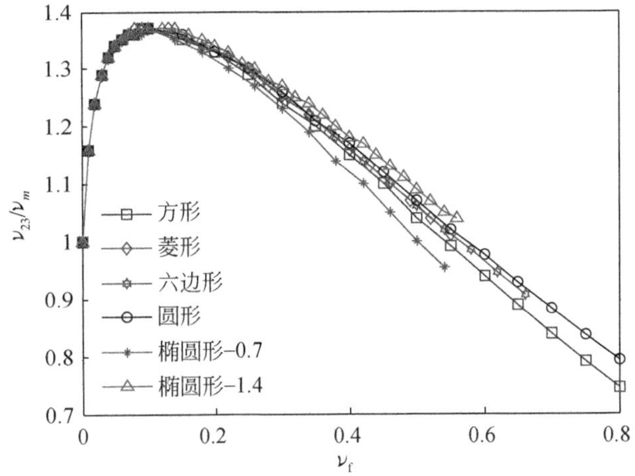

(f) 等效横向泊松比

图 6.5　包含不同纤维形状的碳纤维/环氧树脂弹性性能随纤维体积分数变化

在相同的纤维体积分数下，横向弹性模量、纵向剪切模量和横向泊松比都随着两轴比值 a/b 的增大而增大，而纵向泊松比 ν_{21} 则是随着椭圆形两轴比值 a/b 的增大而减小；纤维形状对弹性性能计算的影响随着纤维体积分数的增加而增大，且对纵向剪切模量计算值影响最大。

7. 细观结构对非弹性响应影响

以方形、圆形和两种椭圆形的分析单胞为对象，研究了复合材料 AS4/PEEK 在 $10^{-5}s^{-1}$、$10^{-1}s^{-1}$ 和 $100s^{-1}$ 三种加载率下不同偏轴角度对复合材料率相关拉伸响应的影响。图 6.6 显示了 AS4/PEEK90°的偏轴拉伸响应曲线，可以看出，率相关响应曲线在不同纤维形状下的差别非常显著。在无热残余应力状况图 6.6(a) 中，低应变和中等应变率 $10^{-5}s^{-1}$ 和 $0.1s^{-1}$ 下，方形纤维的流动应力(指材料变形过程某一瞬间进行塑性流动所需的真实应力)明显高出其他三种形状的流动应力许多。在高应变率下，不同纤维形状的饱和流动应力按顺序排列为：方形＞椭圆形 1.25＞椭圆形 0.8＞圆形。对比图 6.6(b) 可以发现，热残余应力影响主要体现在非弹性变形阶段，并且导致不同纤维形状的响应曲线差别增加，尤其是在高速应变率的状况下。

6.1.2　损伤多尺度建模

复合材料风电叶片是由具有不同方向单层板铺合而成的层合板结构，为了实现复合材料层合板结构损伤性能的分析与研究，必须在细观结构因素影响下的结构性能分析基础上，建立层合板结构的损伤演化模型。然而，复合材料宏观失效和

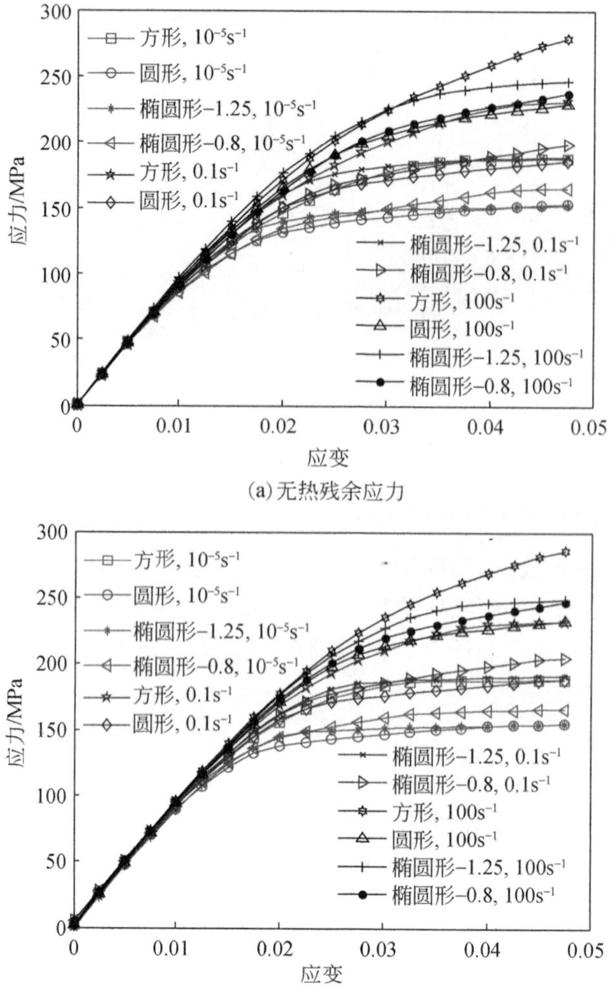

(a)无热残余应力

(b)有热残余应力

图 6.6　不同纤维形状 AS4/PEEK 的 90°偏轴拉伸率相关响应

破坏通常是由细观损伤失效(纤维断裂、基体开裂等)发展来,其损伤与破坏行为是宏、细观层次下多个尺度破坏机制相耦合的结果。单一尺度下(宏观或细观)的分析不能兼顾局部微观性能计算和整体宏观破坏分析,因此迫切需要发展一种能描述复合材料损伤演化的多尺度耦合力学方法。本节在 6.1.1 节所构建的通用单胞模型理论基础上,通过建立复合材料层合板多尺度嵌套细化分析模型的计算框架,引入聚合物基复合材料率相关非线性本构方程,建立考虑受动态载荷时率相关性能的宏细观材料失效准则和含损伤结构的性能突降式退化模型,在详细分析细观因素对整体破坏影响的前提下,避免了宏观力学方法对结构失效方式的误判,深入研究了组分材料的细观组成对损伤形成和发展的影响，并模拟损伤演化的发展过程，开展相关损伤失效定量预测的初步研究。

1. 复合材料多尺度嵌套细化方法的损伤研究

层合板的破坏过程包括两部分：当载荷施加时，损伤会从结构最薄弱层处开始萌生并发展使得强度最低的单层板破坏失效，称作层合板的初始失效(first ply failure，FPF)，初始层失效不会使得整体结构完全破坏，仅会引起整体结构损失一部分承载能力和刚度降低，结构体可以承受后续的加载行为；当载荷持续增强，使结构逐渐破坏造成层合板刚度降低至全部层都失效，称为层合板最终失效(last ply failure，LPF)。上述层合板结构失效过程如图 6.7 所示，可以看出层合板损伤演化及失效过程包含两方面研究内容[2]：一方面需要判断加载是否到达初始/极限破坏强度，给出预测损伤萌生的损伤判断准则；另一方面要建立包含损伤结构的性能衰退规律及剩余结构性能的数值分析模型，表述出现损伤以后层合板响应的变化和损伤对整体结构性能的影响，在复合材料损伤多尺度分析中这两方面内容相辅相成，缺一不可，是直接影响损伤演化和最终失效计算结构的正确性和准确性两大重要因素。

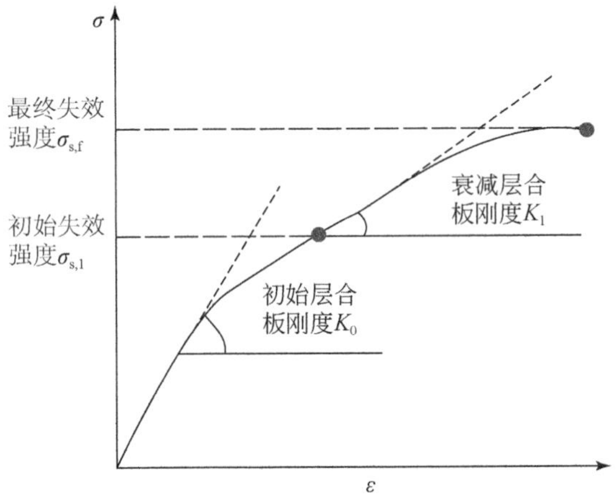

图 6.7　复合材料层合板失效过程响应曲线

为了准确模拟风电叶片复合材料层合结构内部的应力真实情况，考虑到其聚合物基体的率相关非弹性性能，本节在多尺度嵌套细化框架下融合聚合物基体的率相关非弹性变形流动法则，提出了率相关细观失效准则；并分别考虑纤维与基体在失效中不同的破坏机理，发展了不同组分的性能退化损伤准则，建立复合材料多尺度嵌套细化损伤演化分析模型；同时引入经典宏观力学失效准则，将层合板强度预测值与试验值对比，验证所提出的损伤分析方法。利用建立的多尺度损伤方法研究了各种加载方向(单向偏轴加载及多轴加载)和加载速度(不同应变率)下的复合材料层合板的非线性响应、层合板强度及破坏包络曲线。

1)基于率相关性能的细观失效准则

根据聚合物复合材料双轴破坏包络曲线的特点[3]，对 Hashin 宏观失效准则[4]进行修正，并结合聚合物基体率相关非线性响应的特点，提出一种率相关细观失效准则。由于纤维和基体性能和变形响应有所不同，分别考虑各自损伤破坏方式，在提出细观准则中包含两类失效模式：一类是纤维失效模式，另一类是基体失效模式。对于每一种失效模式，不同加载方式下的破坏方式不同，所以分别考虑了拉伸与压缩加载情况下的失效。基体失效准则的定义如下：

(1) 拉伸：

$$f_{\mathrm{t}}^{\mathrm{m}}(\sigma_{22}^{\mathrm{m}},\tau_{12}^{\mathrm{m}})=\left(\frac{\sigma_{22}^{\mathrm{m}}}{\bar{Y}_{\mathrm{t}}^{\mathrm{m}}}\right)^2+\left[\frac{\tau_{12}^{\mathrm{m}}}{\bar{S}^{\mathrm{m}}(1-p\sigma_{22}^{\mathrm{m}})}\right]^2=1 \tag{6.16}$$

(2) 压缩：

$$f_{\mathrm{c}}^{\mathrm{m}}(\sigma_{22}^{\mathrm{m}},\tau_{12}^{\mathrm{m}})=\left(\frac{\sigma_{22}^{\mathrm{m}}}{\bar{Y}_{\mathrm{c}}^{\mathrm{m}}}\right)^2+\left[\frac{\tau_{12}^{\mathrm{m}}}{\bar{S}^{\mathrm{m}}(1-p\sigma_{22}^{\mathrm{m}})}\right]^2=1 \tag{6.17}$$

式中，$\bar{Y}_{\mathrm{t}}^{\mathrm{m}}$ 为基体材料的横向拉伸率相关等效强度；$\bar{Y}_{\mathrm{c}}^{\mathrm{m}}$ 为基体材料的横向压缩率相关等效强度；$\bar{S}^{\mathrm{m}}$ 为基体材料的剪切率相关等效强度，在后面给出具体表达式；p 为剪切与横向加载下单层板强度的修正系数，是准则中最为关键的参数。

修正项 $(1-p\sigma_{22}^{\mathrm{m}})$ 的引入是为了恰当描述聚合物基体材料高剪切强度和低压缩强度的特性，从材料细观力学角度分析其原因：横向压缩加载会提高纤维与基体间载荷传递能力，并缓解由剪切方向载荷引起的细观损伤的扩展；相反地，横向拉伸加载则会促进细观损伤的扩展并且弱化纤维与基体之间的界面强度，由此保证了单向层合板的正交特性。该现象说明了层板的横向应力分量 σ_{22}^{m} 与剪切应力分量 τ_{12}^{m} 实际上是不耦合的，影响横向应力分量 σ_{22}^{m} 的主要因素是横向剪切强度 $\bar{S}^{\mathrm{m}}$ 。修正系数 p 通过下列偏微分方程的求解得到

$$\left.\frac{\partial f_{\mathrm{t}}^{\mathrm{m}}(\sigma_{22}^{\mathrm{m}},\tau_{12}^{\mathrm{m}})}{\partial \sigma_{22}^{\mathrm{m}}}\right|_{\sigma_{22}^{\mathrm{m}}=\frac{Y_{\mathrm{c}}}{2}}=0 \tag{6.18}$$

式(6.18)表示 p 值等于横向拉伸方程表达式(6.16)。对应力分量 σ_{22}^{m} 求偏导后，在 $\sigma_{22}^{\mathrm{m}}=Y_{\mathrm{c}}/2$ 处的取值。由于基体的非线性响应是率相关的，失效强度随应变率的变化需要在失效准则中予以考虑，其率相关等效应力与真实应力之间的关系[3]为

$$D_{\mathrm{d}}=D_{\mathrm{ref}}\ln\left(F_{\mathrm{f}}\frac{\dot{\varepsilon}_{\mathrm{d}}}{\dot{\varepsilon}_{\mathrm{ref}}}+1\right) \tag{6.19}$$

式中，$\dot{\varepsilon}_{\mathrm{ref}}$ 为参考应变率，这里取值为 $1.0\times10^{-5}\mathrm{s}^{-1}$；$\dot{\varepsilon}_{\mathrm{d}}$ 为动态加载应变率；D_{d} 为率相关等效强度值；D_{ref} 为参考应变率下的强度值（包含基体强度 $\bar{Y}_{\mathrm{t}}^{\mathrm{m}}$ 、$\bar{Y}_{\mathrm{c}}^{\mathrm{m}}$ 和 $\bar{S}^{\mathrm{m}}$ ）；F_{f} 为强度率相关等效常数。

纤维失效准则的定义如下：

（1）拉伸：

$$f_{\mathrm{t}}^{\mathrm{f}}(\sigma_{11}^{\mathrm{f}})=\left(\frac{\sigma_{11}^{\mathrm{f}}}{X_{\mathrm{t}}^{\mathrm{f}}}\right)^2=1 \tag{6.20}$$

（2）压缩：

$$f_{\mathrm{c}}^{\mathrm{f}}(\sigma_{11}^{\mathrm{f}})=\left(\frac{\sigma_{11}^{\mathrm{f}}}{X_{\mathrm{c}}^{\mathrm{f}}}\right)^2=1 \tag{6.21}$$

式中，σ_{11}^{f} 为纤维轴向应力；$X_{\mathrm{t}}^{\mathrm{f}}$ 和 $X_{\mathrm{c}}^{\mathrm{f}}$ 为分别是纤维拉伸强度和纤维压缩强度。

2）材料性能退化模型

退化模型是当材料达到失效准则条件发生损伤后，含损伤材料性能退化的数学描述，损伤演变模拟必须将材料初始失效准则和相应性能退化模型相结合才能完整地给出结构损伤发展特性。依据 WWFEI[5] 评比中涉及的聚合物基复合材料层合板的细观力学损伤分析方法，提出了适用于聚合物基体复合材料的性能退化模型，给出了用于多尺度嵌套细化方法中细观组分材料的弹性性能退化系数。由于聚合物基体是各向同性材料，而纤维是横观各向同性材料，所以在涉及刚度性能退化的 12 个分量中，最多需要考虑 9 个分量退化，具体退化系数列于表 6.1 中。当组分材料满足 6.1 节提出的细观失效准则时，对应组分的子胞就发生失效，并将退化系数与对应子胞刚度分量相乘，然后按照式(6.13)由退化的子胞刚度形成单层板的等效退化刚度矩阵，从而实现从细观子胞性能退化到单层板性能退化的损伤演化过程模拟。

表 6.1 不同失效方式下纤维与基体性能退化系数

失效方式	E_{11}	E_{22}	E_{33}	G_{12}	G_{23}	G_{13}	ν_{12}	ν_{23}	ν_{13}
纤维拉伸失效	0.01	—	—	0.01	—	0.01	0.01	—	0.01
纤维压缩失效	0.2	—	—	0.01	0.01	0.01	0.01	—	0.01
基体拉伸失效	—	0.01	—	0.01	0.01	—	0.01	—	—
基体压缩失效	—	0.2	—	0.2	0.2	—	0.2	—	—

注：“—”表示性能不改变。

3）层合板最终失效确定

由于通过上述子胞失效得到单层板等效退化性能不足以确定层合板最终失效状态，为了获得由单层板损伤累积导致的层板最终破坏的演化规律，需要定量给出不同组分失效模式(纤维/基体)对单层板宏观性能的影响,所以提出了具有归一化和方向性指标来量化不同加载方向下宏观刚度损伤时的比例值,该量化指标 U_L 定义为

$$U_L = \frac{S_0^i}{S_d^i} \tag{6.22}$$

式中,i 为第 i 层单层板;S_0^i 为第 i 层单层板的初始宏观柔度矩阵;S_d^i 为第 i 层单层板的退化宏观柔度矩阵。

当单层合板未损伤时,U_L 为 1;当单层板中间出现子胞失效时,失效单胞的退化力学性能引起单层板宏观柔度矩阵逐渐增加,因而指标 U_L 逐渐趋近于 0。在这里认为,当 $U_L \leqslant 0.5$ 时,即单层板失去一半的宏观刚度以后就认为该层破坏;当所有单层板的 $U_L \leqslant 0.5$ 时,认为层合板整体破坏。

2. 基于通用单胞模型的损伤多尺度分析模型

基于通用单胞模型的多尺度嵌套细化计算框架可以有效模拟聚合物基复合材料层合板的弹性性能及率相关非线性响应,在此基础上,结合提出的宏细观损伤准则和材料组分细观性能退化规律,发展了复合材料结构的多尺度嵌套细化损伤分析方法,并结合 ANSYS 有限元平台强大的 APDL 参数化编程的前处理功能及 LSDYNA 动力学分析求解器高效的非线性动力分析的能力,提出了基于嵌套细化损伤分析的 ANSYS/LSDYNA 联合建模求解技术,研究了复合材料层合板结构在不同方向加载中的非线性率相关的强度及破坏包络曲线预测计算,其分析流程如图 6.8 所示[6]。

ANSYS 拥有强大的结构模型前处理分析能力,利用 APDL 可编程序化语言对结构特征尺寸参数化设置,便于对模型进行快速重复化建模工作,但是 ANSYS 在结构非线性分析尤其是非线性动力学分析计算中往往不够准确;LSDYNA 商用有限元软件是世界上著名的通用显示动力学分析程序,其优异的非线性动力学分析能力和计算方法特别适合于求解结构碰撞、爆炸和材料成型等高度非线性瞬态动力学问题的求解,在工程中得到了广泛的认可和应用,因此也非常适合于复合材料层合结构在高速应变率加载下的非线性变形响应分析,然而 LSDYNA 是读取命令流式的关键字文件(.K)进行计算处理,由此导致其前处理功能相对较差,尤其是当结构存在较多的节点和单元时,其有限元模型修改非常不便。ANSYS/LS-DYNA 联合建模求解技术正是结合了两种商用有限元软件的优势,通过将 ANSYS 中 APDL 编写的计算条件,生成 LS-DYNA3D 所需的 K 文件,并且 LSDYNA 提供了用户二次开发动态链接库 DYNA. lib,使用 Fortran 语言写入用户自定义接口程序,通过修改 K 文件内容,添加用户自定义材料,实现调用基于通用单胞模型材料自定义 UMAT 程序。

结合建立的多尺度嵌套细化框架、所提出的率相关细观失效准则和含损伤结

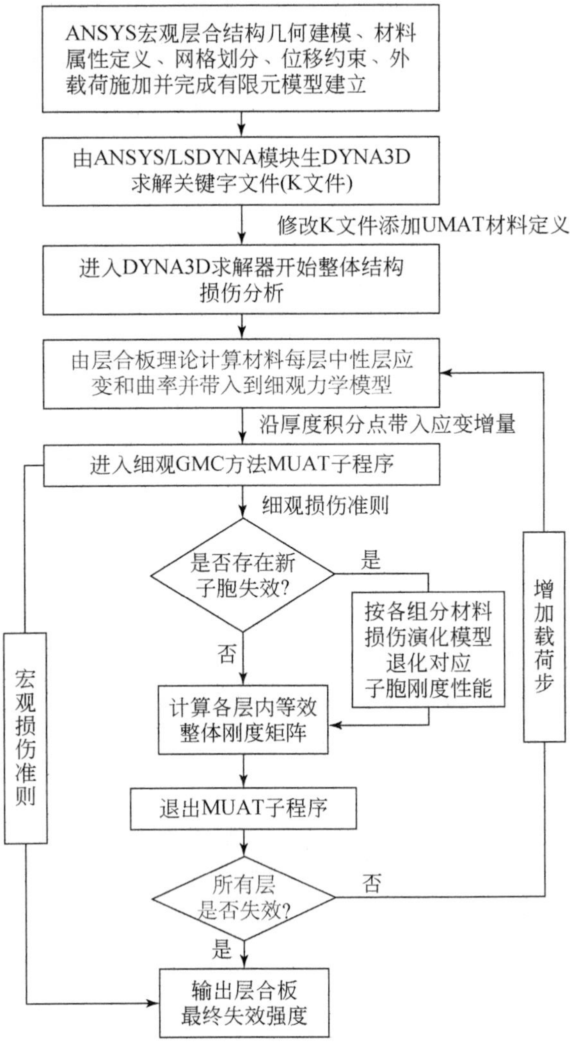

图 6.8 复合材料层合结构损伤多尺度模型

构退化模型，根据图 6.8 将流程详细步骤列出。按照细观失效准则和宏观失效准则的不同，基于嵌套细化损伤分析的复合材料层合结构 ANSYS/LSDYNA 联合建模求解技术流程主要可以归纳为以下几点，其中步骤(3)～(5)为依据细观损伤准则的层合板逐渐损伤分析，步骤(6)为依据宏观损伤准则的层合板逐渐损伤分析。

(1) 在 ANSYS 中建立待分析层合板结构的几何模型、有限元模型、材料参数定义、定义边界条件、循环施加载荷步长、热残余应力自由温度和组分材料各个方向强度值等损伤分析所需的求解条件，并生成 K 文件，导入到 LSDYNA 中并进行修改，添加 UMAT 子程序定义。

(2) 基于层合板理论，由边界约束和外载荷计算出层合板中性层应变，通过厚度方向每一层积分点调用 UMAT 子程序并将外部宏观应变传入子程序中，使用通用单胞模型计算出表示单层板的单胞中每个子胞的应力，并由此得到单层板宏观应力。

(3) 依据提出的率相关细观损伤准则对单胞中每个子胞应力分别判断，观察纤维和基体所在子胞应力是否满足各加载条件下的失效条件，如果不满足就转入下一阶段求取单层板整体等效刚度，如若满足就先依据含损伤单层板性能逐渐退化模型对材料整体刚度进行退化，然后得到折减后等效刚度矩阵，再计算出单层板性能退化后的宏观应力，更新历史变量，退出 UMAT 用户自定义程序。

(4) 依次对沿厚度方向第 $i(i=1,\cdots,n)$ 层单层板的整体刚度量化指标 U_{L}^{i} 进行计算，当 U_{L}^{i} 退化到 0.5 以下，即认为当前所在单层板发生破坏。若某一单层内指标 U_{L}^{i} 首次退化到 0.5 以下就认为发生初始层破坏，继续对下一层的 U_{L}^{i} 进行计算，直到完成对所有层的失效判断。

(5) 判断是否所有层的指标 U_{L}^{i} 都降为 0.5 以下，如果不是则表示层板还可以继续承受载荷，增加载荷增量，然后转入到步骤(3)继续进行细观子胞失效判断和材料单层板性能退化，再按照步骤(4)对各层破坏情况判断，重复步骤(3)和步骤(4)的计算过程，直至所有层板 U_{L}^{i} 指标降至 0.5 以下，这时认为层合板所有层都失效，获得层合板最终失效的极限强度和受力情况。

(6) 也可以在直接依据通用单胞模型计算的宏观应力由宏损伤准则判断各层破坏与否，由得到的单层板失效模式(纤维或基体失效)按照所提出的性能退化模型对层合板整体刚度退化，然后计算层合板整体性能指标 $U_{\mathrm{L}}^{\mathrm{tot}}$，若 $U_{\mathrm{L}}^{\mathrm{tot}} \leqslant 0.5$ 即认为层合板整体最终破坏发生。

(7) 当层合板发生最终破坏后退出计算。

3. 加载方式对单向偏轴层合板强度预测影响

利用单向层合板准静态双轴加载中试件 AS4/3501 单向层合板，其性能参数如表 6.2 所示，双轴加载条件为横向拉伸与纵向剪切组合加载，层合板双轴下横向拉伸强度 $Y_{\mathrm{T}}=60\mathrm{MPa}$ 和 $S=86.35\mathrm{MPa}$，试验值见参考文献[7]。可以由前述方法求得材料基体组分强度 $Y^{\mathrm{m}}=67.5\mathrm{MPa}$ 和 $S^{\mathrm{m}}=97.6\mathrm{MPa}$，得到前述三种宏观损伤判断准则、细观 Huang 准则和提出的细观准则预测的 AS4/3501 双轴加载破坏包络曲线，并与试验值对比，结果显示在图 6.9 中，可以看出提出的细观准则的预测值与试验值比较吻合，并且与 Tsai-Hill 准则和 Tsai-Wu 准则计算值很接近，同时计算结果要优于最大应力准则，说明该准则可以很好地预测单层板双轴加载的破坏包络曲线，而当应用 Huang 细观准则[8]于多尺度损伤分析方法时强度误差比较大。

表 6.2　对称铺层复合材料层合板弹性性能

材料性能	碳纤维	树脂基体
纵向弹性模量 E_{11}/GPa	213.70	3.45
横向弹性模量 E_{22}/GPa	13.80	3.45
剪切模量 G_{12}/GPa	13.80	1.30
纵向泊松比 ν_{12}	0.20	0.35
横向泊松比 ν_{12}	0.25	0.35

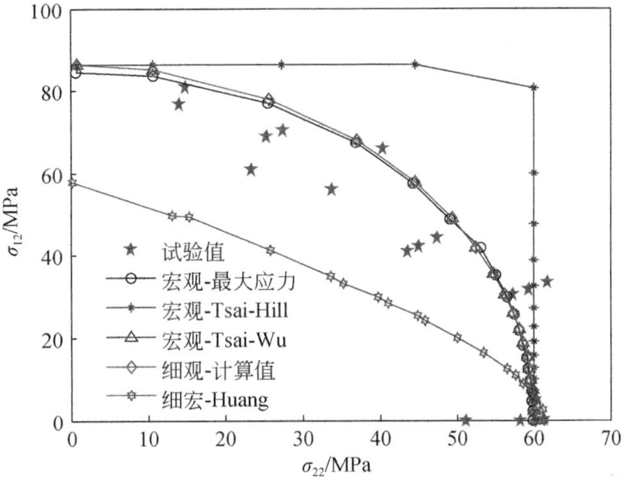

图 6.9　AS4/3501 单向层合板横向双轴加载强度包络曲线预测值与试验值对比

4. 基于复合材料层板破坏试验验证及结果分析

单向碳纤维/环氧树脂层板的树脂基体 1 在 $6.67\times10^{-5}\mathrm{s}^{-1}$应变率下进行了拉伸和剪切试验，研究加载应变率对聚合物基复合材料的非线性响应及破坏行为的影响。两种复合材料组分强度值：碳纤维复合材料，纤维纵向拉伸强度 X_t^f = 2656MPa，纵向压缩强度 X_c^f =1558MPa，基体横向拉伸强度 Y_t^m =80MPa，纵向和横向拉伸强度 Y_c^m =141MPa，剪切强度 S^m =70MPa；玻璃纤维复合材料，纤维纵向拉伸强度 X_t^f =1617MPa，纵向压缩强度 X_c^f =421MPa，基体横向拉伸强度 Y_T^m = 37MPa，纵向和横向拉伸强度 Y_c^m =121MPa，剪切强度 S^m =22MPa。

碳纤维增强复合材料树脂基体 1 在准静态拉伸及剪切非线性响应曲线如图 6.10 所示，可以看出，通过基体材料性能测试得到的率相关非弹性本构模型参数可以很好地预测复合材料非线性变形响应曲线。应用本文提出方法计算的材料不同偏轴角度拉伸强度与试验值对比列于表 6.3 和图 6.11 中，其中预测强度与试验值的最大误差不超过 16%，结果验证了所提出的嵌套细化损伤模型可以有效预测单向材料偏轴强度。偏轴角度为 15°～90°加载试验件的破坏形貌如图 6.12 所示，可以看到所有试件都是沿着与之相应纤维偏轴角度的断面处破坏的，并且断面非常干净没有纤维拔出现象，证明破坏模式都为基体脆性断裂。该现象也和损伤分析模型得到的计算结果吻合，这是由于碳纤维与环氧基体间结合强度要高于基体强度所致。

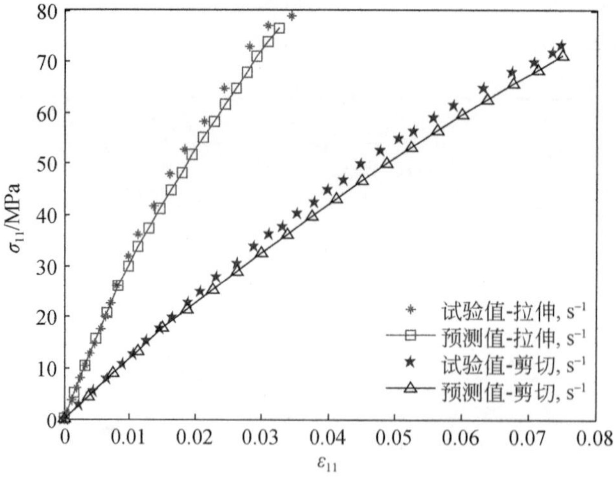

图 6.10　环氧树脂 1(碳纤维复合材料基体)拉伸与剪切响应曲线

表 6.3　碳纤维复合材料基体偏轴拉伸强度计算值与试验值对比

偏轴角度/(°)	试验值/MPa	细观损伤准则/MPa	相对误差/%
15	343	348.20	1.54
30	141	148.00	4.90
45	77	74.01	−4.24
60	43	49.53	15.76
75	35	39.75	14.60
90	36	37.22	2.63

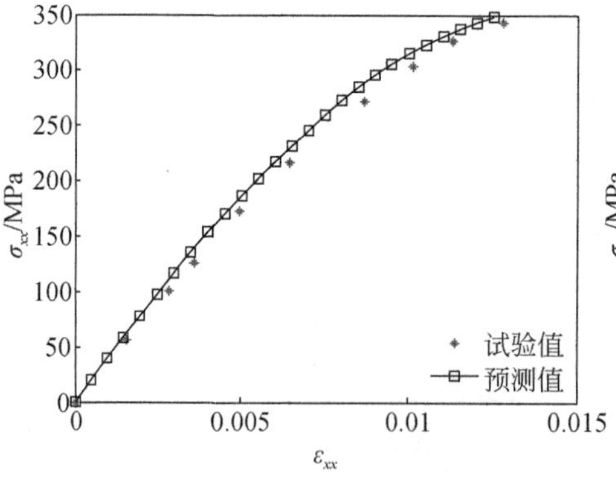

(a) 15°

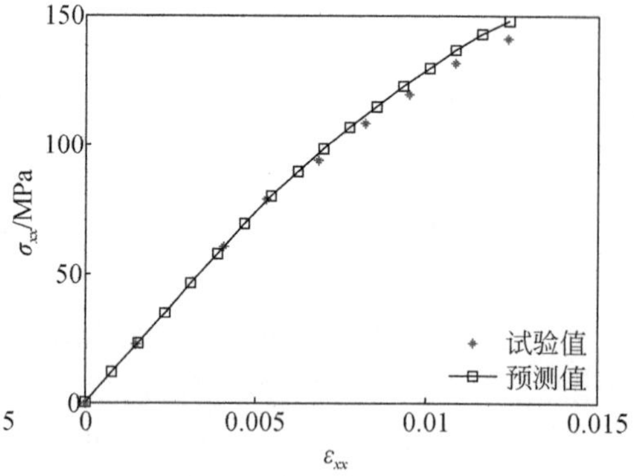

(b) 30°

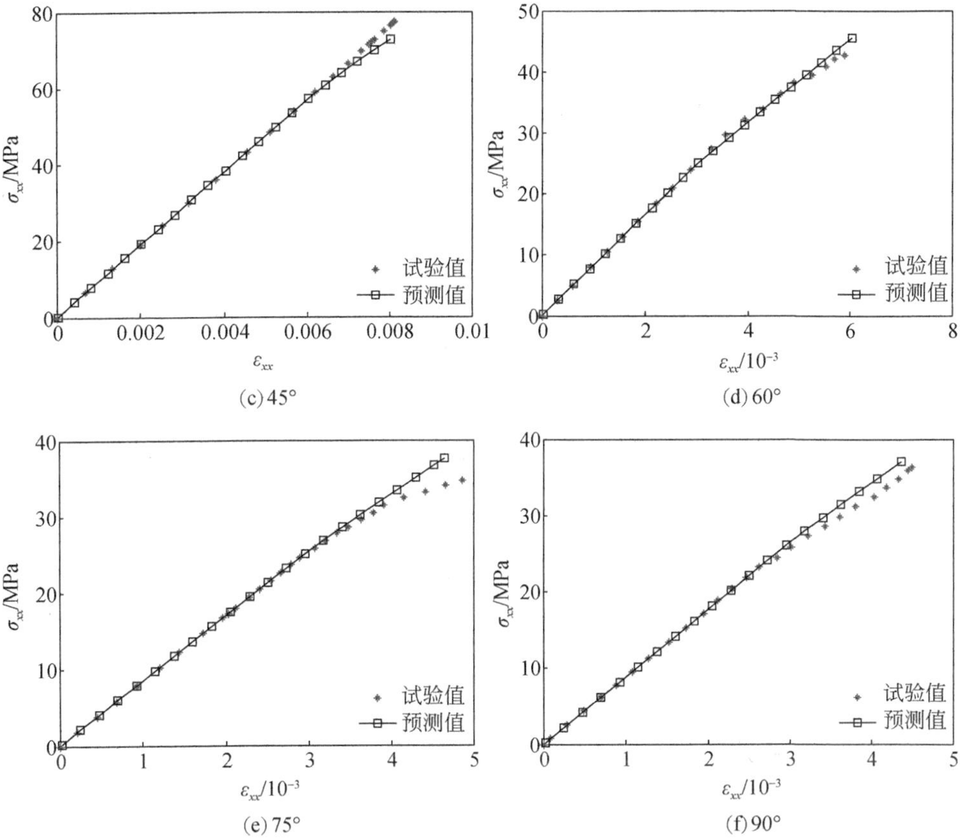

图 6.11　碳纤维复合材料基体偏轴拉伸响应曲线及强度计算

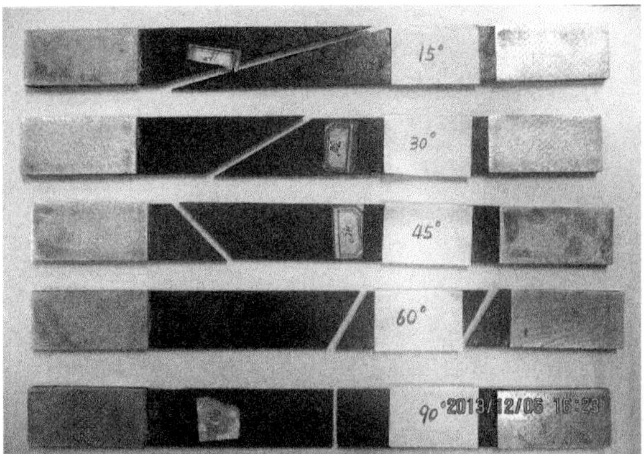

图 6.12　15°、30°、45°、60°和 90°单向玻璃纤维增强树脂层合板试件破坏形貌

6.2 基于应变监测的风电叶片损伤识别研究

风电叶片损伤识别的关键是从反映结构健康状况的动态响应信号中提取损伤信息，应变是结构的重要物理特性，是最能反映结构局部特征参数之一，并且应变是结构出现损伤或受到冲击的自身变化，不需要人为激励，便于从应变信号中提取结构局部特征。因此，本节从风电叶片的应变监测出发，开展风电叶片损伤识别方法研究。

目前，用于风电叶片结构健康监测技术在应用方面的发展还不够成熟，主要受到提取叶片结构信息的传感监测技术和在恶劣工况下有效的损伤识别方法两方面的因素影响。现有叶片健康监测中光纤光栅应变传感器是一种非常有潜力的复合材料风机叶片结构健康监测手段，虽然由于其价格较高，目前仅有少数实施案例，但是有望在未来先进传感器技术的发展下，制造出经济性高的健康监测系统并广泛使用[9]。光纤光栅应变传感器的主要优点是体小质轻、耐腐蚀和抗干扰性强等，非常适合嵌入叶片结构中进行各种物理状态的监测：一方面可以监测叶片在制造过程中如温度、压力、固化程度和残余应变等过程参数，控制和减少制造中的缺陷，实现风机叶片生产制造的在线监测和优化控制，以提高叶片生产质量，增加叶片使用寿命；另一方面利用这些集成制造在结构中的传感网络，可以对复合材料叶片结构的受力、损伤等情况进行动态监测，从而及时地发现损伤，并根据损伤程度采取相应的处理措施。已有很多成功案例证实了光纤光栅传感器是复合材料叶片结构健康监测的有效传感手段之一[10]，并且将应力/应变传感器埋入复合材料内部，可以在实现复合材料风机叶片整体制造和在线监测一体化的同时，也可以监测叶片的运行寿命。

本节在光纤光栅应变传感器基础上，通过风电叶片静力加载的应变测试验证了从应变监测出发，开展风电叶片损伤识别识别方法的可行性，并通过一种风电叶片在线裂纹诊断方法验证了基于应变监测的风电叶片损伤识别方法的有效性和精度，从而为基于应变监测风电叶片结构损伤在线监测与结构健康监测系统的建立提供有力的技术支持与理论支撑。

6.2.1 风电叶片应变测试试验台

风电叶片应变测试试验台的整体结构组成及实物分别如图 6.13 和图 6.14 所示，试验中将叶片根部的端面夹持于固支台，用光纤光栅应变传感网络粘贴于叶片表面，测量静力试验中加载和卸载的应变变化，然后连接传感器引出光纤接入到 SM130 光纤光栅解调仪，解调仪解调出每一通道内不同传感测点的中心波长变化，并连接工控机进行中心波长信号的监控和记录，最后将记录的中心波长变化在软件中进行变换处理，获得最终所需的各个测点的应变变化。被测风电叶片为300W水平轴小型风电机叶片，质量为0.9kg，整体长度为710mm，最大弦长位置为距叶根180mm处，最大弦长为135mm，叶片整体由玻璃纤维复合材料构成。

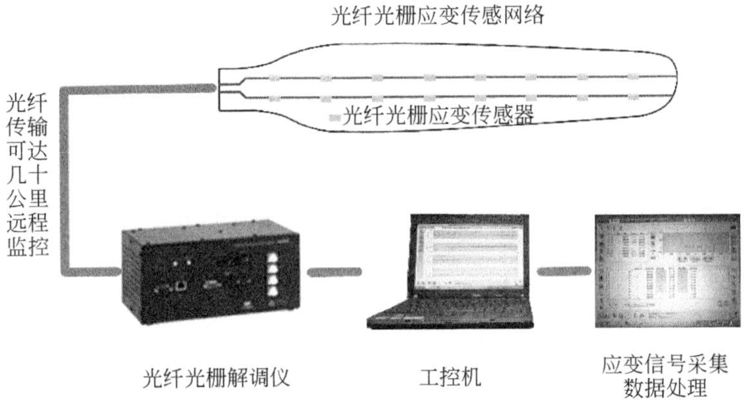

图6.13 风电机叶片静力试验台组成连接示意图

图6.14 风电机叶片静力试验台实物

综合考虑上述风机叶片重要部位，设计了8测点的单根光纤传感器，所布置的传感器测点位置包括：连接轮毂的叶片根部，它是整体结构承力最大部位比较宽厚；面尺寸变化剧烈的截面及最大弦长处的截面；距离叶根部位30%～35%位置及70%位置、上翼梁盖板和翼梁凸缘是叶片损伤容易出现的部位。具体测点布置图如图6.15所示，图中小矩形块所示的为传感器测点，而长条矩形则表明施加载荷截面位置，另外迎风面和背风面三组光纤光栅传感器编号对应的中心波长列于表6.4中。

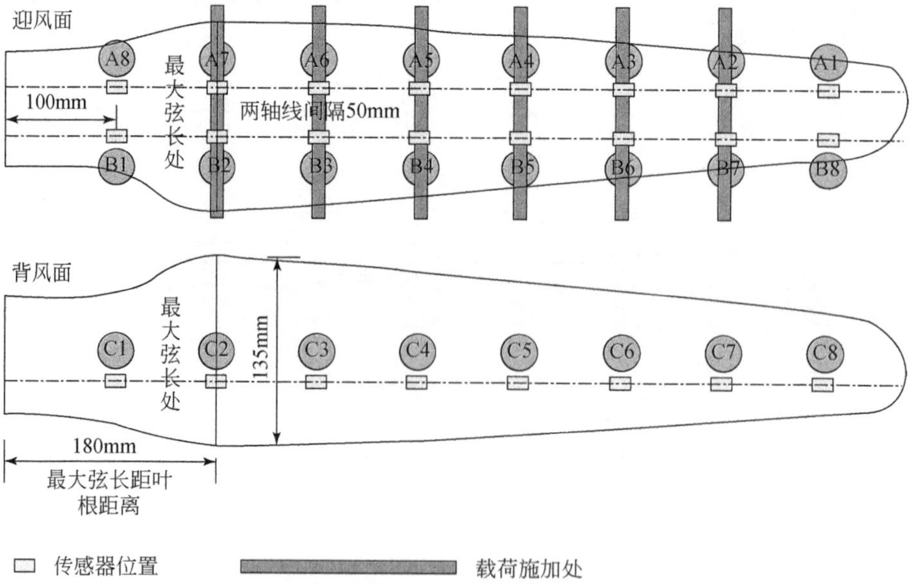

图 6.15　风电机叶片静力试验光纤传感网络测点布置

表 6.4　不同组别测点的中心波长

组别	编号							
迎风面 A 组	A1	A2	A3	A4	A5	A6	A7	A8
迎风面 B 组	B1	B2	B3	B4	B5	B6	B7	B8
背风面 C 组	C1	C2	C3	C4	C5	C6	C7	C8
中心波长/nm	1537	1342	1547	1552	1557	1562	1567	1572

1. 静力加载试验

试验中分别在不同截面对叶片进行单点和多点静力加载试验。由于在实际运行中叶片是迎风面受力，因此，静力试验中在风机叶片的迎风面进行加载。加载时保持载荷方向垂直于叶片轴向加载，并沿叶片展向加载。使用固定重量的砝码吊挂在加载盘中施加特定载荷，然后利用粗绳连接托盘挂钩悬挂于要施加载荷部位。为了在加载过程中保护叶片结构和粘贴在叶片表面的传感器测点，吊绳与叶片接触面之间垫防震隔层隔开。以单点静力加载为例，试验加载装置的组成如图 6.16 所示。

单点加载具体加载位置为(由叶尖向叶根距离)：A2B7、A3B6、A4B5、A5B4 和 A7B2 共 5 处，试验中在 5 组不同截面位置处进行单点逐级加载，施加载荷为最大

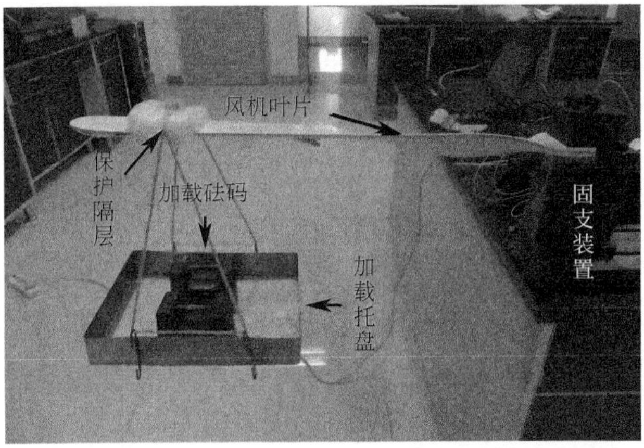

图 6.16　风电机叶片静力试验单点加载试验装置组成

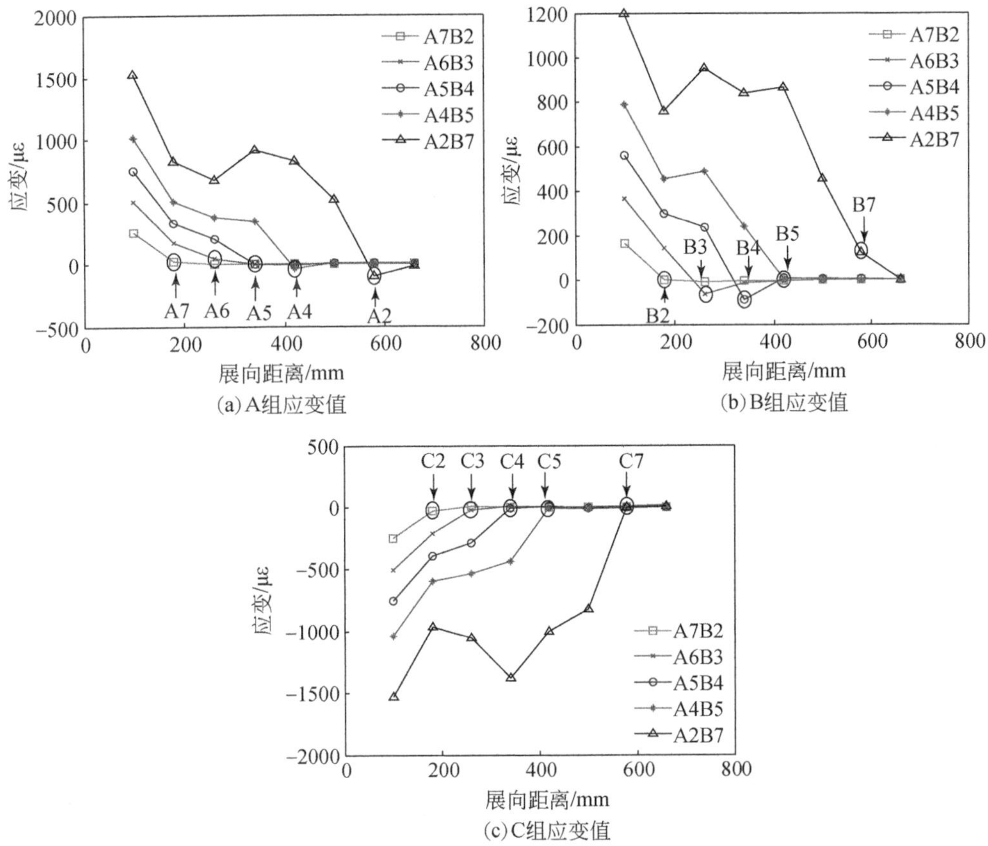

图 6.17　风机叶片 5 组不同位置单点静力试验中应变测量值对比

载荷 10kg 时得到 3 组传感器沿叶片展向的测量值，如图 6.17 所示，每个截面加载曲线的加载位置点用圆圈标出，同时给出该测点的传感器编号。结果表明应变分布沿着展向减小；随着加载点相对叶片根部距离缩短，对应点应变减小，同时中间叶片段应变的变化程度降低；三组传感器都能比较好地监测到加载点位置的变动，证明应用应变参数对风机叶片的损伤进行判断和识别的可行性。

2. 损伤叶片加载试验

为了开展基于结构应变参数变化的风机叶片损伤识别初步研究，应用光纤光栅传感网络监测含损伤风机叶片在静力加载过程中沿展向的应变变化，将其与无损伤状态下风机叶片展向应变进行对比，从而对损伤位置进行初步识别。由于叶片损伤容易发生在距离叶根部位 30%～35%位置及 70%位置，因此选择 A6B3 处作为损伤位置，并使用单点加载测量损伤应变。

由 A 组、B 组和 C 组传感器测量的完好与损伤叶片沿展向的应变分布对比如图 6.18 所示，其中圆圈处的应变值为损伤处的应变测量值。由图 6.18 中可以看出，在 A 组与 C 组测量曲线中，有无损伤情况下的应变展向分布间没有明显变化，尤其是损伤处的应变几乎相同；而 B 组测量值中，有无损伤情况下的应变值在损伤处的变化尤为明显，比其他位置处的应变变化都要大，这与损伤位置靠近 B3 处传感器的真实情况非常一致。上述的试验结果说明损伤的存在能够局部地影响其附近的结构应变，结合完好情况下传感器测量值以及传感器位置分布情况，能够比较准确地判断损伤位置；同时也证明应用应变参数对风机叶片的损伤进行判断和识别的可行性。后续可以借助所建立的多尺度嵌套细化方法对叶片结构受力和变形做进一步详细分析，同时与先进的信号处理技术或模式识别方法相结合，对含损伤处的特征应变提取，发展基于风机叶片结构健康监测的可靠损伤识别方法。

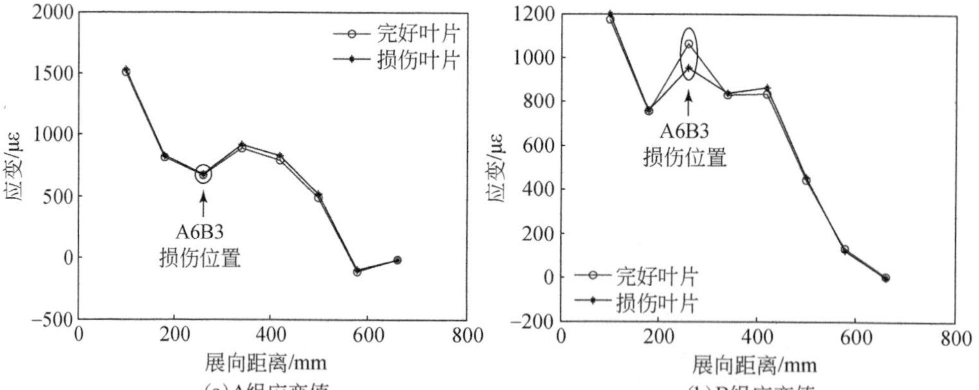

(a) A组应变值　　(b) B组应变值

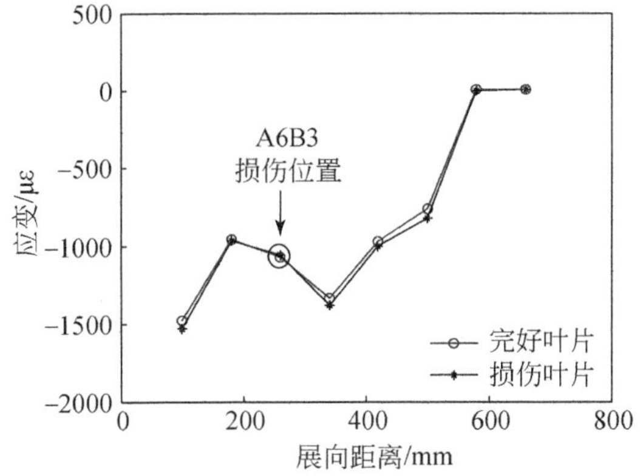

(c) C组应变值

图 6.18　A5B4 单点静力加载中完好和损伤风机叶片应变测量值对比

6.2.2　风电叶片在位裂纹诊断研究

在上述风电叶片静力加载情况的应变测试试验中发现，通过光纤光栅传感器测量叶片的应变分布，不但能快速而有效的反映出完好叶片在不同加载载荷与加载位置的受载情况，同时也能在应变测量数据中反映出叶片损伤的信息。因此，本小节针对传统风电叶片裂纹诊断方法中需要完好状态数据的缺点，基于上述光纤光栅应变测量系统，提出了一种可靠性高、使用简便的风电叶片在位裂纹诊断方法。

风电叶片在线应变测量系统如图 6.19 所示，试验中使用的大型风电叶片安装图与试验图如图 6.20 所示。使用光纤光栅应变传感器实时采叶片表面应变信号，采用光纤传输将信号传送至光纤光栅解调仪中进行解调，得到数字信号并送入工控机中进行分析，并在测量中配置光接头以解决风力发电机运行中叶片旋转条件下的信号传输。该方法的整体思路[11]：由采集应变信号计算不同风载时叶片响应间的卡方分布曲线；然后对卡方分布曲线进行多项式重构，获得重构曲线；再将获得的重构曲线看作不同信息源，使用重构最优累积理论对其进行信息融合，获得其信息融合度曲线；最后依据信息融合度曲线最大值的位置识别叶片裂纹的位置。该方法在识别风电叶片裂纹中有以下两方面的优点：一是只需要不同静态载荷时风力发电机叶片的静态响应，不需要风力发电机叶片完好状态时的任何数据；二是运算快速准确，简单可行，可用于风电叶片的实时在线健康监测。

1. 诊断算法

（1）数据采集：在风力发电机叶片上设置光纤光栅传感器，采集一段时间内不

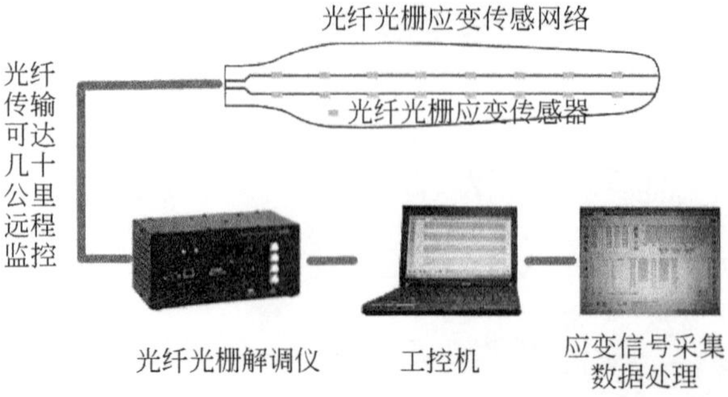

(a)系统示意图

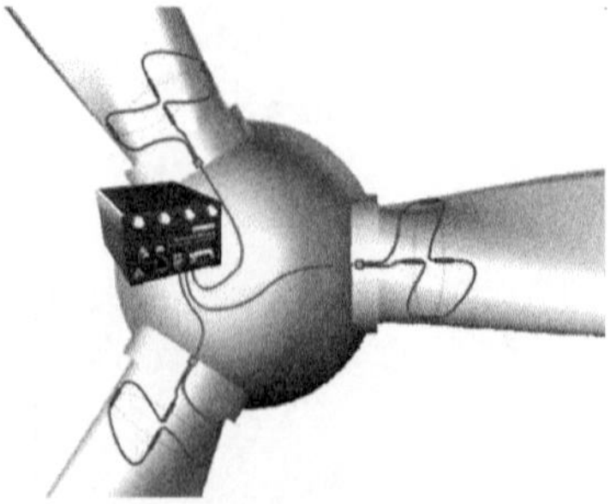

(b)光接头

图 6.19　风电叶片在线应变测量系统示意图

(a)风电叶片安装

(b)风电叶片试验

图 6.20　大型风电叶片安装和试验

同风载强度引起的应变响应，得到不同风载时风力发电机叶片的响应数据序列。对风力发电机叶片施加不同的静态载荷，记为第 m 种静态载荷和第 n 种静态载荷，则相应的静态响应分别记为 $y_m(x)$ 和 $y_n(x)$，其中 $1 \leqslant n、m \leqslant l$，$l$ 为风力发电机叶片风载种类的和，$y(x)$ 表示第 x 个光栅记录的静态响应。

(2) 卡方分布计算：计算不同静态载荷时风力发电机叶片静态响应之间的卡方分布，得到相应的卡方分布曲线。计算风力发电机叶片静态响应 $y_m(x)$ 和 $y_n(x)$ 之间的卡方分布 $\mathrm{CSD}(x)$，得到相应的卡方分布曲线，其计算公式为

$$\mathrm{CSD}(x) = \frac{(y_m(x) - y_n(x))^2}{y_m(x) + y_n(x)} \tag{6.23}$$

(3) 数据重构：使用三次多项式对不同静态载荷响应之间的卡方分布曲线进行重构，获得其多项式重构曲线。确定重构卡方分布曲线的三次多项式的计算公式为

$$b(x_i) = a_0 + a_1 x_i + a_2 x_i^2 + a_3 x_i^3 \tag{6.24}$$

式中，x_i 为每 i 个光纤光栅传感器距离第一个光纤光栅传感器的长度，$a_0, \ldots, a_3$ 为需要求解的待定系数。从卡方分布曲线上选取四个点，将其坐标值代入式(6.24)，得到一个四元一次方程，求解该方程获得待定系数 a_0 到 a_3 的值，将其和 x_i 的值代入式(6.24)得到重构曲线 $\widetilde{\mathrm{CSD}}$。针对获得的卡方分布曲线 $\mathrm{CSD}_1(x), \cdots, \mathrm{CSD}_5(x)$，采用上述方法对其进行重构，获得相应的重构曲线 $\widetilde{\mathrm{CSD}}_1(x), \cdots, \widetilde{\mathrm{CSD}}_5(x)$。

(4) 信息融合：将获得的多项式重构曲线看作不同的信息源，计算不同信息源之间的最优信息因子，然后对其进行信息融合，获得其信息融合度曲线，依据信息融合度曲线最大值的位置识别风力发电机叶片裂纹的位置。选取五个不同的卡方分布重构曲线 $\widetilde{\mathrm{CSD}}_1(x), \cdots, \widetilde{\mathrm{CSD}}_5(x)$，将每个光栅传感器 x_i 处的五个不同的卡方分布重构值看作五个不同的信息源，选取最大的两个值的平均值 $\widetilde{\mathrm{CSD}}(x_i)$ 当做包含信息最多的信息源。计算上述五个信息源之间的信息融合度曲线：

$$\mathrm{ROA}(x_i) = \sum_{x_1 \cap x_2 \cap x_3 \cap x_4 \cap x_5 = x_i} \widetilde{\mathrm{CSD}}_1(x_i)\, \widetilde{\mathrm{CSD}}_2(x_2)\, \widetilde{\mathrm{CSD}}_3(x_3)\, \widetilde{\mathrm{CSD}}_4(x_4)\, \widetilde{\mathrm{CSD}}_5(x_5) \tag{6.25}$$

最后，依据信息融合度曲线最大值的位置识别风力发电机叶片裂纹的位置。

2. 实施案例

对风力发电机叶片的迎风面粘贴一根包含 12 个光栅的光纤光栅传感器，形成 12 个测点位置，以不同波长区分 12 个光栅测点。在五个不同风载的时段进行应

变测试，采用 MOI 公司的光纤光栅解调仪 SM130 解调记录叶片的应变响应，其中采样频率为 1000Hz。

选取采样得到的 10 组不同静态载荷下风力发电机叶片的响应，记为 $y_1(x)$，…，$y_{10}(x)$，分别计算两互不重复静态响应之间的卡方分布曲线，记为 $CSD_1(x)$，…，$CSD_5(x)$，如图 6.21 所示。对不同静态载荷响应之间的卡方分布曲线进行最高阶次为三次的多项式重构，获得其多项式重构曲线，如图 6.22 所示。将获得的多项式重构曲线看作不同的信息源，使用重构最优累积理论计算不同信息源之间的最优信息因子，然后对其进行信息融合，获得其信息融合度曲线，如图 6.23 所示，可见 6 号测点信息融合曲线峰值最高，怀疑该处出现损伤，后经无损检测发现 6 处已出现较严重分层损伤。

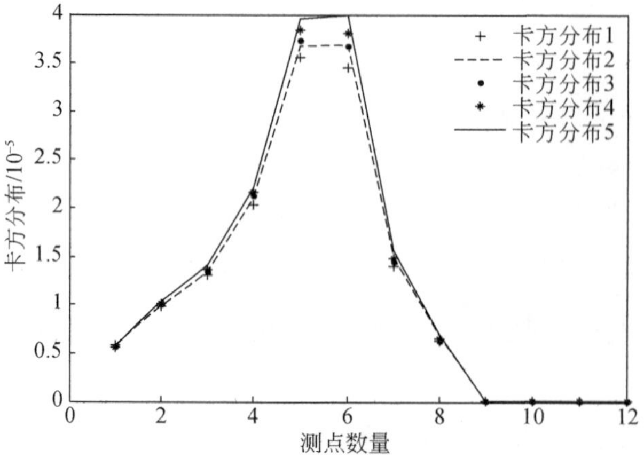

图 6.21　不同模拟载荷得到的卡方分布

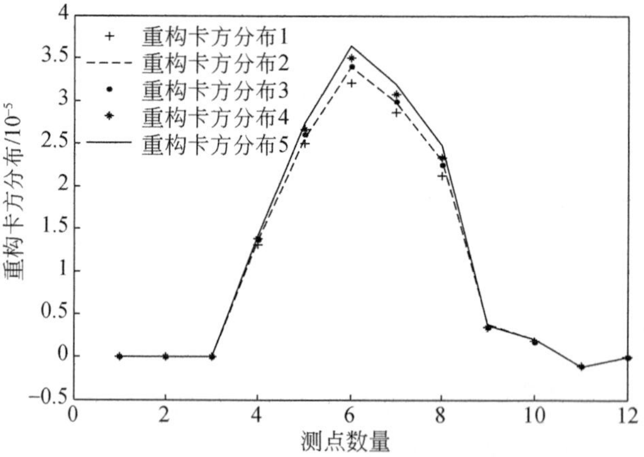

图 6.22　三次多项式重构卡方分布

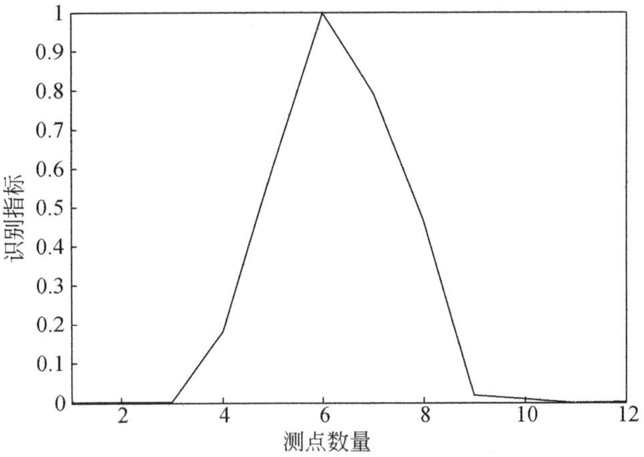

图 6.23　信息融合度曲线

6.3　基于声信号监测的叶片故障诊断方法

6.2 节所述的基于应变监测的叶片损伤识别方法虽然具有很高的损伤识别精度，能够准确定位损伤位置，但是在实际风电叶片在线监测中还是有很多应用限制，如应用光纤光栅传感器网络实现应变监测，需要实现传感器与叶片的一体化制造比较困难；另外，所提出的方法是否能实现风电叶片复杂运行工况下的损伤识别还有待工程验证。因此，现阶段将基于应变监测的叶片损伤识别方法实现工程化应用还有很多问题亟待解决，本节从声信号监测的角度提出了一种解决风电叶片在线监测下的故障诊断方法，期望能为风电叶片故障诊断的工程化实现提供一种新的思路。

声学故障诊断方法是一种基于非接触测量的识别技术，通过先进信号处理方法可以将叶片故障特征从强背景噪声中分离出来，形成高效故障诊断技术；同时可将传声器采集和故障识别功能结合组成风力发电机叶片监测系统，后续可以进一步将功能集成形成智能传感器，为后续风力发电机健康监测产业化奠定基础。因此，开展风电叶片故障的声学诊断方法不仅能有效降低维护和修理成本，减少事故发生，为提高风力发电机整机安全和可靠性提供保证，具有重要工程意义和实用价值。本节提出的风电叶片故障声学诊断方法采用图 6.24 所示诊断系统实施。系统由传声器、声信号数采设备及实现声信号处理的计算机主装备成，系统组成简单，便于搭建、维护。

在风力发电机正常工作情况下，于风力发电机附近固定位置安装传声器，以捕捉风电叶片在旋转过程中与空气相互作用产生的声音信号。由于在实际现场中采

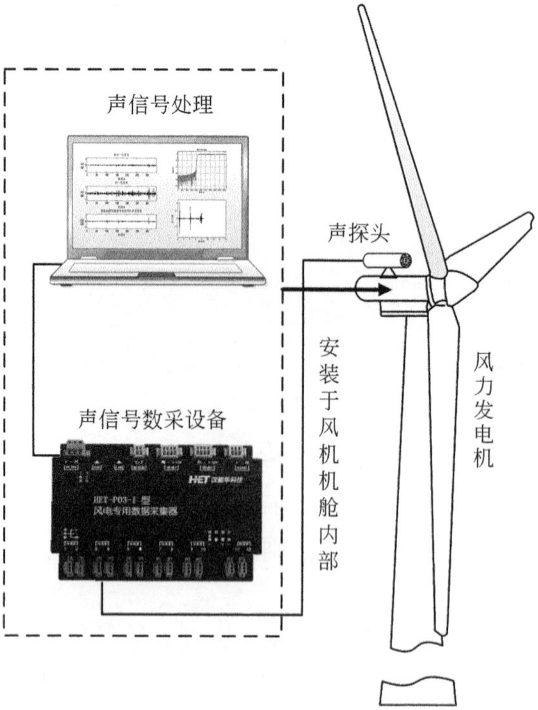

图 6.24　风电机叶片故障声学诊断系统示意图

集到的声音信号往往含有较大的背景噪声,因此,通过声信号数采设备实现滤波降噪,并通过计算机主机处理,将降噪后的声信号进行短时傅里叶变换得到其时频谱图。定义所述时频谱图中的峰值曲线为特征形态时频曲线,利用拟合多项式对特征形态时频曲线进行拟合获得重构特征信号,所述重构特征信号即为判断叶片故障的标准声信号。计算降噪后的叶片声信号与叶片故障标准声信号的相关系数,若相关系数大于 0.2 即表示信号包含标准声信号的特征,认为叶片发生故障,预警并且建议对叶片进行检查。

该风电叶片故障诊断方法有以下优点:有效地对风力发电机叶片声信号的背景风噪进行降低与消除;更全面利用风力发电机叶片声信号包含的有用信息,从声信号的时频谱图中提取能代表叶片故障的相应特征,避免对叶片故障的误判;依据该方法对风力发电机叶片故障的诊断结果,能够及时了解叶片运行状况,同时给予叶片检查与修护指导性意见,从而节约风场维护与管理成本。

6.3.1　风机叶片故障声信号特征提取

所提出的声故障方法中最核心的思想是通过将风电叶片声信号中的故障特征

提取后标准化，从而与声信号中的故障信息匹配，判断叶片运行状况并且识别叶片故障，该方法流程图如图 6.25 所示。

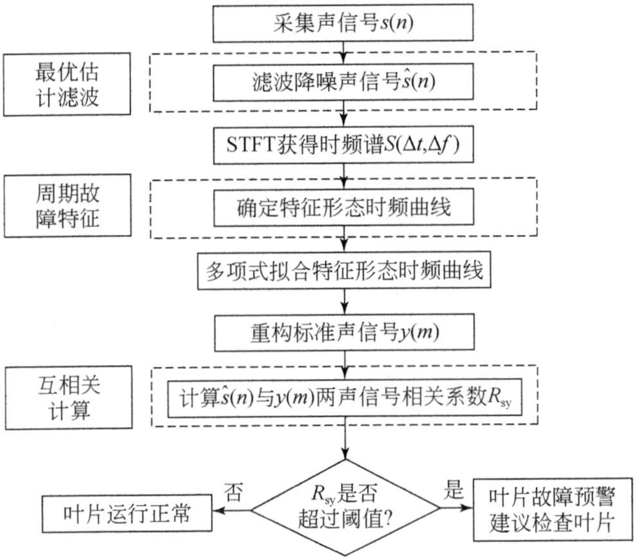

图 6.25　叶片声音故障特征识别与诊断流程图

该方法包括两大主要步骤，分别是数据采集与声信号降噪，下面进行详细介绍。

1. 数据采集

将传声器采集的叶片声信号记为 $s(n), n=0,1,\cdots,N-1$，其中 n 为时间序列，N 为时间序列长度，为保证从采集声信号 $s(n)$ 中获取故障信息，需要在安装传声器时将传声器接收信号的部位朝向叶片位置，可将传声器安装于风力发电机外部塔筒门上方，也可以安装于风机机舱外部，将采集的声信号 $s(n)$ 的时间长度范围设置为 $3T_{\mathrm{rad}} \leqslant N \leqslant 6T_{\mathrm{rad}}$，其中 T_{rad} 为叶片的旋转周期，时间长度选择在 3 倍 T_{rad} 以上确保能从信号中提取出有效的故障特征，并且考虑到在线监测要求，取值过长会影响计算效率。

2. 数据降噪

对采集的声信号使用维纳滤波处理进行初步降噪，再将初步降噪信号进行短时傅里叶变换得到其时频谱图。信号处理详细步骤如下：

(1) 使用维纳滤波处理采集的声信号 $s(n)$，得到初步降噪信号 $\hat{s}(n)$，其中维纳滤波器的频响函数表示如下：

$$H(k)=\frac{E[\,|S(k)|^2\,]}{E[\,|S(k)|^2\,]+\lambda_d(k)} \tag{6.26}$$

式中，$k=0,1,\cdots,N-1$；$S(k)$ 为声信号频谱；$\lambda_d(k)$ 为第 k 个频带点的噪声功率谱。

降噪后信号频谱估算值公式为

$$\hat{S}(k)=H(k)S(k) \tag{6.27}$$

通过将信号 $\hat{S}(k)$ 进行傅里叶逆变换，就可以获得降噪信号 $\hat{s}(n)$。

(2) 对初步降噪信号 $\hat{s}(n)$ 进行短时傅里叶变换得到其时频谱图，其短时傅里叶变换的时频表示 $S(n_t\Delta_t,m_f\Delta_f)$ 公式为

$$S(n_t\Delta_t,m_f\Delta_f)=\sum_{l=n_t-Q}^{n_t+Q}\hat{s}(l\Delta_t)g^*((n_t-l)\Delta_t)\exp(-i2\pi m_f l\Delta_t\Delta_f)\Delta_t \tag{6.28}$$

式中，n_t 和 m_f 分别表示时域和频域离散的序列取值；Δ_t 和 Δ_f 为短时傅里叶变换的时宽与频带宽，$g(n_w)$，$n_w=0,1,\cdots,B-1$ 表示窗函数，B 为窗函数窗长，$g^*(n_w)$ 表示窗函数 $g(n_w)$ 共轭，当降噪信号 $\hat{s}(n)$ 长度 $>B$，$\frac{B}{\Delta_t}=Q$。

在降噪信号 $\hat{s}(n)$ 的短时傅里叶变换中可以选取不同窗函数进行计算，然而根据海森堡不确定性原理，时频分析的时间与频率有如下关系：

$$\Delta_t\Delta_f\geqslant\frac{1}{4\pi} \tag{6.29}$$

式(6.29)当且仅当选取高斯窗函数时等号成立，即高斯窗函数具有最优时窗表达，因此，优选高斯窗函数进行短时傅里叶变换，其时域表达式为

$$g(n_w)=\frac{1}{\sqrt{2\pi}\sigma}\exp\left\{\frac{-\left[n_w-\frac{1}{2}(B-1)\right]^2}{2\left[\frac{1}{2}\sigma(B-1)\right]^2}\right\} \tag{6.30}$$

式中，σ 为高斯窗宽度系数；n_w 为高斯窗长度，$n_w=0,1,\cdots,B-1$。

(3) 当叶片发出异响或哨声时，其时频谱图中，在叶片旋转周期的时间间隔上会出现形态相似且连续变化的峰值曲线，将具有这种形态特征的峰值曲线定义为叶片故障的特征形态时频曲线，利用最高项不高于 5 次的多项式对一个特征形态时频曲线拟合，获得时频表示与特征形态时频曲线相同的重构特征信号。具体实施步骤如下：

在所述降噪信号 $\hat{s}(n)$ 的短时傅里叶时频谱图，寻找以叶片旋转周期为时间间隔，形态相似且连续变化的峰值曲线，设特征形态时频曲线的拟合多项式表达为

$$f(t_i)=a_0+a_1t_i+a_2t_i^2+\cdots+a_Kt_i^K,\quad 0\leqslant K\leqslant 4 \tag{6.31}$$

式中，K 为拟合多项式的最高阶次；t_i 为特征形态时频曲线的时间取值点；$f(t_i)$ 为

特征形态时频曲线的频率取值点；$a_0,\cdots,a_N$ 为拟合多项式的系数。

本例中应用最高项为三次多项式对特征形态时频曲线进行拟合，即 $K=3$，则例中拟合多项式表达为

$$f(t_i)=a_0+a_1t_i+a_2t_i^2+a_3t_i^3 \tag{6.32}$$

在一个特征形态时频曲线上取 10～15 个点，依据最小二乘原理，应用所述拟合多项式对该特征形态时频曲线重构，求解得到多项式的系数 a_0、a_1、a_2 和 a_3，由此获得时频表示与特征形态时频曲线相同的重构特征信号 $y(m),m=0,1,\cdots,M-1$。由于时频谱图上的曲线能够表述信号瞬时频率 $f(t_i)$ 随时间变化的函数，将瞬时频率沿时间积分即可获得信号相位 $\varphi(t_i)$，应用该三次拟合多项式表达式能重构一扫频余弦信号，其相位表述及信号表达式分别为

$$\theta(t_i)=a_0t_i+\frac{a_1}{2}t_i^2+\frac{a_2}{3}t_i^3+\frac{a_3}{4}t_i^4 \tag{6.33}$$

将上述扫频余弦信号记为重构特征信号 $y(m)$，以重构特征信号作为判断叶片故障的标准声信号，计算降噪后的信号与标准声信号的相关系数，若相关系数大于 0.2 即表示信号包含标准声信号的特征，认为叶片发生故障，预警并且建议对叶片进行检查。

计算降噪后信号 $\hat{s}(n)$ 与标准声信号 $y(m)$ 的相关系数，n 与 m 记为降噪后信号 $\hat{s}(n)$ 和标准声信号 $y(m)$ 的时间序列，N 与 M 分别为相应信号的长度，其相关系数计算公式为

$$R_{sy}(k)=\sum_{l=0}^{L-1}s_{\mathrm{w}}(l+k)y^*(l),\quad k=0,1,2,\cdots,L-1 \tag{6.34}$$

式中，k 为相关系数的时间序列；L 为相关系数的长度，$L=N+M-1$。

计算相关系数时需要对两信号序列 $\hat{s}(n)$ 和 $y(m)$ 补零使其长度为 $L=N+M-1$，即

$$\hat{s}(l)=\begin{cases}\hat{s}(l), & l=0,1,\cdots,N-1\\0, & l=N,N+1,\cdots,L-1\end{cases} \tag{6.35}$$

$$y(l)=\begin{cases}y(l), & l=0,1,\cdots,M-1\\0, & l=M,M+1,\cdots,L-1\end{cases} \tag{6.36}$$

计算得到的相关系数 R_{sy} 序列中若有大于 0.2 的值，即表示降噪后信号 $\hat{s}(n)$ 包含标准声信号 $y(m)$ 的特征，认为叶片发生故障，预警并且建议对叶片进行检查。

6.3.2　叶片故障声学诊断案例

本小节应用第 6 章所提出的风电叶片声信号故障诊断方法，对某风场运行中的风力发电机进行测试，该发电机组工作状态正常，但服役时间较长，因此使用方

决定对其展开损伤诊断以确定是否进行维护。

传感器采集到的信号采取维纳滤波处理进行降噪前后的时频图分别如图 6.26(a)和(b)所示，可以看到，降噪处理前通过声信号直接进行时频分析难以得到清晰的特征，而通过降噪后的时频图谱则可以清晰地看到等间隔出现的哨声信号。

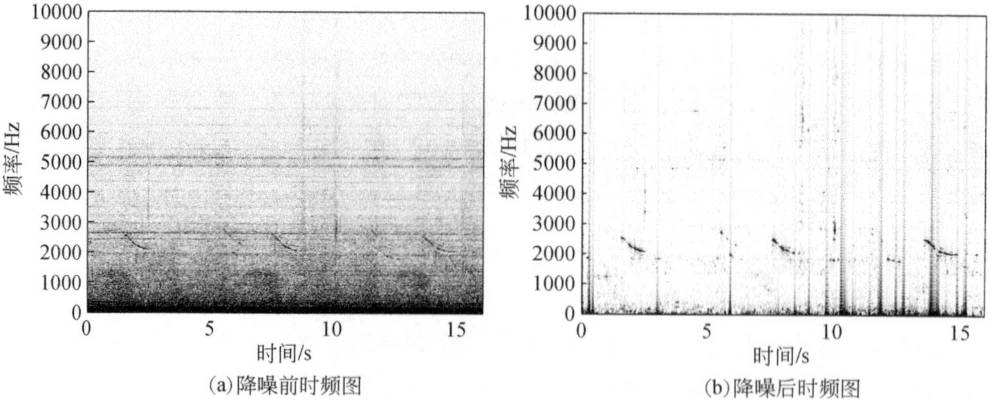

图 6.26　数据降噪示例

但是仅仅通过时频图谱仍无法准确表征和重构图中的特征，因此需要采用多项式拟合、重构，叶片声信号的特征形态峰值曲线及其拟合多项式曲线如图 6.27(a)所示，应用该拟合多项式计算得到的重构特征信号时频谱图如图 6.27(b)所示。其具体实施步骤为：在所述降噪信号 $\hat{s}(n)$ 的短时傅里叶时频谱图，图 6.27(b)中，寻找以叶片旋转周期为时间间隔，形态相似且连续变化的峰值曲线，本实施例中，风力发电机叶片旋转周期 T_{rad} 约为 6s/rad，图 6.27(b)峰值曲线基本按照 6s 时间等间隔分布，定义该峰值曲线为所述风力发电机叶片的特征形态时频曲线。从图 6.27(b)中还能发现，尽管经过维纳滤波处理以后，降噪信号 $\hat{s}(n)$ 的短时傅里叶时频谱图低频段(1000Hz 以下部分)还有一部分高能量信号存在，而风噪声能量集中在 300Hz 以下，这是由于部分风噪声未能消除而造成的。为了使信号后续处理更加准确，在特征形态时频曲线拟合前，设计一个高通滤波器对降噪信号 $\hat{s}(n)$ 进一步滤波消除信号 $\hat{s}(n)$ 的残留风噪。其设计参数为：采样频率 44 100Hz，阻带最小衰减 50，通带频率 1250Hz，截止频率 1000Hz，经过高通滤波器滤波后信号的时频谱图如图 6.28 所示。降噪后声信号故障出现周期如图 6.29(a)所示，标准声信号与风力发电机叶片声信号的相关系数曲线及峰值点如图 6.29(b)所示。可以发现图 6.29(a)中对应的 3 处特征其相关系数都大于 0.2，因此认为叶片发生故障，预警并且建议对叶片进行检查，后经停机无损检测，发现叶尖处已出现损坏。

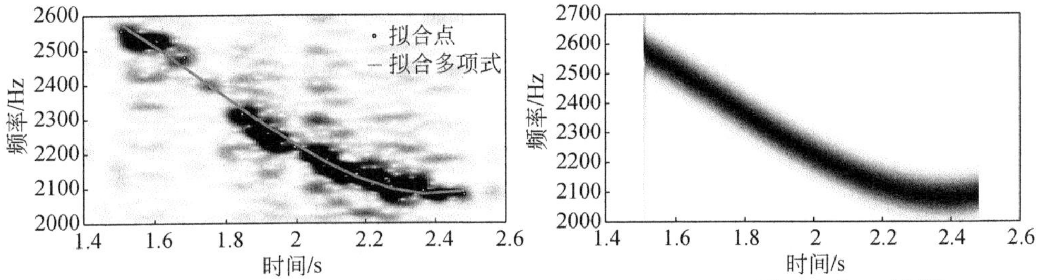

(a)特征多项式拟合　　(b)重构特征信号时频谱

图 6.27　特征信号的拟合及重构

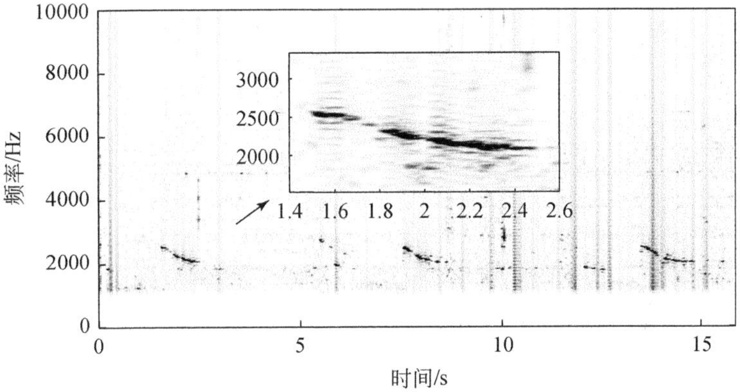

图 6.28　高通滤波器滤波后信号的时频谱图

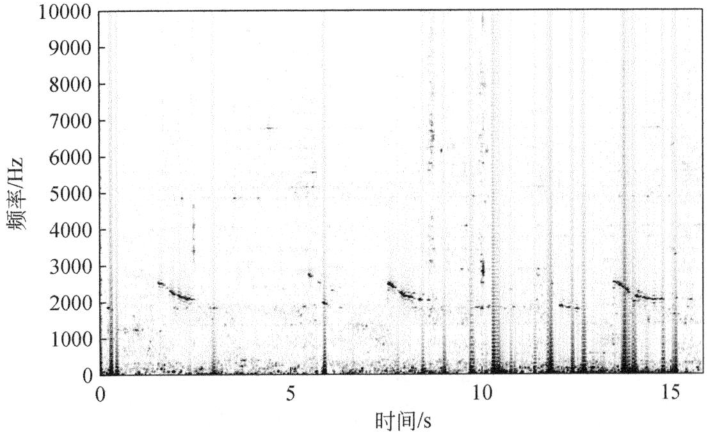

(a)故障特征周期

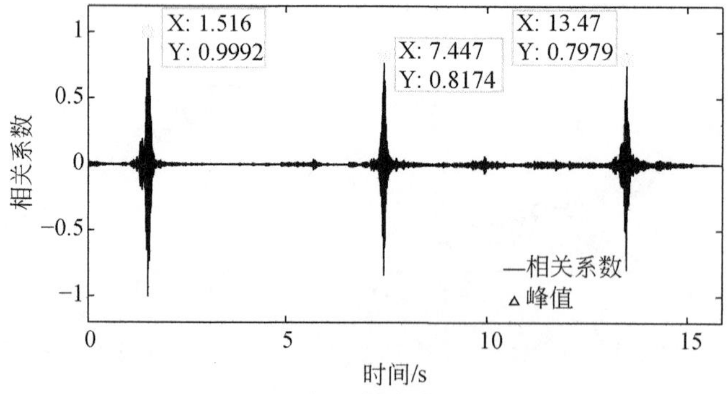

(b)相关系数

图 6.29　故障特征及其与标准声信号间的相关系数

6.4　小　　结

复合材料叶片作为风电装备的关键部件之一，极易受到恶劣外部环境的破坏，但难于检测，因此复合材料风电叶片损伤的在线检测与诊断意义重大。为了能够实现大型风电复合材料叶片损伤的在线监测和精确识别诊断，本章从正、反两个方面出发将损伤建模与损伤辨识有机结合，完成风电复合材料叶片结构的故障诊断。

(1) 复合材料风电叶片的多尺度损伤分析。首先概述了通用单胞模型的基本原理，在此基础上，建立复合材料多尺度计算框架，然后通过考虑聚合物基复合材料的率相关非线性本构关系，提出了率相关的宏细观失效准则，将其与损伤退化模型和最终失效准则结合，建立了复合材料多尺度损伤模型的建立，从而模拟损伤演化过程，详细分析了细观因素对复合材料结构整体破坏的影响，开展损伤失效定量预测的初步研究。

(2) 基于应变监测的复合材料叶片损伤诊断方法研究。在光纤光栅应变传感器基础上，搭建了风电叶片静力加载的应变监测试验台，从叶片加载过程中的测点结构应变变化出发，提出了基于应变监测的风电叶片损伤识别方法，验证了识别方法的有效性。

(3) 基于声信号监测的叶片损伤诊断方法研究。声学故障诊断方法是一种基于非接触测量的识别技术，通过声信号数采设备实现滤波降噪得到信号，将该信号的时频谱图中峰值曲线进行拟合获得重构特征信号，计算降噪后的叶片声信号与重构的特征信号之间相关系数，若相关系数大于 0.2 即认为叶片发生故障，预警并且建议对叶片进行检查。该方法可以有效地对风力发电机叶片声信号的背景风噪进行降低与消除，从而更全面利用风力发电机叶片声信号包含的有用信息，及时了解叶片运行状况，给予叶片检查与修护指导性意见，从而节约风场维护与管理成本。

参 考 文 献

[1] Aboudi J. Mechanics of Composite Materials: A Unified Micromechanical Approach. New York: Elsevier, 1991.

[2] Tay T E, Liu G, Tan V B C, et al. Progressive failure analysis of composites. Journal of Composite Materials, 2008, 42(18): 1921—1966.

[3] Daniel I M, Werner B T, Fenner J S. Strain-rate-dependent failure criteria for composites. Composites Science and Technology, 2011, 71(3): 357—364.

[4] Hashin Z. Failure criteria for unidirectional fiber composites. Journal of Applied Mechanics, 1980, 47(2): 329—334.

[5] Soden P D, Kaddour A S, Hinton M J. Recommendations for designers and researchers resulting from the world-wide failure exercise. Composites Science and Technology, 2004, 64(3-4): 589—604.

[6] 翟智. 多尺度嵌套细化方法及其在复合材料结构健康监测的应用[博士学位论文]. 西安：西安交通大学，2014.

[7] Awerbuch J, Hahn H T. Off-axis fatigue of graphite/epoxy composite//Fatigue of Fibrous Composite Materials. ASTM: Philadelphia, PA, 1981: 243—273.

[8] Huang Z M, Zhou Y X. Strength of Fibrous Composites. Hangzhou: Zhejiang University Press, 2011.

[9] Hameed Z, Hong Y S, Cho Y M, et al. Condition monitoring and fault detection of wind turbines and related algorithms: A review. Renewable and Sustainable Energy Reviews, 2009, 13(1): 1—39.

[10] Arsenault T J, Achuthan A, Marzocca P, et al. Development of a FBG based distributed strain sensor system for wind turbine structural health monitoring. Smart Materials and Structures, 2013, 22(7): 075027.

[11] 田绍华. 复合材料结构分层损伤识别方法研究与应用[博士学位论文]. 西安：西安交通大学，2015.

第 7 章　风电装备状态监测系统开发及应用

随着能源危机和环境污染问题的日益严重，作为绿色能源的风能已受到世界各国的高度关注和重视，我国中长期规划明确支持"重点研究开发大型力发电设备"，风电装备由此得到了迅猛发展。而在风电迅猛发展的同时，风力装备的独有的特点决定了风电装备的维护和维修成为制约风电行业发展的主要瓶颈。

一方面，风场一般地处偏远、环境恶劣，并且机舱位于 50m 以上的高空，给机组的维护维修工作造成了困难。并且大型风场，风电装备数量众多，仅仅依靠人力的定时维护维修方式并不可行。因此，风电装备的这些特点决定了迫切需要研发一套针对风电装备的监测系统实现对广布的风电装备的统一、实时的状态监测。

另一方面，对于工作寿命为 20 年的装备，运行维护周期长，必然导致维护成本较高。对于陆上风场，维护成本占到风场收入的 10%～15%；对于海上风场，维护成本更是高达风场收入的 20%～25%。据统计，陆上每台风电装备每年的运行维护成本大致是 35 万元，而海上风电每年需要的运行维护成本为 80 万～240 万元，是陆上风电装备的 2～6 倍（忽略因故障停机造成的弃风损失）。高额的运行维护费用增加了风场的运营成本，降低了风电的经济效益。因此，无论是从降低风电装备的运行风险，还是减少运作成本的角度考虑，都需要大力发展风力装备状态监测和故障诊断技术。

据统计，基于风电装备监测诊断系统的的预知维修相对于事后维护和计划维护，可大大降低风电运营成本，如图 7.1 所示。以八大风电基地为例，预知维护成本可比事后维护成本降低 53.9 亿元，比计划维护成本降低 26.9 亿元。

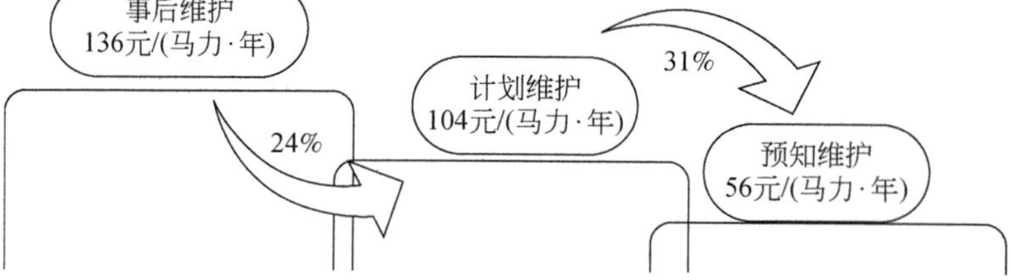

图 7.1　风电装备不同维护方式的成本

因此，不管是基于风电装备分布广、数量多、服役时间长的特点，还是基于风电监测系统可以大大降低维护成本的优势，都需要大力发展风电装备状态监测和故障诊断技术，致力于研发一套成熟、可靠的风电装备监测系统。

7.1 风电装备振动状态监测与故障分析系统设计方案

风电装备振动状态监测与故障诊断的主要目的是利用各种监测方法从采集到的信息中判断被测对象的运行状态，在关键零部件出现严重故障之前给出警告、报警处理，从而保证风电装备的安全正常运行，提高运行的可靠性。风电装备状态监测系统可以实现对风力装备各个部件的实时观测，掌握运行过程中的状态信息，及时发现故障隐患，采取有效措施避免重大事故的发生，同时改定期维护和事后维护为预测维护，可以有效降低运行维护成本，提高风电的经济效益。

7.1.1 风电装备状态监测系统的要求

通过对风电装备状态监测系统的目的和任务的分析和研究，风电装备振动状态监测与诊断系统需要完成的工作主要有以下几个方面[1]。

1. 信息的有效获取

为实现风电装备传动系统运行状态的有效监测，既要尽可能获取每个零部件的状态信息，尤其是关键部件如传动系统的主轴、齿轮箱和发电机前后端等，又要保证状态信息的有效性。这些信息主要以传感器获取的振动信号为主，要求数据采集系统能够在高低温等恶劣环境中正常工作，保证信息获取的有效性。

2. 振动监测的连续性

要求风电装备振动状态监测与故障诊断系统能够实时有效地对监测对象进行连续监测，以获取监测对象的连续信息。因而要求采集系统及信号传输系统具有实时数据采集、传输、存储和管理等功能。数据的采集存储需要采用数据库进行管理和维护，数据库必须存储量大，安全性好，访问方便。

3. 信息处理的实时性

要求风电装备振动状态监测与故障诊断系统能够尽快地对采集的信息进行处理，对监测对象的工作状态进行判断，给出正确的评估结果，且提高运算效率，尽可能地缩短处理过程。因此，各个通道振动信号时域统计指标的计算主要采用硬件实现。

4. 友好的人机交互界面

风电装备振动状态监测与故障诊断软件要求界面友好，人机交互方便，操作简洁，数据处理结果能够直观地在屏幕上显示，以便于用户分析和判断，并且具有将相关分析结果/报表打印等输出功能。

5. 便捷的存储管理

系统默认的存储方式是在风电装备正常运行过程中，连续保存监测对象振动数据的时域统计指标到数据库，而当监测对象出现异常产生报警信息时，则对异常监测点的实时振动数据进行连续 20～30min 的存储，以用于后续的精密诊断分析。

此外，也可以人为地设定数据存储方式，对各个通道的振动数据进行定时连续存储。这是考虑到风场中多台风电装备多通道数据实时传输性能、数据量等因素的限制而设定的，如果有特别需要，如对某一台风电装备需要重点关注，则也可设置其振动数据的存储方式为连续存储，以便于后续的分析诊断。数据存储格式通用性要好，数据存储文件命名采用时间和通道相结合的方式，以便于以后查询。

7.1.2 风电装备状态监测系统概述

风电装备状态监测与故障分析系统采用在线式连续监测和离线式振动分析诊断相结合的方法，主要由自行研发的数据采集设备、数据服务器、状态监测与诊断分析系统组成，如图 7.2 所示。

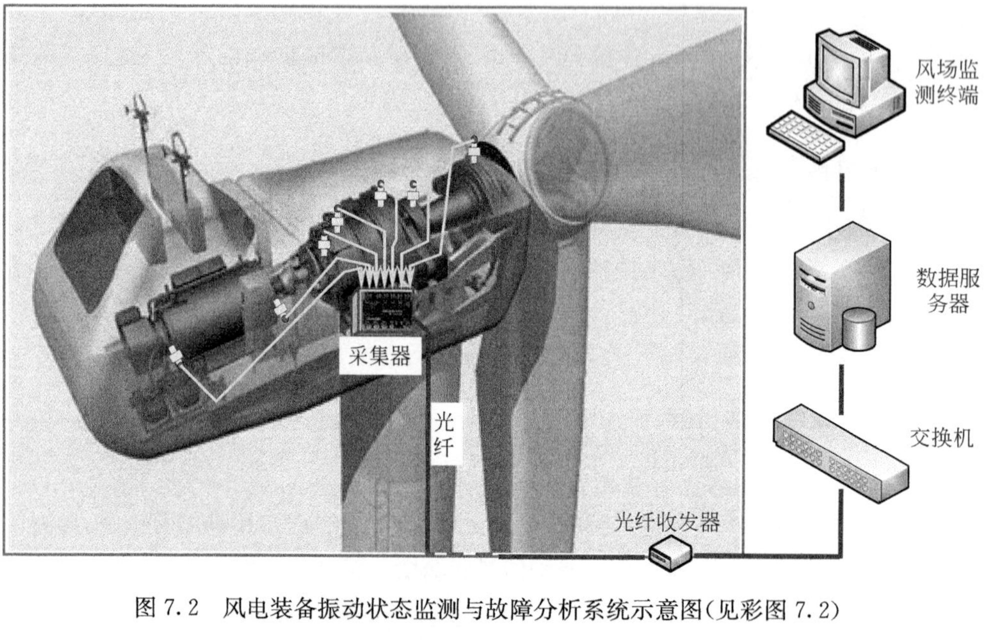

图 7.2　风电装备振动状态监测与故障分析系统示意图(见彩图 7.2)

7.1.3 风电装备状态监测系统的工作模式

本系统借鉴系统集成的思想和方法，建立了初级诊断一精密诊断一远程诊断于一体的风电装备传动系统振动故障分析模式，如图 7.3 所示。

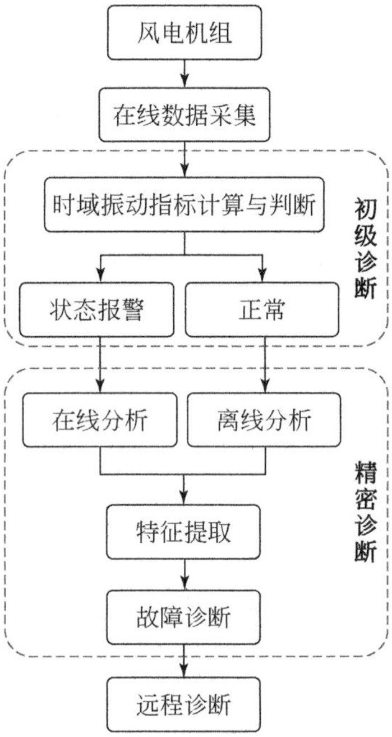

图 7.3　风电装备振动状态监测与故障诊断系统工作流程

从图 7.3 可以看出，该系统是采用初级诊断一精密诊断一远程诊断相结合的工作模式，首先是基于时域判断标准，通过实时计算装备各个监测对象的振动信号时域统计指标，并与预先设置的报警阈值进行比对，从而对装备的运行状态进行初步判断；然后，对于振动异常的监测点进行精密诊断，采用频域分析、小波分析等手段进行特征提取和故障识别，对异常状态进行判定；最后，对诊断难点或疑点由远程诊断专家或小组进行详细分析，并给出具体的诊断报告和处理方案，为风电装备的维修提供指导。可见，从信息获取到信号处理直至最终获得诊断结论，各个环节构成的系统为风电装备的安全运行提供了可靠保障，从而避免重大事故发生，防患于未然。

7.2　风电装备振动状态监测与故障分析系统

7.2.1　风电振动数据采集硬件

对于风电装备的状态监测而言，有效获取状态监测信息是正确判断设备运行状态的前提条件。基于自行研发的数据采集器和自行开发的风电装备振动状态监测与故障分析系统，再通过合理的筹划安排，即可实现风电装备运行状态的实际监测。监测点振动信号是否正确取决于传感器的合理选型、安装和监测点的位置选取等因素。

1. 传感器的选型

1）测量参量的选择

在选择传感器之前，首先要确定测量的信号类型。

振动的描述方式有位移、速度和加速度。根据物理含义可以看出，振动位移反映了振幅大小；振动速度反映振动能量，象征振动的破坏能力；而振动加速度反映冲击力的大小。本书第 7 章引言部分也提到过，风电装备的工况特点决定了各个部分受到复杂多变的冲击载荷的作用，外部载荷对其运行状态有较大的影响，所以测量参量的选择应能更好地反映外部冲击的水平、状态及变化。《机器的状态监测和故障诊断——机器的振动监测》(ISO 13373-1)[2]，指出通常用于状态监测的振动传感器是振动加速度计。加速度、速度与位移之间理论上可以互相转换，但对于实际的工程数据不论时域积分还是频域积分都存在问题。时域积分除直流项和趋势项外，因使用逐步差值法达到积分目的，累计误差严重；频域积分算法核心是傅里叶变换和傅里叶逆变换，所以实时性相对不高，且对非平稳信号也不理想。因此，考虑到风电装备运行的特殊性导致测量幅值的短时变化及上述几条限制，本书介绍的系统采用振动加速度为测量评估参量，满足高度敏感性、高度可靠性和实用性。

2）传感器类型

考虑到实际应用中风电装备的运行特点和工作环境，选用加速度传感器对装备的振动信息进行采集。而风电装备主轴和齿轮箱的输入轴在正常运行时的转速均低于 28r/min，因此对于主轴轴承和齿轮箱输入轴的振动测量建议采用低频加速度传感器，而对于其余监测点的振动测量可以采用标准的加速度传感器。

3）传感器的量程、灵敏度和频响范围

传感器的量程、灵敏度、频响范围要合适，否则不仅会导致测量的振动信息中含有较多冗余干扰分量，而且甚至会导致传感器的损坏。

4）传感器的工作稳定性

风电装备的工作环境非常恶劣，长期在高温、低温、风沙等条件下工作，而且机舱内充满电磁干扰。所以，传感器及其数据线要具备一定的抗干扰能力，屏蔽外界电磁的影响，而且要能够在高低温环境中正常工作，这样才能保证测量到的振动信息准确有效。

2. 监测点的位置选取

测点位置及数量的选择直接关系到测量结果的可靠性，是振动状态正确评估的基础。因此,监测点的选取要考虑第 2 章提到的诸多因素,合理选取监测点。

3. 传感器的安装方式

在选取了合适的传感器和测点位置后,就需考虑传感器的安装问题。振动加速度传感器的安装也应根据风电装备传动链的具体结构而定,不同的安装形式会影响传感器的频率响应特性。

1）螺栓连接

螺栓连接是最理想的安装方式,它可将传感器和被测部件视为一体,拥有良好的频率响应特性和温度范围,但是却存在需要破坏部件完整性的缺点。

2）黏结剂连接和绝缘磁座吸合

黏结剂连接和绝缘磁座吸合两种方式相结合可以保护风电装备,避免破坏部件保修条件。而且这种方法的许用最高温度比单纯黏结剂连接要高,匹配响应范围又比单纯绝缘磁座吸合要广,能够有效避免对部件表面所造成的结构性损伤。

7.2.2　在线监测诊断

在线监测诊断系统分析软件可以同时监测风场中多台风电装备实时运行状态,通过指示灯红/绿颜色的变化可以清晰直观地表示出各台风电装备的实时运行状态。在进入主界面查看实时运行状态之前,要进行一系列的设置工作。

1. 参数设置

图 7.4 给出了该系统的参数设置界面,包括监测风电装备的参数设置。

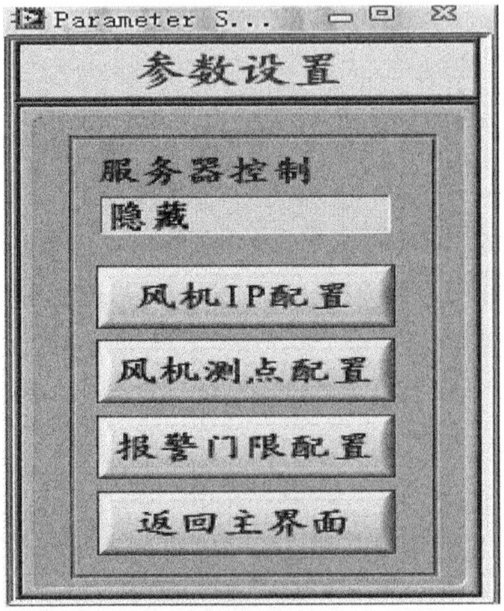

图 7.4　系统参数设置界面

2. IP 设置

如图 7.5 所示，通过设置每台风电装备的 IP 地址实现实时监测数据的网络传输。

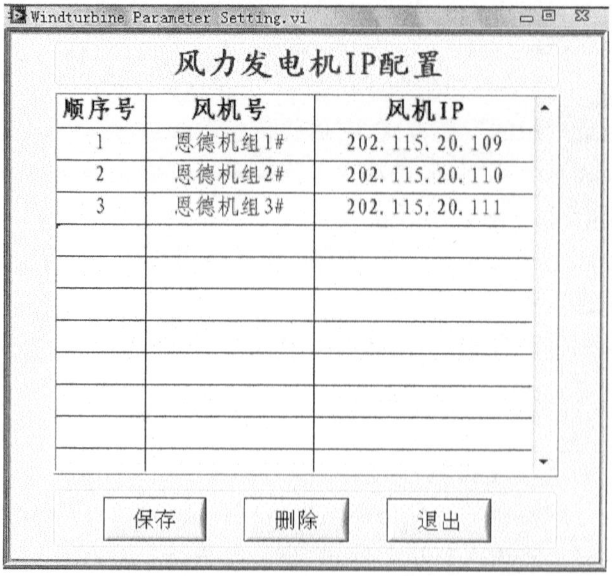

图 7.5　风机 IP 配置界面

3. 风电测点设置

7.2.1 节中介绍了测点选择的一般原则，根据风电装备的实际运行情况，其传动链中的发电机、齿轮箱、主轴及其轴承受到交变载荷的作用，容易出现故障。由于轴承承载着装备负荷，通过监测轴承的振动，可较早发现潜在故障。在监测轴承振动时，测量点应尽量靠近轴承的承载区；由于装备传动链中部件较多，低频信号被高频信号调制，高频信号对方向不敏感，只测垂直或水平一个方向即可。综合考虑风电装备的实际特点和测点布置基本原则，同时根据测试经验，可确定风电装备的测点位置(对不同结构风机，测点位置略有不同)。图 7.6 为风电装备传动链监测点的选择界面，图中共给出了 9 个不同的监测点供人为选取，灰色表示选中的测点，黑色表示未选中的测点。

4. 报警门限设置

目前，风电装备还没有建立行之有效的振动标准。德国工程师协会发布的《陆上风电装备振动评估准则》(VDI3834)，规定的状态判定阈值是基于欧洲范围内运

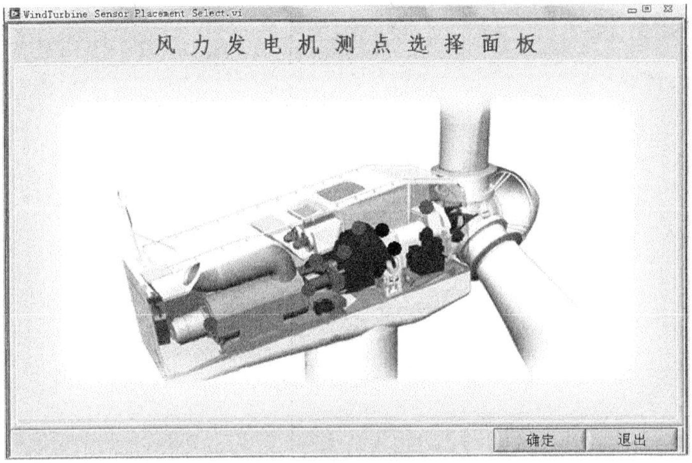

图 7.6　风电装备监测点选择界面

行的风电装备，考虑到机械制造水平的差异以及风电装备运行环境的不同，该准则不适用于我国范围内运行的装备。

本书基于大量装备的振动测试数据和数据挖掘算法，初步确定了风电装备传动链状态等级及其相应阈值，虽然尚不完善，但仍具有重要的实际意义和指导作用。因此，本系统在对各个测点的振动状态进行初步判断时，以本书第 2 章的振动阈值的选取为主，并结合德国工程师协会标准 VDI3834、ISO 相关标准和大量测试数据研究提出的振动阈值，在实际运行过程中，考虑到气候条件以及风电装备类型的不同，并结合同测点、同方向和同工况下正常运行的振动统计值对相应的振动阈值初值进行调整，并最终确定为两级阈值标准值。

其中第一级称为“预警值(黄色阈值)”，第二级称为“报警值(红色阈值)”。此外，为避免单一振动指标带来的偶然因素的影响和局限性，选用三个振动指标同时判断各个测点的振动状态，而且当其中的两个或三个振动指标同时超过阈值才能判决生效。当监测点的振动阈值超过黄色阈值时，系统发出黄色预警，预示着监测点可能存在故障，但故障程度不大，尚可继续运行；当振动阈值超过红色阈值时，系统发出红色警告，预示着监测点振动剧烈，需要密切关注，对测点的振动进行具体分析，甚至停机待检。图 7.7 中给出的振动阈值均不是实际值，而是仿真所用，如无特别说明，后续图中的振动指标以及振动信号均为仿真信号。

5. 系统主界面

完成上述的基本设置之后，可以通过图 7.7 所示的主界面实时观察风场中多台风电装备的运行状态。

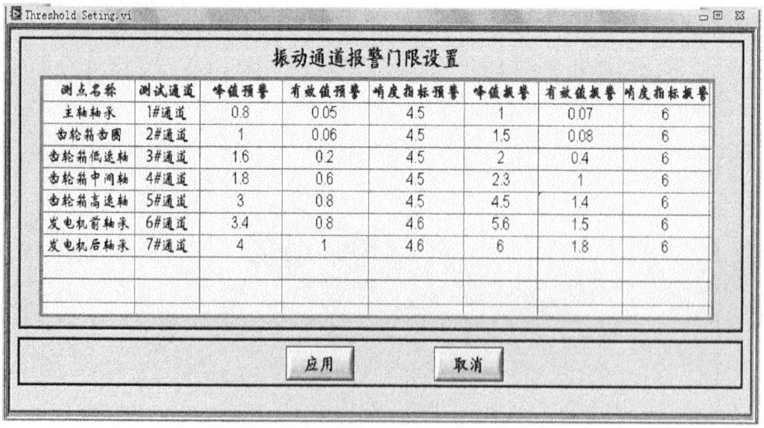

测点名称	测试通道	峰值预警	有效值预警	峭度指标预警	峰值报警	有效值报警	峭度指标报警
主轴轴承	1#通道	0.8	0.05	4.5	1	0.07	6
齿轮箱齿圈	2#通道	1	0.06	4.5	1.5	0.08	6
齿轮箱低速轴	3#通道	1.6	0.2	4.5	2	0.4	6
齿轮箱中间轴	4#通道	1.8	0.6	4.5	2.3	1	6
齿轮箱高速轴	5#通道	3	0.8	4.5	4.5	1.4	6
发电机前轴承	6#通道	3.4	0.8	4.6	5.6	1.5	6
发电机后轴承	7#通道	4	1	4.6	6	1.8	6

图 7.7　风电装备各个监测点振动阈值设置界面

如图 7.8 所示，某指定装备 2# 的指示灯变红，意味着该装备的某一个或多个监测对象的振动幅值超标，需要重点关注。而当装备的各个监测点振动正常时，相应的指示灯闪烁绿色。

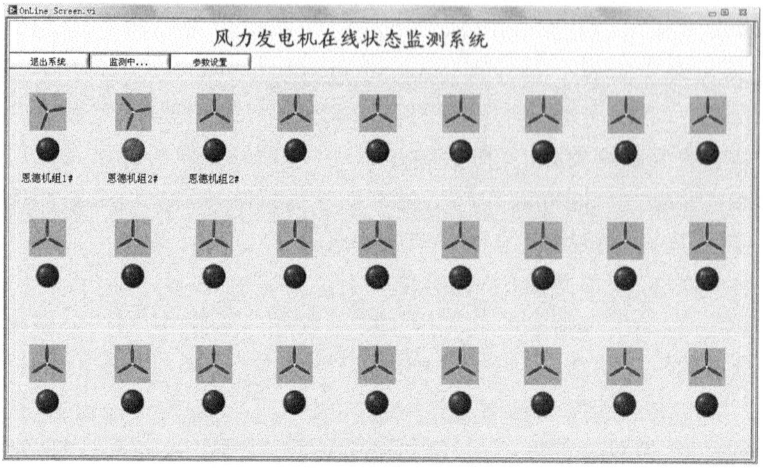

图 7.8　风电装备振动状态监测与故障分析系统主界面

6. 监测点的实时振动指标界面

对于出现异常振动，显示红色预警的重点风电装备，可以通过点击风机图片，在屏幕中显示装备各个监测点的实时振动指标，如图 7.9 所示。

图 7.9 直观地展示出哪些监测点的振动异常，是“预警阶段”还是需要密切关注的“报警阶段”。从图 7.9 中可以看出，主轴前轴承和齿轮箱齿圈的振动剧烈，振

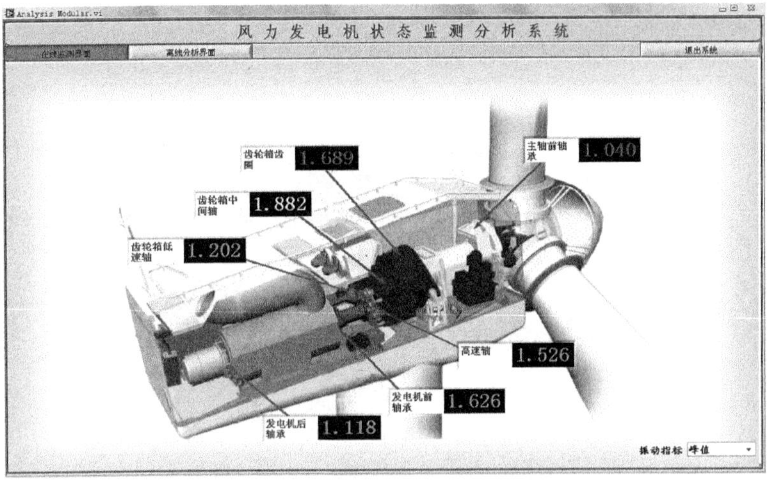

图 7.9　单台风电装备各监测点的时域统计指标显示界面

动幅度较大，处于“报警阶段”，需要对其进行深入分析，密切关注；而齿轮箱中间轴的振动较为剧烈，处于“预警阶段”，虽然仍可继续运行，但也要重点关注；除此之外，其余测点的振动均在正常幅值范围内。

该系统通过计算各个通道振动信号的时域统计指标，并与储存的振动阈值进行比较，当系统正常时，只对时域统计指标进行连续存储，而当时域统计指标超过预先设定的阈值时，系统发出警告信号，当系统连续 3 次发出警告信号时，系统将自动保存该装备报警时刻前后 30min 所有通道的振动数据，用于后续的详细分析。

7. 振动数据的在线分析界面

通过图 7.9 可以清楚地看出风电装备中哪些监测点的振动异常，对于振动超标的监测点，可以借助一些成熟的信号处理手段，对其实时的振动数据进行在线分析处理，从而及时地发现这些异常振动是由外界干扰造成，如阵风冲击、装备偏航或数据采集失真，还是由零部件本身的损伤造成的。

在图 7.9 中，通过人为选取相应的监测点可以得到图 7.10 所示的振动数据的分析界面。从图 7.10 中可以看出，该界面包括了相应的风电装备信息、测点名称、数据长度、采样频率以及各种信号处理手段。通过选择相应的信号处理方法，可以得到相应的分析处理结果。

8. 离线分析模块

此外，本系统还具有离线分析功能，即具有对连续存储的振动数据进行离线分析的能力。该功能模块通过读取振动数据，选择相应的待分析通道，即可实现对振

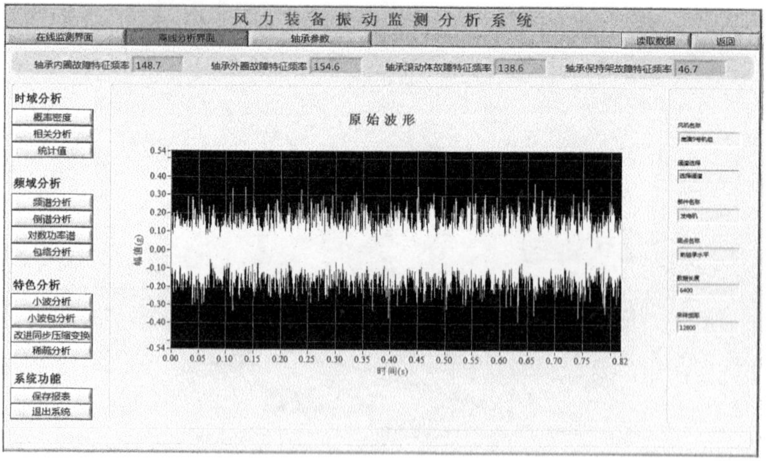

图 7.10　风电装备单一监测点振动数据在线分析界面

动数据的离线分析，而具体的分析方法则与在线分析功能相同，此处不再赘述。另外，该系统之所以添加离线分析模块，是为了便于现场操作人员对以往风电装备的振动情况进行查询和核对，为后续风电装备的诊断分析工作提供“纵向/横向参考”，利于现场人员对风电装备的振动情况进行准确判断。

7.2.3　远程监测诊断

虽然借助离线点检诊断方式和连续在线诊断方式可以在一定程度上实现对风电装备运行状态的有效监控，避免重大事故的发生，但对于现场操作人员的技术要求较高。为了降低分析软件的使用门槛，减少因专业知识不足带来的误诊或漏诊情况的发生以及分析软件自身不足带来的诸多问题，需要借助强大的分析团队来保证故障诊断结论的准确性。当然，不可能每个企业都拥有自己的分析团队，但是一个强大的分析团队可以拥有多个客户，为其提供技术支持。因此，在这种情况下，远程监测诊断技术应运而生。

现代远程监测诊断技术是随着通信、计算机和网络技术发展而产生的，其显著特点是现场的采样设备将各种传感器获取的设备状态信息通过网络传输给远程诊断工程师，远程诊断工程师再利用计算机和现代数字信号处理技术对收到的信息进行处理，对设备的运行状态进行评估，给出诊断结论并将结果返回给现场人员，用于指导后续的维修工作[3]。

基于风电装备的振动状态监测与故障分析系统和 Web 技术开发，利用 Internet 网络将一个或多个风场采集的振动数据传送到远程监测诊断中心，不仅可以实现多种振动数据的分类存储和实时监测，为后续风电装备振动阈值的建立储备大量监测数据，而且可以在故障诊断专家团队的协助下，对风场中装备振动出现的疑难问题进行远程技术支持，并为其提供诊断报告，做到多方信息的有效融合，提高故障诊断精度，保障风电装备的安全正常运行。图 7.11 所示为远程监测诊断服务网络。从图 7.11 中可以看出，利用风电装备的振动状态监测与故障分析系统可以实现单一风场多台风电装备的振动状态监测，而借助 Internet 网络，可以将多个风场的多种风电装备的振动数据汇总到统一的数据服务器中，这样既积累了大量不同类型风电装备的振动状态信息。为后续振动标准的建立提供依据，而且通过多方信息的参考和有效融合，也丰富了诊断专家团队对风电装备振动故障的诊断识别经验，利于提高风电装备的故障诊断精度。

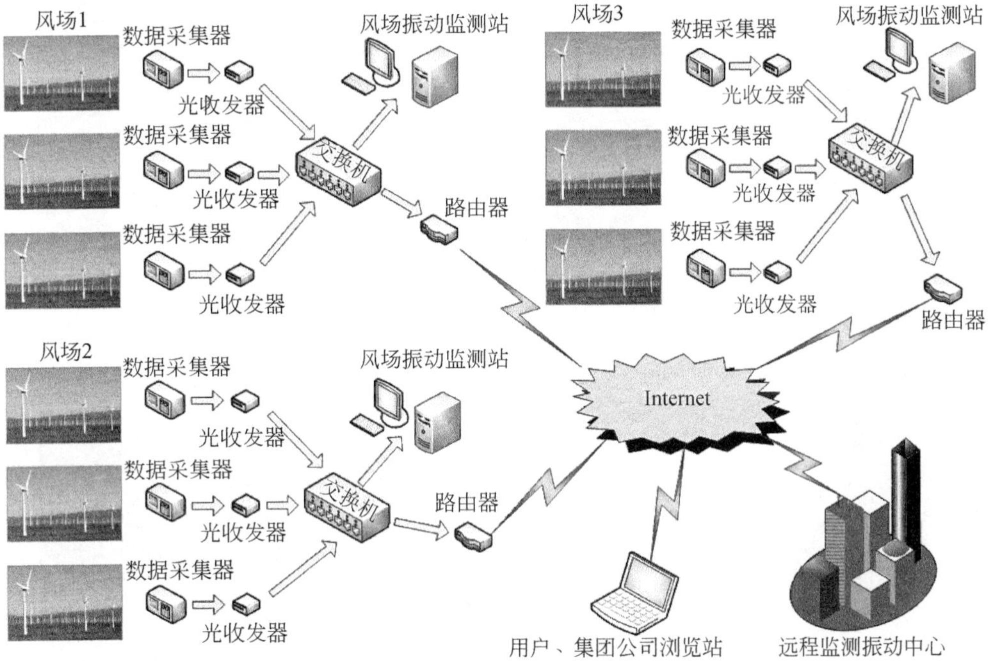

图 7.11　远程监测诊断服务网络示意图

7.2.4　监测诊断系统的现场实施

借助自行研发的数据采集器和自行开发的风电装备振动状态监测与故障分析系统，再通过合理的筹划安排，即可实现风电装备运行状态的实际监测。然而，监测诊断系统的现场实施有很多需要注意的地方。下面，对现场实施过程中的几个重要事项进行说明。

1. 传感器的安装

(1) 清理被测部件表面,包括去污和去漆。

(2) 将表面打磨平整,保证传感器表面与被测部件能够完全紧密接触,不产生松动,并确保传感器远离高压线路。

(3) 利用黏结剂和磁座将传感器固定到被测物体上。

按照上述步骤,可以确定1~7号振动加速度传感器的实际安装位置,图7.12给出部分传感器的现场安装位置。

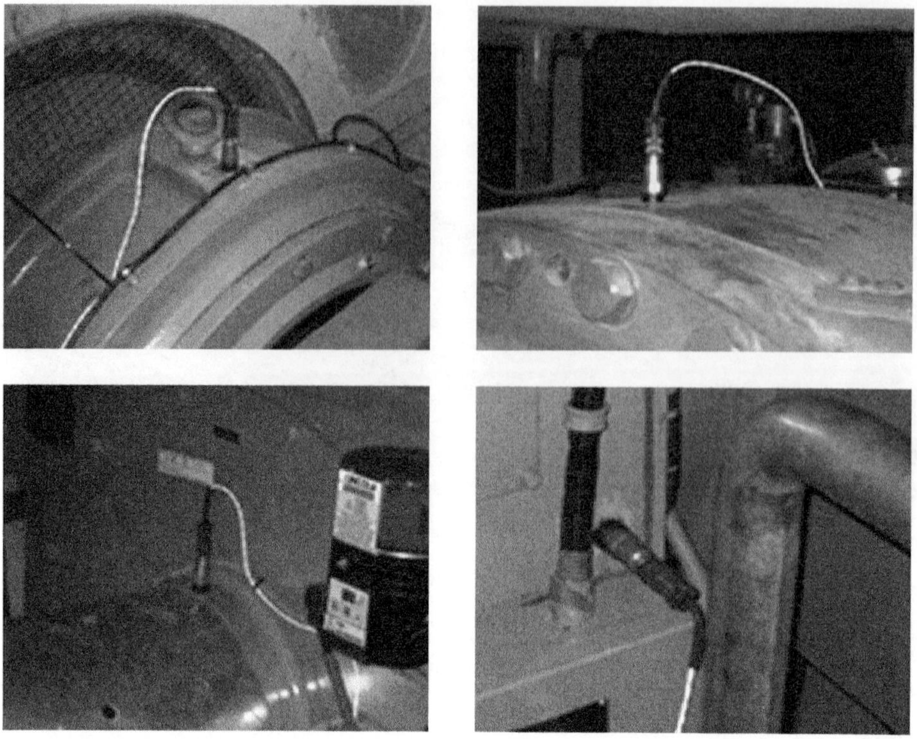

图7.12　部分监测点传感器安装位置

2. 数据采集器的安装与布线

数据采集器是由合作公司自行研发,集数据采集、滤波/放大和预处理于一体的具有简单信号处理能力的集成处理器。它具有体积小、结构紧凑、易于安装的特点。因此,容易在机舱中为其选择到合适的安装位置。此外,传感器数据线的布置也要安排合理,既要避开高温、高压的影响,又要布线合理,不能影响装备以后的检修工作,尽量使传感器数据线按照机舱中原有总体线路的走势布局。图 7.13 给出了某现场数据采集器的安装位置和部分传感器数据线的布局。

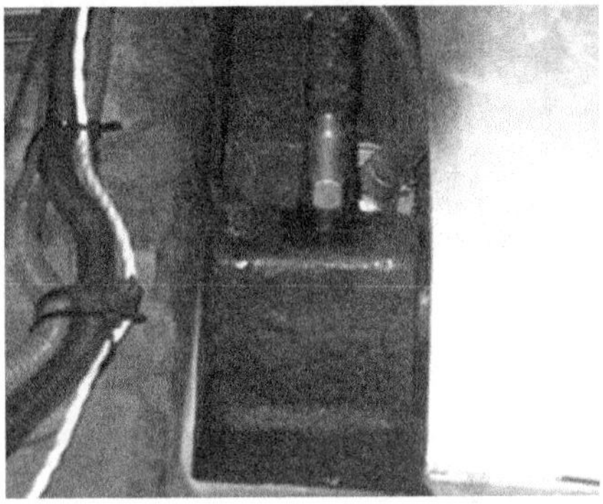

图 7.13　数据采集器的安装及传感器布线

3. 软件的安装与调试

通过上述操作实现了现场传感器和采集器的安装,然后借助网络光纤将机舱中数据采集器获得的振动信息传输到风场主控室中的服务器,以便于振动状态监测与故障分析系统的监测和诊断。考虑到风电装备距离风场主控室的距离较远,因此要对数据采集器和网络光纤的信号传输能力进行校验,保证数据传输的完整性和连续性,避免数据丢失现象的发生。最后,实现状态监测系统与数据服务器的顺利连接,保证监测系统能够从数据库中实时得到振动数据,以实现对监测对象的连续监测。图 7.14 所示为软件安装调试的现场。

图 7.14　系统软件调试现场

7.3 风电装备振动故障分析系统的工程应用

本章前两节对7.2节对风电装备振动状态监测与故障分析系统及其现场实施等情况进行了详细介绍，该系统通过初级诊断—精密诊断—远程诊断相结合的分析模式，为风场风电装备的安全运行提供保障和技术支持。本节介绍风电现场的工程应用实例。

本节数据采集采用我们与公司合作研发的离线式风电装备状态监测与故障诊断系统。该系统充分考虑了风电装备传动链中零部件的结构、变速运行的工况、特殊使用环境等因素，是专门针对风电装备状态监测与故障诊断研发的产品。主要采集传动链6路轴承振动信号、1路行星增速齿轮箱齿圈振动信号和1路发电机输入端转速信号，包括7个振动加速度传感器以及1个用以测量转速的接近开关。测点分布如图7.15所示。振动信号通过安装在轴承座上的加速度传感器测得，传感器采用磁座固定于轴承座上；转速信号的测量是通过安装在发电机轴头法兰上的信号反射盘测得[4~6]。

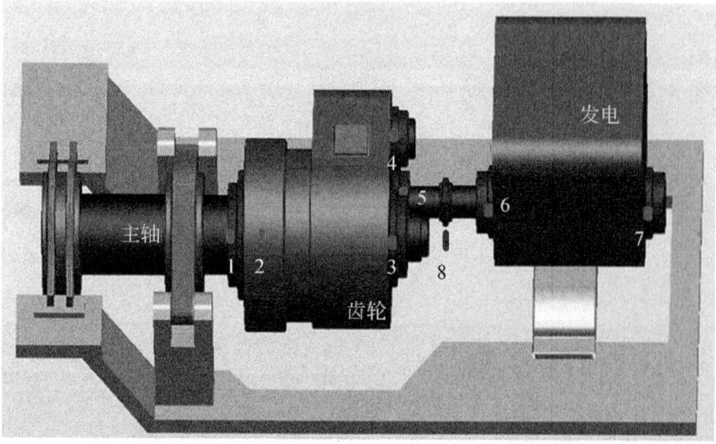

图7.15 风电装备结构示意图及相应测点分布

1. 发电机前轴承；2. 发电机后轴承；3. 主轴轴承；4. 行星齿轮增速箱齿圈；5. 行星齿轮增速箱低速轴轴承；6. 行星齿轮增速箱中间轴轴承；7. 行星齿轮增速箱高速轴轴承；8. 高速轴转速

7.3.1 750MW高速端联轴器故障诊断

外界风速的随机波动不仅使得风电装备中连接齿轮箱和发电机的联轴器受到叶轮传递过来的随机变载荷作用，而且在塔架柔性支撑的影响下，加剧了齿轮箱和发电机的振动强度，从而导致联轴器容易发生故障，成为风电装备中一类典型常见的故障形式。存在该故障的传动链在其运转过程中，将产生与转速相关、随风速波动而变化的动载荷，造成一系列有害于风电装备的动态效应，如引起联轴器的偏转、加速轴承磨损以及动静件碰摩等，甚至发生轴弯曲、联轴器飞车等严重故障。所以，风电装备中联轴器的运行状态监测对于保障机组的正常运行意义重大。

某风场 2008 年并网运行的 33 台 750kW 某制造商提供的定桨距风电装备，2010 年计划出质保，风场要求对全部 33 台装备进行振动监测，以提早发现装备是否存在潜在问题，并为装备出质保后的运行维护工作提供一定的支持与指导。

图 7.16 所示的风电装备联轴器采用中间体连接发电机与齿轮箱，中间体两端分别与发电机与齿轮箱输入或输出端法兰盘连接。发电机轴承型号为 SKF6324/C3，其参数如表 7.1 所示。信号采样频率 f_s =12 800Hz，频率分辨率 $\Delta f=1$。

表 7.1　发电机轴承 SKF6324/C3 相关参数

项目	参数值	项目	参数值
轴承节径	190mm	外圈故障频率	79Hz
滚子平均直径	42mm	内圈故障频率	121Hz
接触角	0°	滚动体故障频率	55Hz、110Hz
滚子数	8 个	转频	25Hz

(a) 实物图

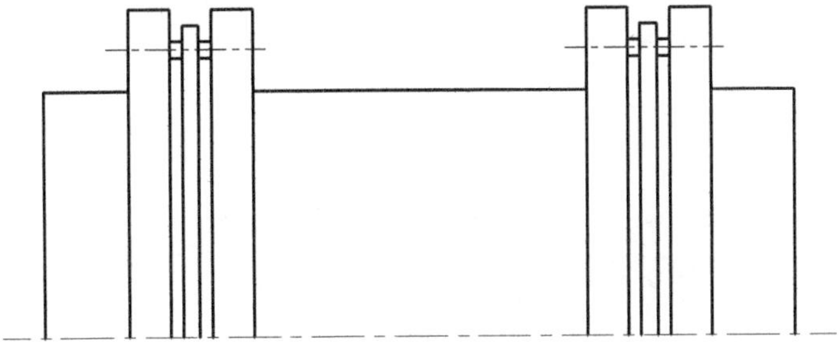

(b) 示意图

图 7.16　风电装备联轴器

所测数据中，其中一组发电机振动状态有异，对其前轴承所测振动加速度信号进行计算。故障检测的评估时间 T_0 取并网后正常运行时的 180s，单位计算时间 T_i 为 1s。首先计算出一组单位计算时间 T_i 内的均方根值 a_{rmse}、单位计算时间 T_i 内的峭度指标 KF_e 各 180 个数；然后，计算出测量数据的评估结果 a_{rmse} 和 KF，其中 $a_{rmse}=1.78g$，KF=4.4。对比表 2.4 中的 a_{rms} 和 KF，该装备发电机前轴承振动状态异常，需定期监测。

为确认故障类型、定位故障源，需要进一步分析振动信号。可将二阶增强随机共振方法进行微弱信号分析。联轴器的实物及传感器安装位置如图 7.17 所示。

(a)联轴器实物图

(b)现场传感器安装位

图 7.17　风电装备联轴器及其传感器安装

图 7.18 给出了发电机前轴承(测点 6)的时域波形及其频谱和包络谱。可见，在频谱和包络谱中并没有明显的轴承故障特征信息，而是主要以转频信息为主，甚至出现了不太明显的转频谐波分量。结合信号的初步分析结果和松动故障特征以及现场技术人员的相关介绍，初步排除了轴承故障的可能性，判断有可能是联轴器故障导致发电机振动幅度增大。因此，又对齿轮箱高速轴的振动信号进行了初步分析，结果如图 7.19 所示。可见，其频谱和包络谱中也主要是以转频信息为主，而且转频的谐波分量相对于图 7.18 更为明显。因此，结合齿轮箱高速轴振动信号的初步分析结果，进一步加强了前面初步断定结果的可信度。

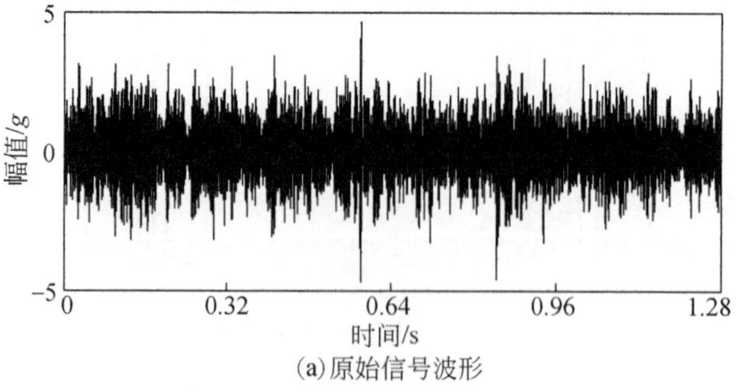

(a)原始信号波形

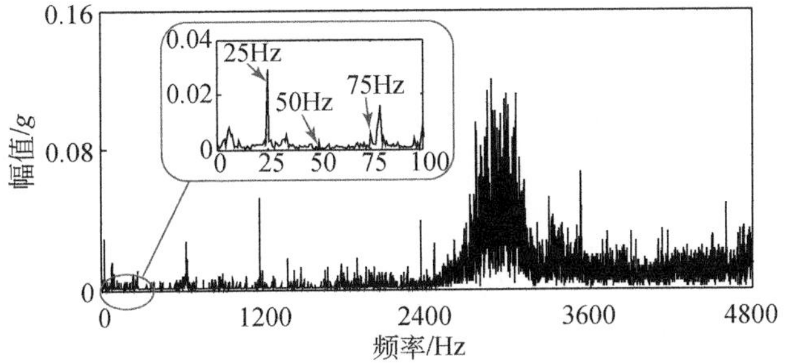

(b)原始信号频谱

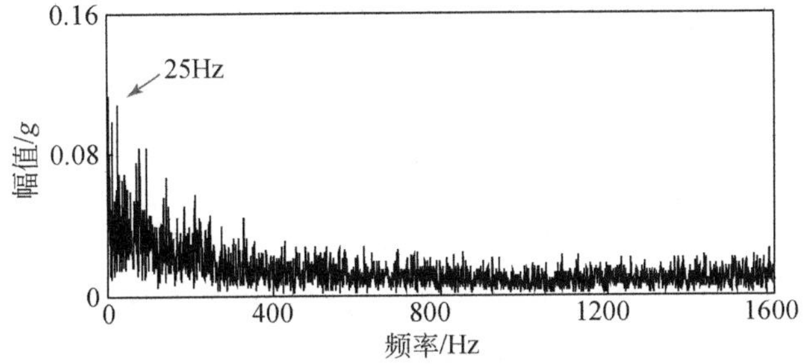

(c)原始信号包络谱

图 7.18　发电机前轴承振动信号

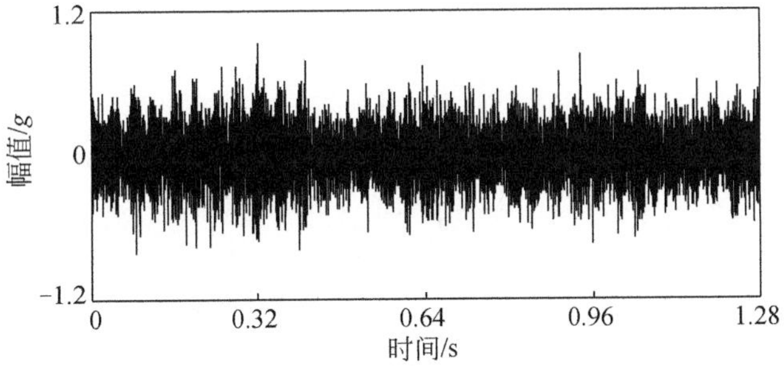

(a)原始信号波形

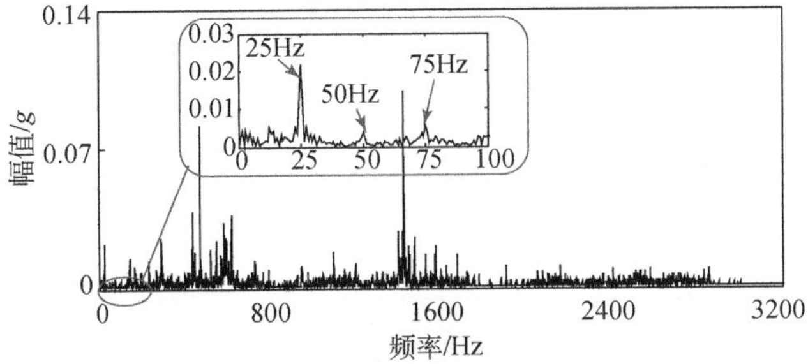

(b)原始信号频谱

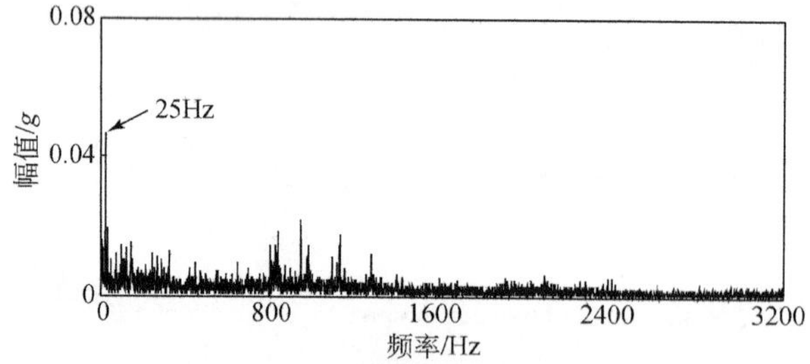

(c)原始信号包络谱

图 7.19　齿轮箱高速轴振动信号

为进一步提取振动信号中微弱的转频谐波分量，分别用二阶增强随机共振方法和一阶随机共振方法处理发电机前轴承和齿轮箱高速轴的振动信号。图 7.20 给出了二阶增强随机共振对发电机前轴承振动信号的处理结果。可见，转频的 2 倍和 3 倍谐波分量被有效提取出来，相应的最优参数值分别为 24.6 和 30.3，系统响应信噪比分别为－13.02dB 和－12.82dB。一阶随机共振方法对发电机前轴承振动信号的处理结果如图 7.21 所示，可见，转频的 2 倍分量可以被有效提取出来，相应的信噪比为－14.14dB，而对于转频的 3 倍谐波分量虽然在系统响应频谱中被适当增强，但效果不理想，并不是系统响应频谱中的最高谱峰，相应的信噪比为－14.54dB。因此，通过上述两种方法的对比分析结果可以看出，二阶增强随机共振方法对微弱信号具有更强的处理能力。

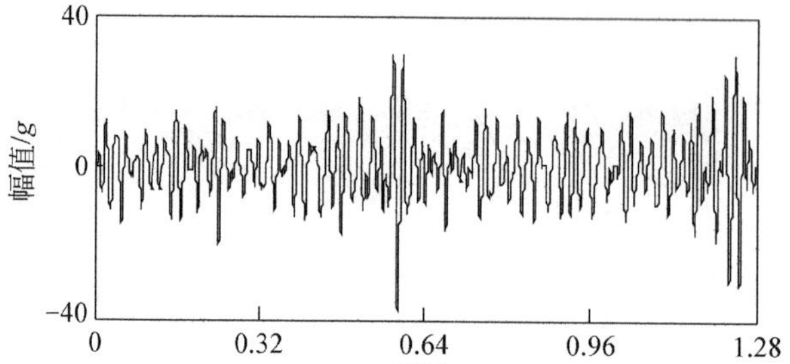

(a)二阶增强随机共振系统响应-Ⅰ

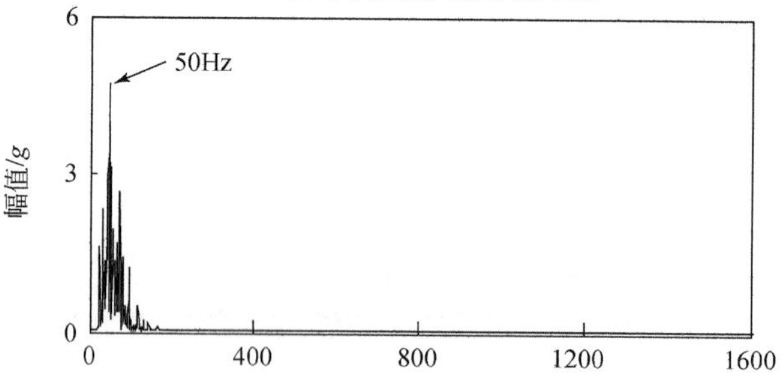

(b)二阶增强随机共振系统响应频谱-Ⅰ

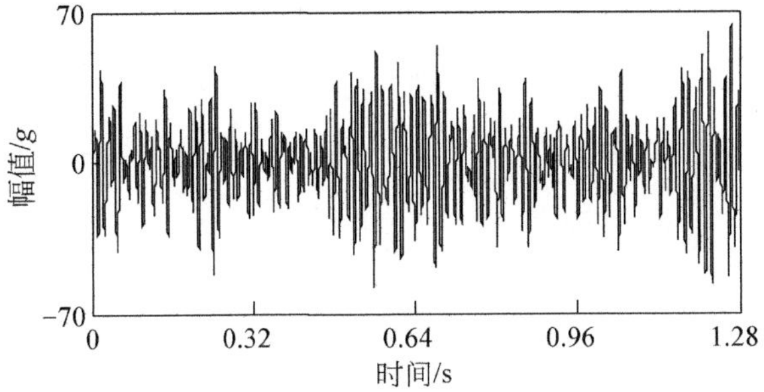

(c) 二阶增强随机共振系统响应-Ⅱ

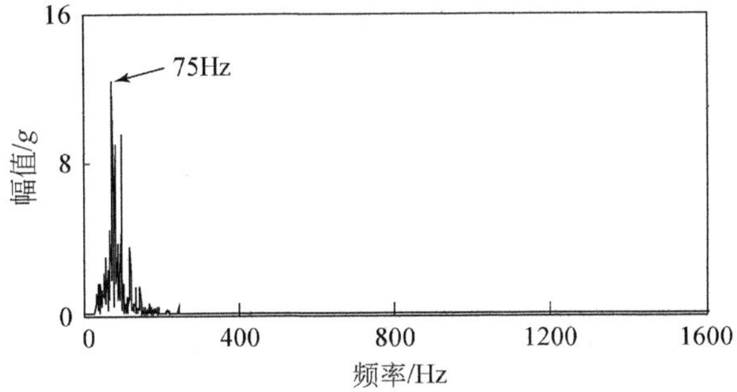

(d) 二阶增强随机共振系统响应频谱-Ⅱ

图 7.20　发电机前轴承振动信号二阶增强随机共振处理结果

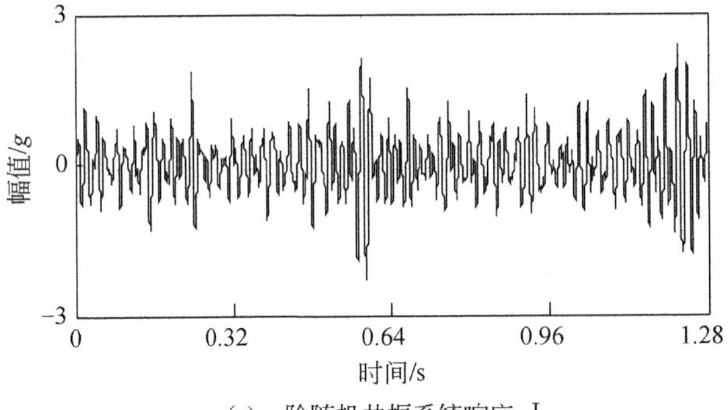

(a) 一阶随机共振系统响应-Ⅰ

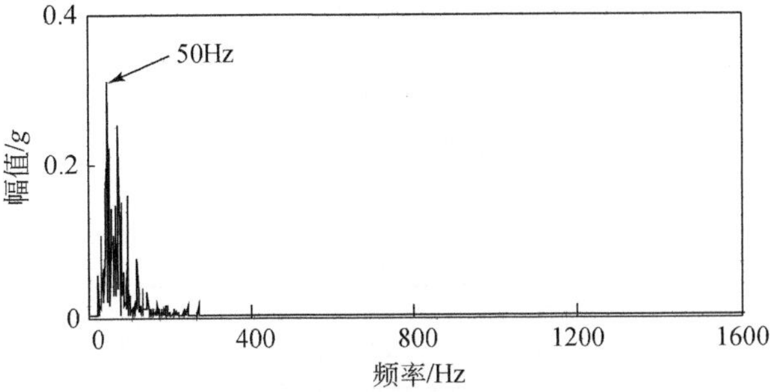

(b) 一阶随机共振系统响应频谱-Ⅰ

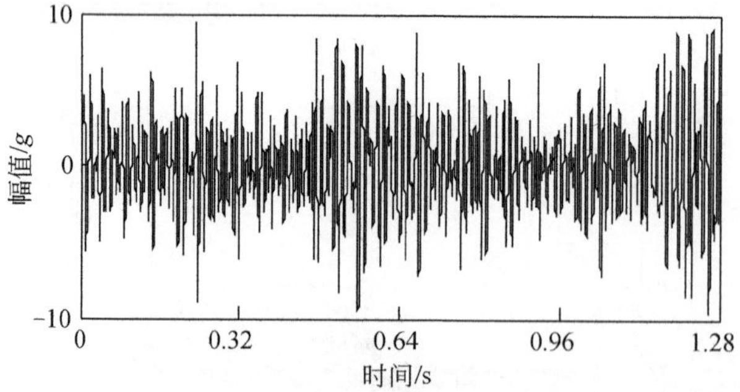

(c) 一阶随机共振系统响应-Ⅱ

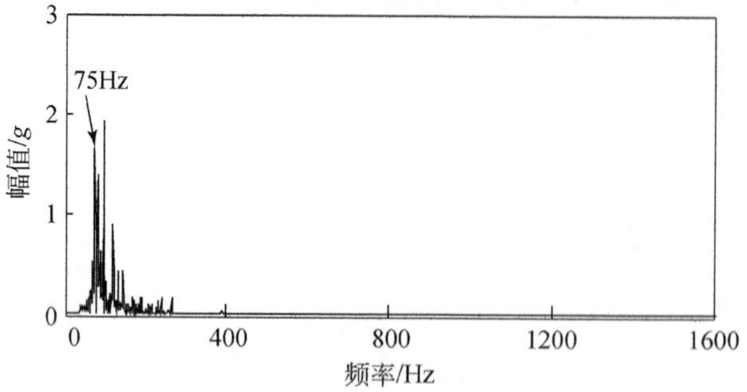

(d) 一阶随机共振系统响应频谱-Ⅱ

图 7.21　发电机前轴承振动信号一阶随机共振处理结果

基于同样的处理方法，图 7.22 和图 7.23 分别给出了二阶增强随机共振和一阶随机共振对齿轮箱高速轴振动信号的处理结果。可见，这两种方法均可以有效提取出振动信号中不太明显的转频谐波分量，但二阶增强随机共振方法的检测效果更好，其相应的最优参数值为 21 和 28，系统响应信噪比分别为－11.66dB 和－13.04dB，而一阶随机共振方法的最优参数值为 0.8 和 0.1，系统响应信噪比分别为－13.06dB 和－14.41dB。

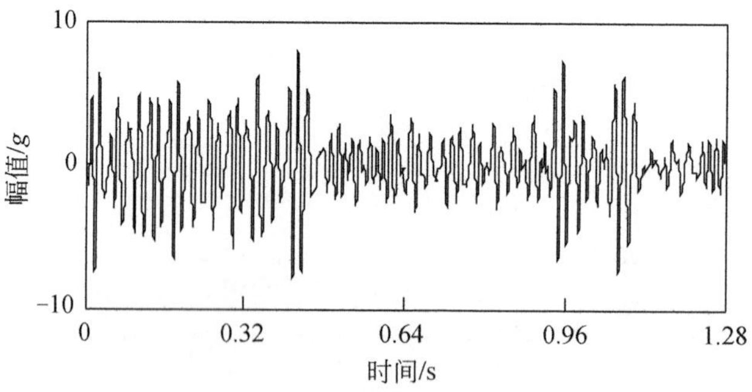

(a) 二阶增强随机共振系统响应-Ⅰ

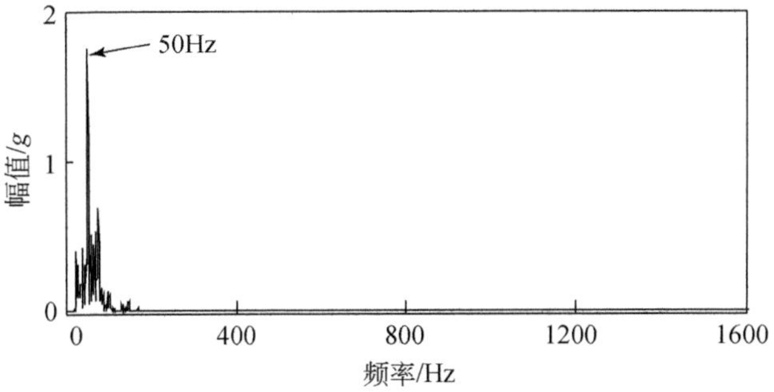

(b) 二阶增强随机共振系统响应频谱-Ⅰ

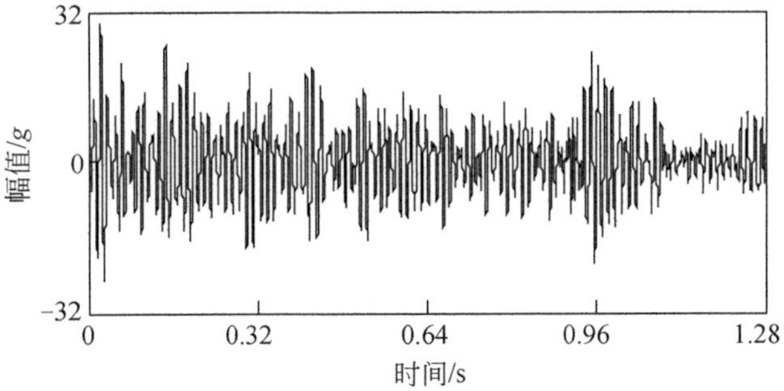

(c) 二阶增强随机共振系统响应-Ⅱ

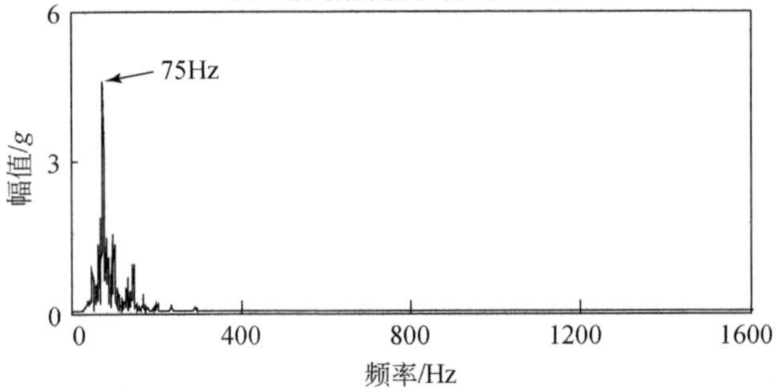

(d) 二阶增强随机共振系统响应频谱-Ⅱ

图 7.22　齿轮箱高速轴振动信号二阶增强随机共振处理结果

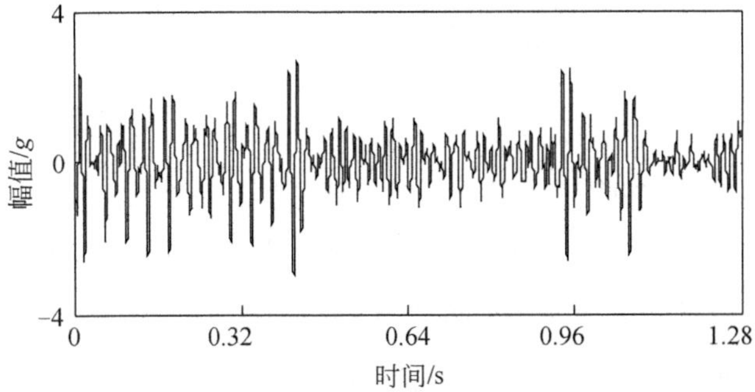

(a) 一阶随机共振系统响应-Ⅰ

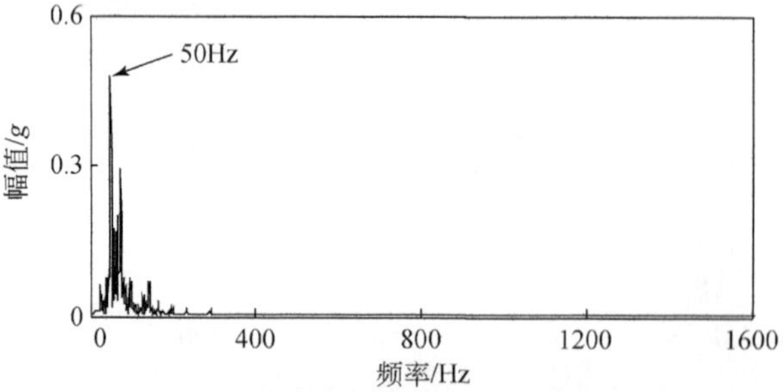

(b) 一阶随机共振系统响应频谱-Ⅰ

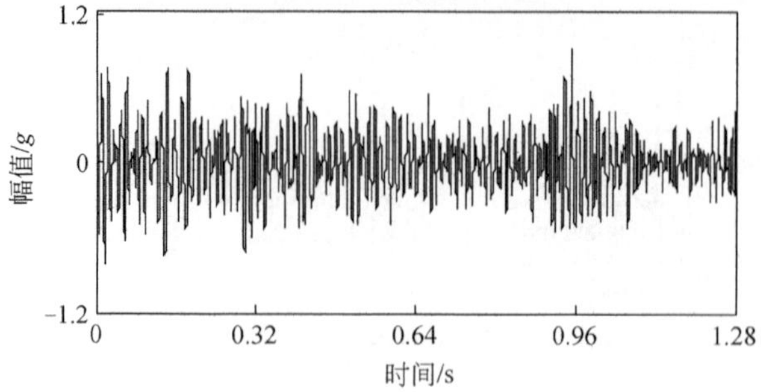

(c) 一阶随机共振系统响应-Ⅱ

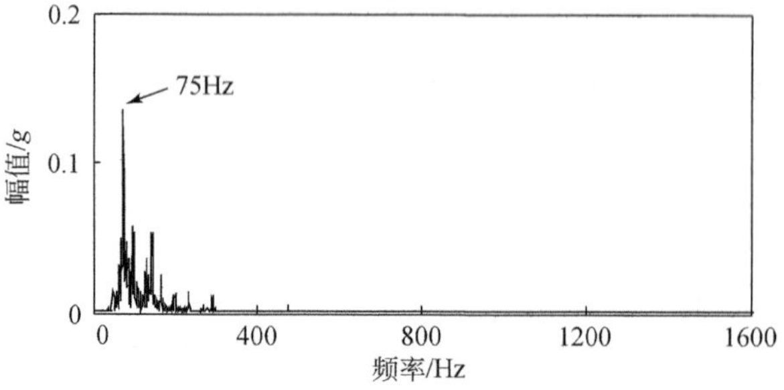

(d) 一阶随机共振系统响应频谱-Ⅱ

图 7.23　齿轮箱高速轴振动信号一阶随机共振处理结果

通过上述分析结果发现，发电机前轴承和齿轮箱高速轴的振动信号中均含有相应的转频及其谐波分量，与松动故障特征相符，最后在装备停机检查中通过维修，发电机前轴承振动恢复正常。此外，通过二阶随机共振和一阶随机共振方法的对比分析结果可见，二阶增强随机共振方法对微弱信号具有更强的处理能力，不仅可以改善随机共振的检测效果，提高系统响应信噪比，而且对低信噪比信号具有较强的处理能力，为微弱故障特征的有效提取提供解决途径。

7.3.2　1.5MW 齿轮箱高速端轴承故障诊断

风电装备长期在交变载荷的作用下运行，主轴端所受的低速重载荷需要经过传动系统的增速传递，才能实现风能向电能转换，风载的轻微波动，通过传动系统放大之后给系统末端的结构带来大的波动甚至冲击，加速了高速端的零部件的磨损，极易发生故障。风电装备高速端作为传动链的终端，既要承受前端传递的放大之后的载荷冲击以及转速波动，又要承受后端发电机电压并网带来的冲击，并且其工作环境存在强烈的电磁干扰。所以，在各方面的作用下，高速端轴承极易出现损伤，影响风电装备的正常运行。一方面由于载荷波动导致获得的高速端振动信号非平稳信号较多，常规谱分析方法确定故障特征；另一方面由于嘈杂的外部环境以及电磁干扰等导致获得的信号有较多的噪声和干扰分量，信噪比较低，难以及时发现轴承的故障征兆。因此，可将高时频分辨率的基于自适应短时傅里叶变换的同步压缩变换方法和基于逐级正交匹配追踪的稀疏分解算法引入非平稳、低信噪比的风力发电机轴承信号故障特征提取。

通过对某风场风电机组进行振动检测时发现某机组的齿轮箱高速端振动信号的峰峰值波动剧烈，有效值远高于其他测点并且接近预警值，预示着齿轮箱高速端轴承异常，为确保风电装备安全运行，需要进一步进行分析确定其状态。

高速端后轴承型号为 FAG6326C3，该轴承的故障频率如表 7.2 所示，表中 f 为轴承内外圈转频差。

表 7.2　FAG6326C3 轴承故障频率

外圈故障频率	内圈故障频率	滚子故障频率	保持架故障频率
$3.133f$	$4.867f$	$2.197f$	$0.392f$

图 7.24 是风力发电机齿轮箱输出端在某降速过程中的转速变化图；图 7.25～图 7.28 给出了齿轮箱高速端轴承(测点 5)在该降速过程中的一段振动信号的时域波形及其频谱和包络谱。从信号的频谱图中可以看出振动能量主要集中在高频段，但并看不出明显的调制；从包络谱图中可以看出有明显的谱峰群，但由于速度波动，无法确定故障所在。

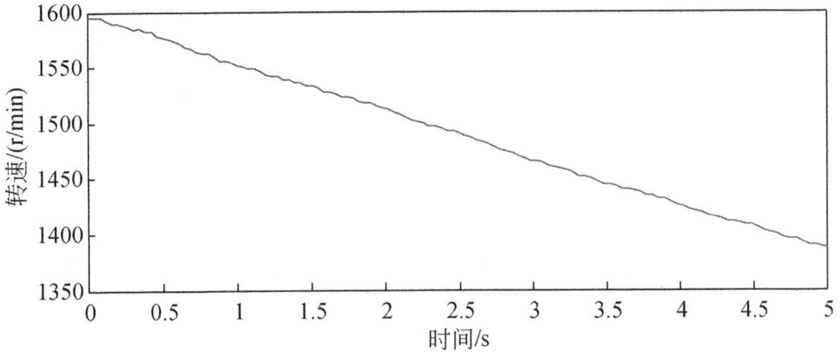

图 7.24　风力发电机高速端某降速过程的转速变化

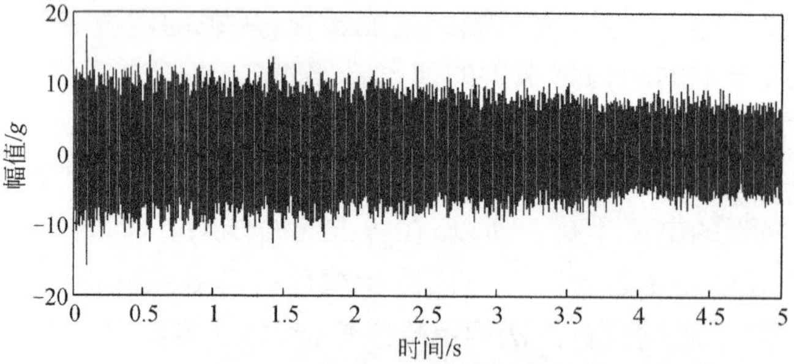

图 7.25　风力发电机高速端后轴承振动信号时域波形

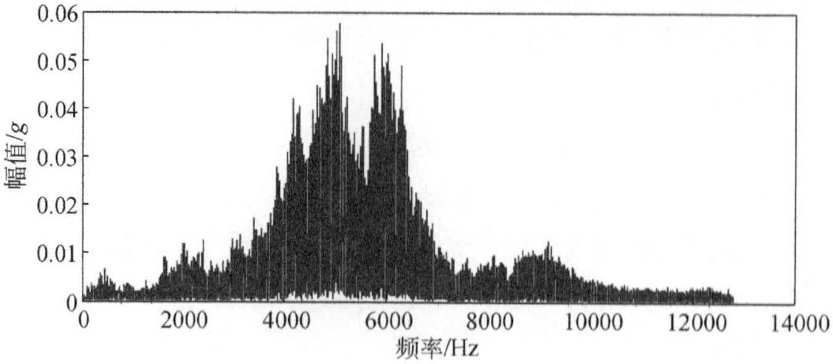

图 7.26　风力发电机高速端后轴承振动信号频谱

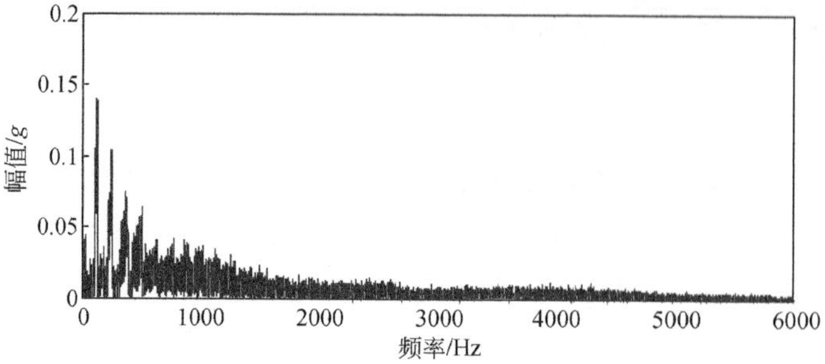

图 7.27　风力发电机高速端后轴承振动信号包络谱

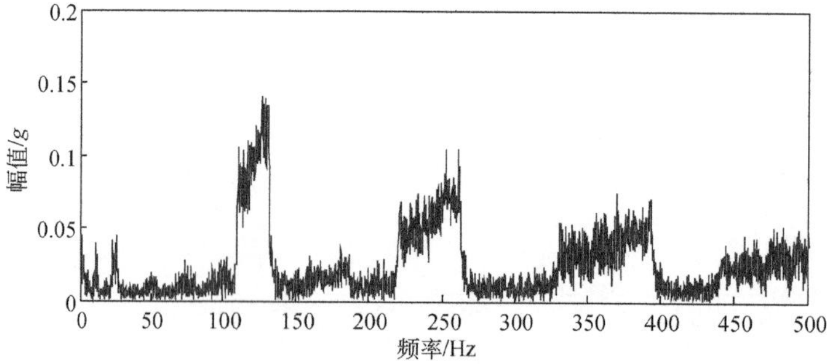

图 7.28　风力发电机高速端后轴承振动信号包络谱低频段

根据图 7.24 的转速变化，可以看出转速由 1600r/min 线性减至 1390r/min，那么可以计算出齿轮箱高速端轴承的故障频率变化范围如表 7.3。

表 7.3　FAG6326C3 轴承降速过程故障频率变化　　(单位：Hz)

外圈故障频率	内圈故障频率	滚子故障频率	保持架故障频率
83.5～72.6	129.8～112.8	58.6～50.9	10.4～9.1

为了准确查找故障所在，采用第 4 章中提出的同步压缩变换法对该段信号进行时频分析。鉴于采样频率过高而计算机内存较小，采用时频分析方法处理起来有难度，而调制频率不高，所以将原信号进包络解调之后进行 64 倍降采样，获得采样率较低的信号，而后再采用时频分析方法处理，结果如图 7.29 所示。从图 7.29 中可以看出 130Hz 至 114Hz 有明显的时频线，与内圈故障频率对应，这预示着该齿轮箱高速端轴承内圈出现损伤。工作人员采用软管式内窥镜伸入齿轮箱内部对轴承进行检查时发现，该齿轮箱齿轮箱高速端轴承内圈划伤严重(见图 7.30)，检测结果证实了基于自适应短时傅里叶变换的同步压缩变换处理结果的有效性。

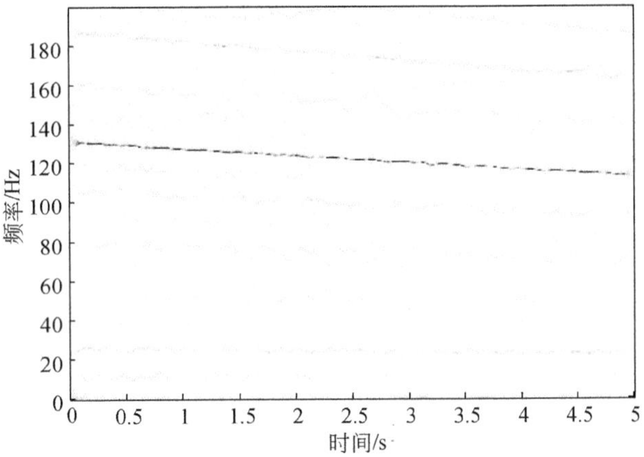

图 7.29　风力发电机齿轮箱高速端轴承振动信号时频处理效果

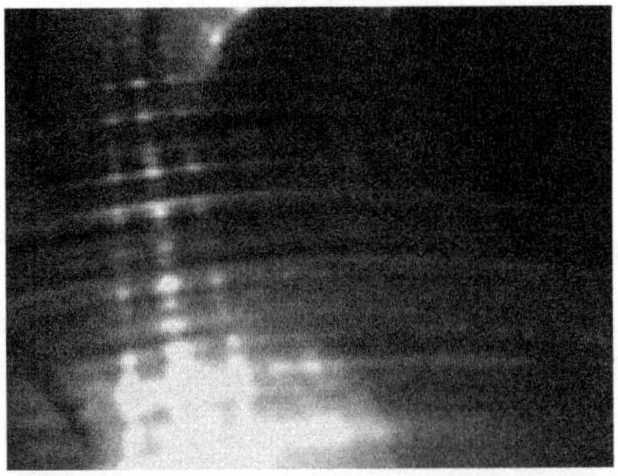

图 7.30　装备齿轮箱高速端轴承内圈划伤

在巡检过程中同时发现另一装备齿轮箱齿轮箱高速端轴承振动峰峰值波动剧烈，均方根值远大于其他各个测点，并且进入规定的报警范围，预示着齿轮箱高速端轴承出现异常，需要进行进一步的分析，以确定其状态并且准确查找故障所在。

轴承参数与 FAG6326C3 相同，采用的数据段为平稳信号，其转速为 1791r/min，轴承故障频率如表 7.4 所示。

表 7.4　转速为 1791r/min 时 FAG6326C3 轴承故障频率　（单位：Hz）

外圈故障频率	内圈故障频率	滚子故障频率	保持架故障频率
93.5	145.3	65.6	11.7

采用基于逐级正交匹配追踪的稀疏分解算法处理该段数据，采用离散小波变换提取冲击、离散余弦变换提取谐波，由于选取的两个冗余字典维数较大，占据计算机较大的内存空间，硬件限制了能处理的数据长度。原始采样频率为 25600Hz，处理的数据长度为 16384 进行 2 倍降采样之后的 8192 个点，此时采样频率为 12800Hz，频率分辨率为 1.5625Hz。信号分解之后的各成分时域波形如图 7.31 所示，而各个成分的包络谱如图 7.32 所示。

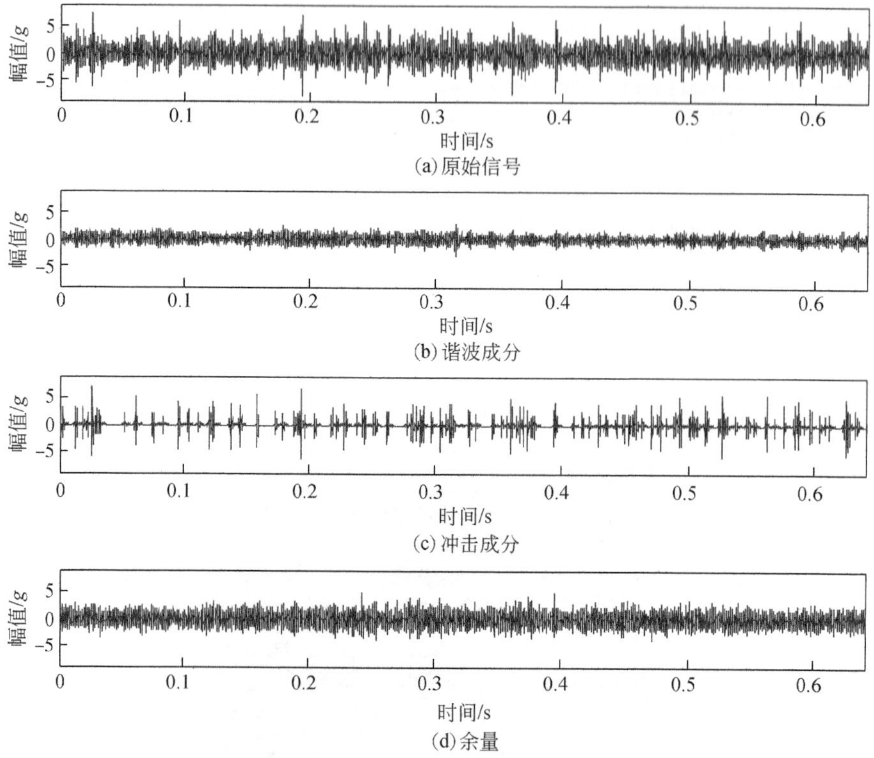

图 7.31　风力发电机齿轮箱高速端轴承振动信号时域波形及分解波形

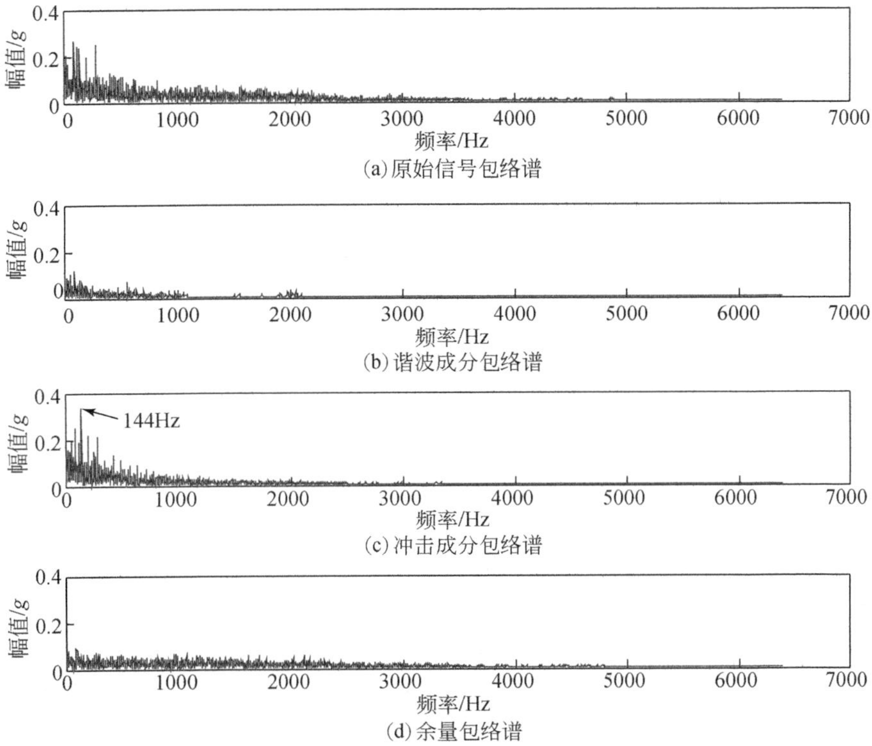

图 7.32　风力发电机齿轮箱高速端轴承振动信号分解后的包络谱

在图 7.32 中原始信号的包络谱中由于干扰的影响，在谱图中看不出明显的故障信息，而在分解之后的冲击成分的包络谱中可以看出有 144Hz 的谱峰存在。这说明原始信号中存在有规律的 144Hz 振动冲击，而 144Hz 与该轴承内圈故障频率对应，表明该轴承的振动异常是由于其内圈存在故障所造成的。工作人员采用软管式内窥镜伸入齿轮箱内部对轴承进行拍照检查时发现，该齿轮箱齿轮箱高速端轴承内圈划伤严重，已经开始出现剥落(见图 7.33)，检测结果证实了基于逐级正交匹配追踪的稀疏分解算法对故障特征提取的有效性。

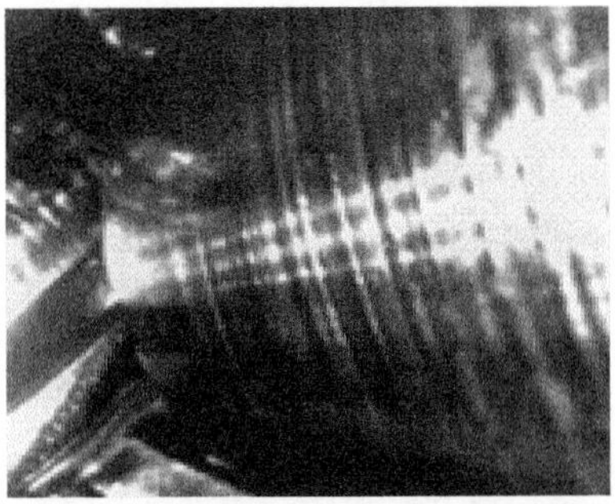

图 7.33　风电装备高速端轴承内圈划伤

7.3.3 风电增速齿轮箱行星齿轮故障诊断

齿轮箱作为风力发电机传动系统的关键部件,其性能状态直接影响风力发电机的正常运行。齿轮箱位于机舱内,是风力发电机传动链上的重要部件,为连接主轴和发电机的重要枢纽。风机齿轮箱要求的增速比通常比较大,且行星齿轮传动系统具有体积小、传动比大、承载能力强、传动效率高等优点,在风机齿轮箱设计中常采用一级行星齿轮传动加两级定轴齿轮传动的组合传动方式,其内部结构和受力情况较为复杂,尤其是在变工况、变载荷的情况下运行,容易发生故障。这是因为风力发电机的齿轮箱工作情况恶劣,长期受到重载荷和时变冲击的作用,导致齿轮箱的零件持续受到冲击,齿轮箱中的部件长期处于高负荷、快转速的工作状态,在持续的冲击下,齿轮箱内的零件很容易发生故障。所以齿轮箱的维护是工作的重点,也是故障诊断系统应该最为关注的重点。齿轮箱常见故障为断齿、齿面胶合、齿面磨损、齿面点蚀、齿形误差。

对传动链测试的数据进行整机和关键零部件的健康状态评估,其时域统计信息如图 7.34 和图 7.35 所示。峰值是振动波峰到基准位置之间的距离。峰值表征设备是否具有振动冲击。该机组传动链中发电机前轴承振动峰值相对较大,且机组并网运转过程中由于风速及风向波动,各测点振动峰值随之波动。有效值是指振动量的均方根值,有效值表征振动能量。该机组传动链中发电机前轴承振动有效值相对较大,各测点振动正常。整机健康状态良好,但是发电机前轴承的振动偏离标准,表明发电机前轴承、联轴器或者齿轮箱高速轴齿轮等零部件具有故障,但是其故障并不严重,仍然可以继续服役。

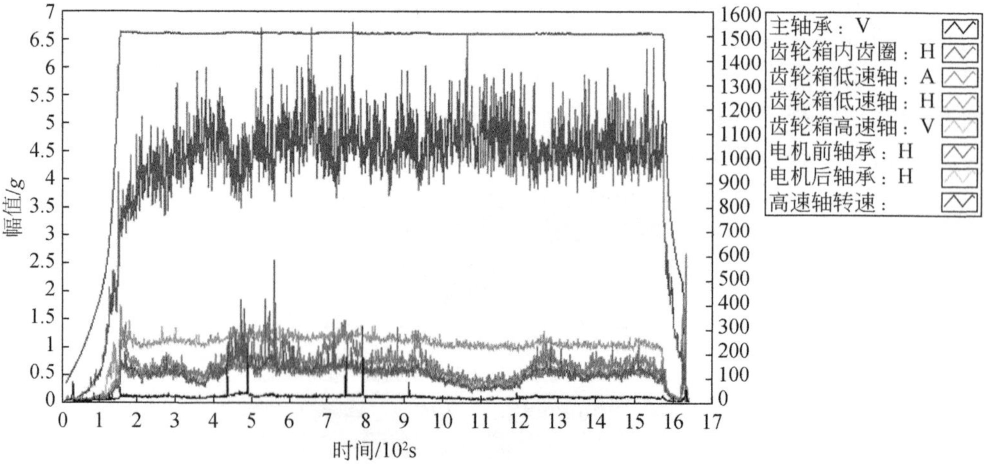

图 7.34 峰值指标振动趋势(见彩图 7.34)

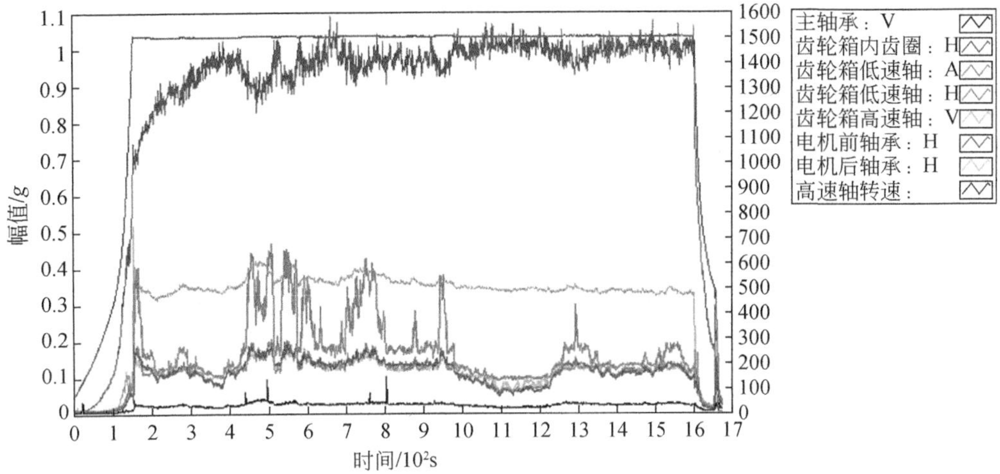

图 7.35 均方根值指标振动趋势(见彩图 7.35)

齿轮箱输出端高速轴垂直向测点在转速 1506.41r/min 时对应的振动加速度的时域波形和频谱，如图 7.36(a)和(b)所示。在谱图中出现了 146.875Hz、293.75Hz、475Hz、587.5Hz、734.375Hz、1426.562Hz、1678.125Hz 的分量，高速轴齿轮或轴承故障的特征信息无法有效地识别，可能谐波成分干扰太严重。对该测点信号进一步做包络谱，如图 7.36(c)所示。包络谱中出现了 25Hz、146.9Hz、839.062Hz、1090.625Hz 和 1132.812Hz 等分量，大部分主要的谐波成分均为齿轮箱体的各级啮合频率，并无明显的故障特征分量。

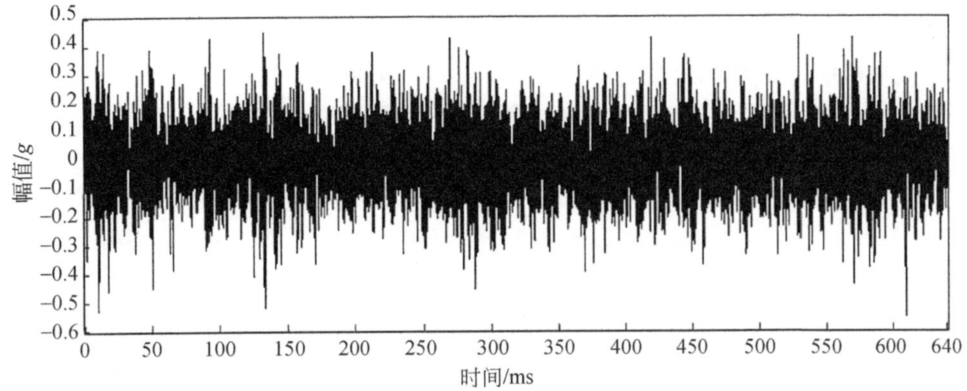

(a)原始信号波形

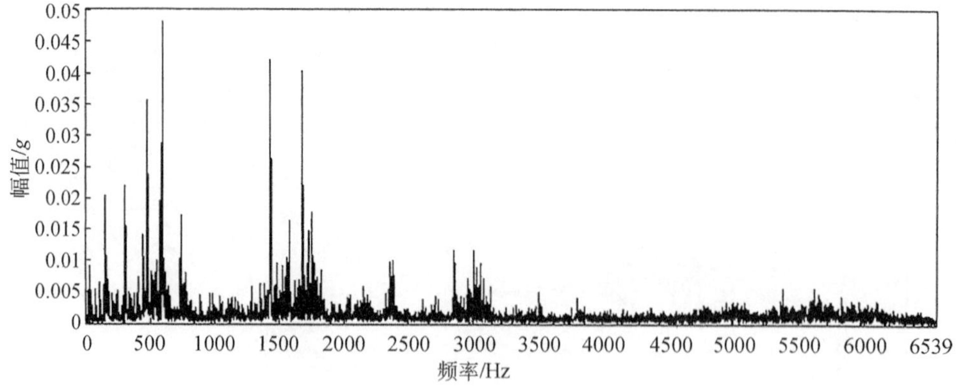

(b)原始信号频频谱

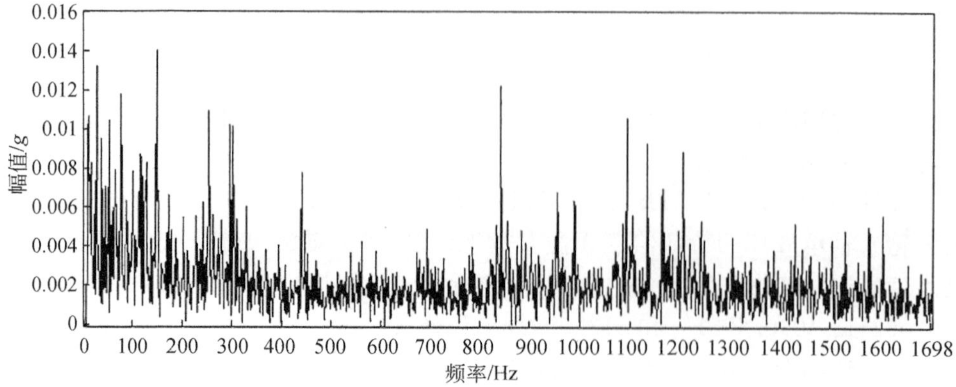

(c)原始信号包络谱

图 7.36 齿轮箱输出端高速轴垂直向测点信号

发电机前轴承水平测点在转速 1506.41r/min 时对应的振动加速度的时域波形和频谱。如图 7.37(a)和(b)所示。在 25Hz、582.812Hz、1651.562Hz 和 3203.125Hz 周围出现了调制现象,能量主要集中在 4500Hz 与 7482.812Hz 范围内。该测点信号的包络谱如图 7.37(c)所示。包络谱中主要的频率成分为 25Hz、50Hz、79.687Hz、393.75Hz 以及 875Hz,其频率成分主要为电磁干扰和高速齿轮箱的啮合频率,同时,其转频和各阶倍频成分极为明显,这表明在齿轮箱和发电机之间存在严重的不对中故障,初步判定为齿轮失效或者联轴器失效。

为了确定故障的具体零部件,对齿轮箱输出端高速轴垂直方向的振动信号进行逐级正交匹配追踪的稀疏分解算法分析。运行速度为 23.44Hz,采样频率 25600Hz,分析数据长度为 8192 个点,振动信号时域波形如图 7.38 (a)所示,除了部分冲击分量,其余成分均被噪声淹没。

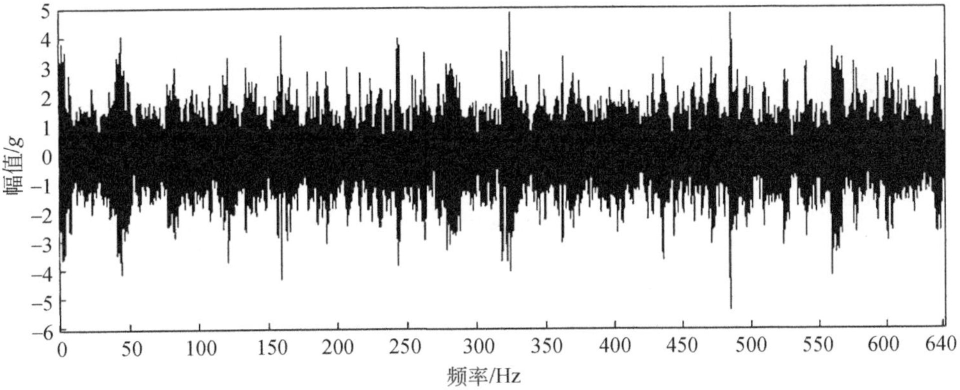

(a) 原始信号波形

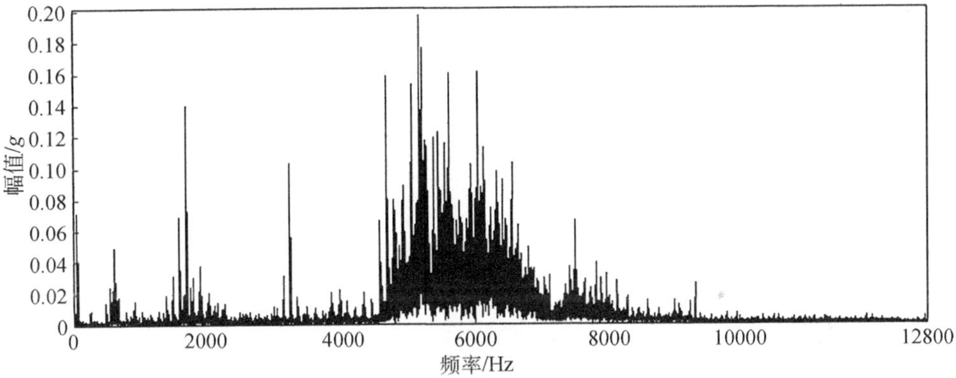

(b) 原始信号频谱

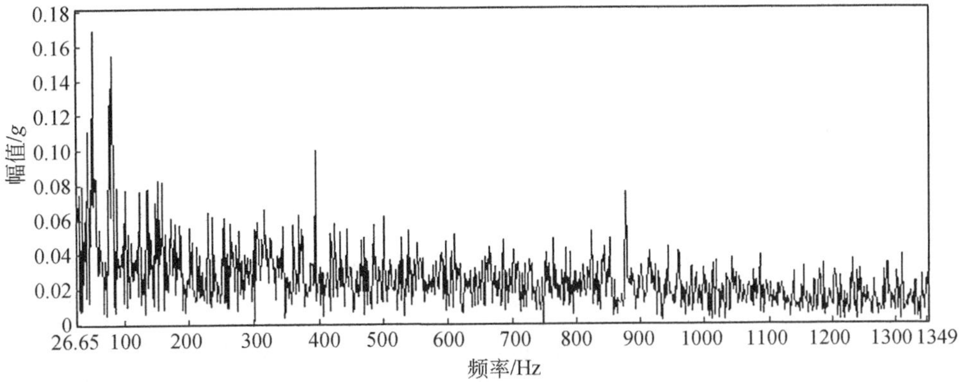

(c) 原始信号包络谱

图 7.37　发电机前轴承水平测点的信号

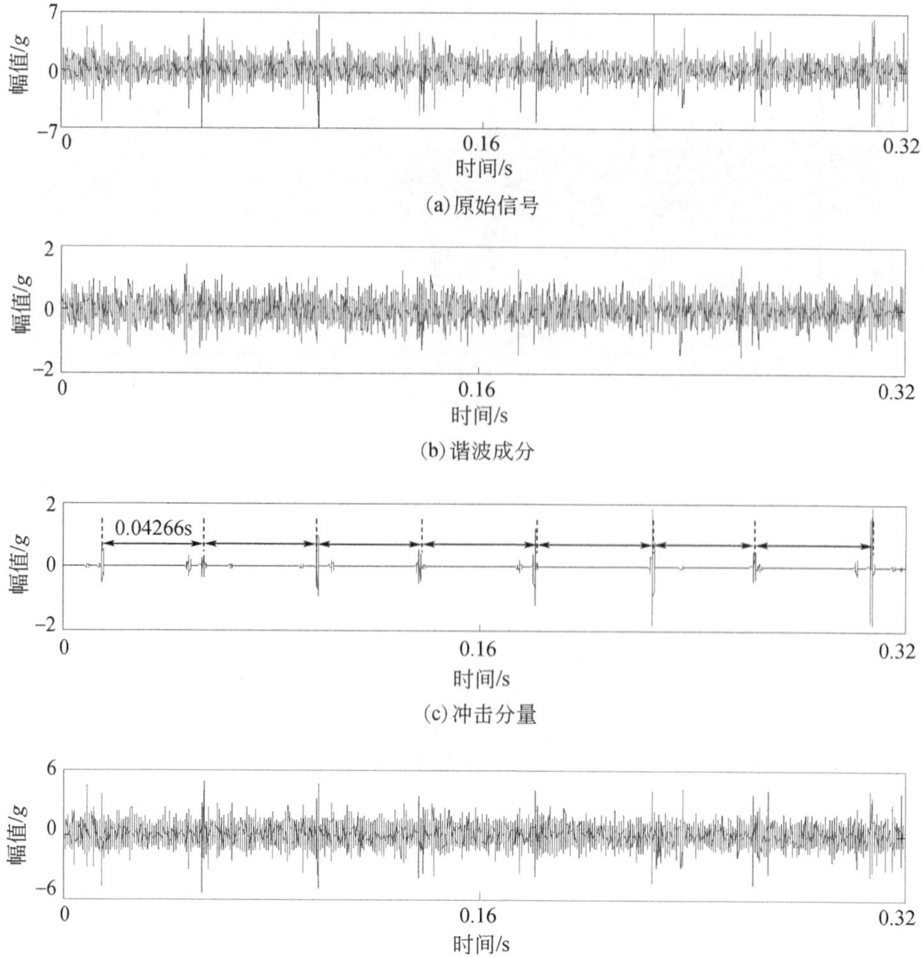

(a)原始信号

(b)谐波成分

(c)冲击分量

(d)残余噪声分量

图 7.38　信号分量

基于逐级正交匹配追踪的稀疏分解算法分解的得到的分量信号时域波形如图 7.38(b)～(d)所示。从图 7.38 可以发现，稀疏分解算法有效地从强背景噪声中提取了谐波和冲击分量。从冲击子分量中发现了明显的周期性冲击，其冲击时间间隔为 0.04266s，即 23.44Hz。结合风机传动链结构和参数，此冲击成分源于行星齿轮箱高速轴的齿轮，且故障是局部故障。在风机停机后，检修人员对其进行内窥镜检查发现，行星齿轮箱高速轴的齿轮存在严重的点蚀故障，齿轮局部表面具有剥落，其内窥镜检查结果如图 7.39 所示。此外，对齿轮箱和发电机之间的传动部件进行了检查，发现刹车片已经严重磨损，导致了高速制动器与刹车盘之间的摩擦，引起了较大振动。

图 7.39　行星齿轮箱高速轴齿轮的内窥镜表面检测

7.4　小　　结

本章立足于风电装备在线振动状态监测的重要性和必要性，以风电装备传动系统为重点研究对象，围绕风电机组的运行特点，开发了风电装备振动状态监测与故障分析系统。该系统通过利用基于振动阈值的初级诊断和基于现代信号处理的精密诊断以及基于诊断专家团队的远程诊断相结合的综合分析模式，不仅有利于现场操作人员实时掌控风电机组的运行状态，而且更拥有强大的分析团队为风电机组的安全运行“保驾护航”。

该系统不仅将随机共振、同步压缩、稀疏分解等相关方法应用于生产一线，而且也为后续风电机组故障诊断研究工作的深入开展储备大量基础资料和试验基地，从而更有利于开发实现针对性更强、效率更高的风电机组实用故障诊断技术，满足生产现场设备安全可靠运行的需要，显著提高风电的经济效益和社会效益。此外，通过现场软硬件系统的安装实施，也积累了很多宝贵经验，为后面研究开发工作的深入开展提供基础。

参 考 文 献

[1] 周长生. 齿轮与滚动轴承故障诊断方法的研究及专家系统的建立[博士学位论文]. 兰州：兰州理工大学，2007.

[2] Hansen D, Olsson A H. ISO Standard 13373-1：2002—Condition monitoring and diagnostics of machines—Vibration condition monitoring—Part 1：General procedures. 2002.

[3] 刘文艺. 风电机组振动监测与故障诊断研究[博士学位论文]. 重庆：重庆大学，2010.

[4] 程航. 风电装备振动状态评估方法及故障微弱信号检测研究[硕士学位论文]. 西安：西安交通大学，2012.

[5] 李继猛. 随机共振理论及风电装备故障诊断应用研究[博士学位论文]. 西安:西安交通大学, 2013.

[6] 方作为. 风电装备变速运行故障特征提取方法研究[硕士学位论文]. 西安:西安交通大学, 2014.

彩　　图

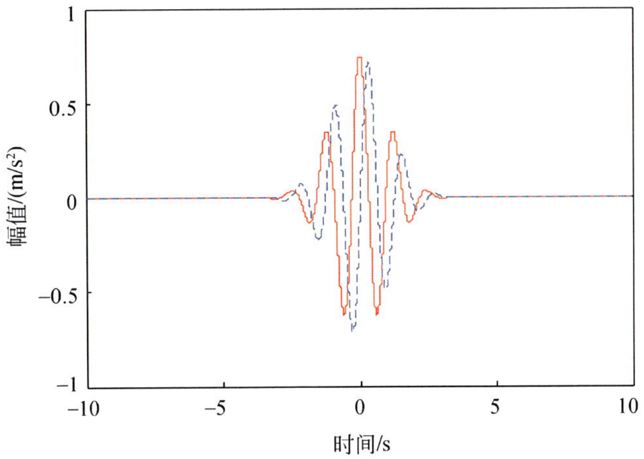

(a) Morlet小波的实部(实线)和虚部(虚线)

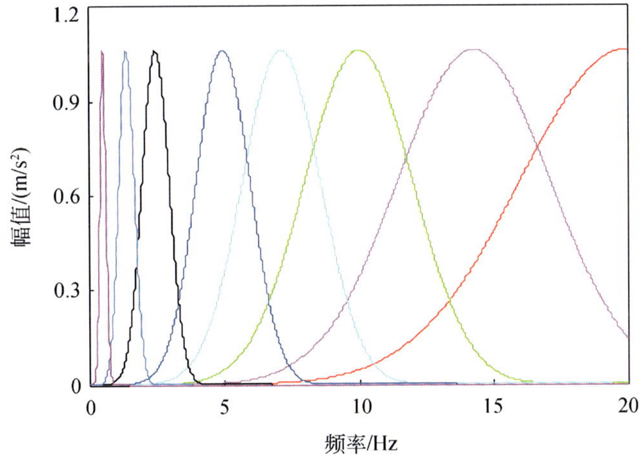

(b) 不同尺度下Morlet小波的频谱

图 3.10　Morlet 小波图像及其频谱

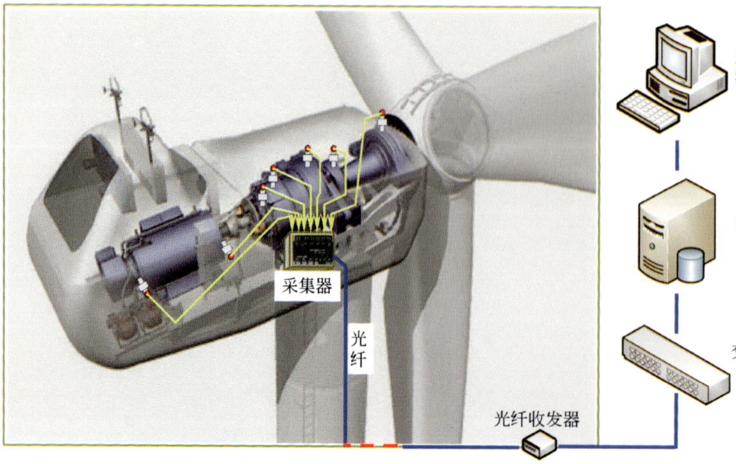

图 7.2　风电装备振动状态监测与故障分析系统示意图

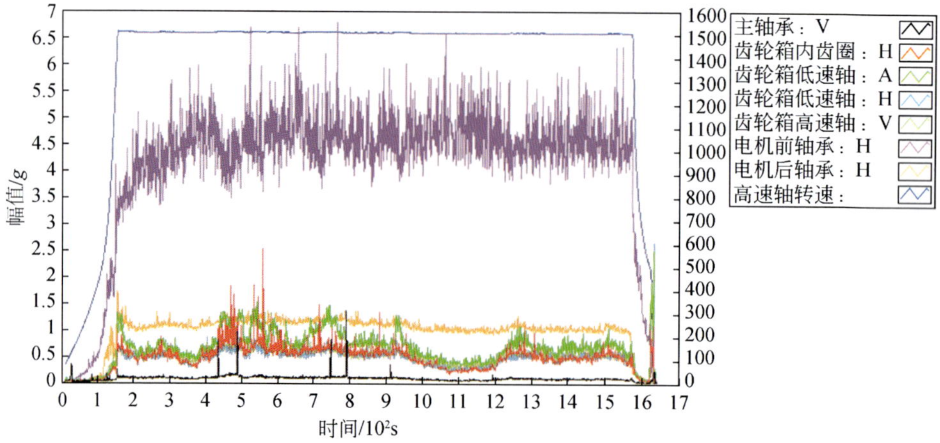

图 7.34　峰值指标振动趋势

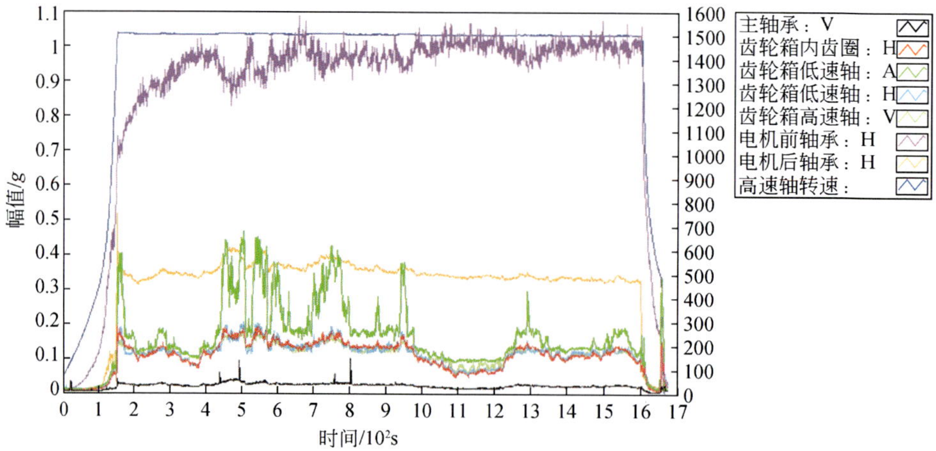

图 7.35　均方根值指标振动趋势